U0932482

河北省海洋经济高质量发展研究

宋　剑　李志红　著

燕山大学出版社

·秦皇岛·

图书在版编目（CIP）数据

河北省海洋经济高质量发展研究 / 宋剑，李志红著. —秦皇岛 ：燕山大学出版社，2021.3

ISBN 978-7-81142-156-9

Ⅰ. ①河… Ⅱ. ①宋… ②李… Ⅲ. ①海洋经济－经济发展－研究报告－河北 Ⅳ. ①P74

中国版本图书馆CIP数据核字(2020)第081494号

河北省海洋经济高质量发展研究

宋 剑 李志红 著

出 版 人： 陈 玉
责任编辑： 杨春茹
封面设计： 刘韦希
出版发行： 燕山大学出版社 YANSHAN UNIVERSITY PRESS
地 址： 河北省秦皇岛市河北大街西段 438 号
邮政编码： 066004
电 话： 0335-8387555
印 刷： 英格拉姆印刷(固安)有限公司
经 销： 全国新华书店

开 本： 700mm×1000mm 1/16 **印 张：** 21 **字 数：** 320 千字
版 次： 2021 年 3 月第 1 版 **印 次：** 2021 年 3 月第 1 次印刷
书 号： ISBN 978-7-81142-156-9
定 价： 68.00 元

版权所有 侵权必究
如发生印刷、装订质量问题，读者可与出版社联系调换
联系电话：0335-8387718

前　言

2017年，党的第十九次全国代表大会提出“高质量发展”，表明中国经济由高速增长阶段转向高质量发展阶段。党的十九大报告还提出了建设“海洋强国”的战略目标，标志着国家海洋战略新时代的到来。近年来，我国海洋经济发展迅速。2019年全国海洋生产总值89 415亿元，比上年增长6. 2%，海洋生产总值占国内生产总值的比重为9. 0%。海洋经济已成为我国经济发展新的增长点。

河北是海洋大省，有着丰富的岸线资源、得天独厚的区位优势和较为雄厚的产业基础。加快发展海洋经济、推动沿海经济带高质量发展对经济转变发展方式、优化经济结构、转换增长动能意义重大。近年来，河北省高度重视发展海洋经济，并取得了一定成绩，海洋经济总体实力不断提升，海洋经济区域布局日趋合理，海洋产业结构持续优化。同时，河北省海洋经济仍面临着海洋经济总体发展水平较低、海洋产业竞争力弱、海洋生态环境压力大等现实问题。在国家提出加快建设“海洋强国”的战略目标和推动经济高质量发展的宏观背景下，深化河北省海洋经济的高质量发展问题的研究，对于河北省有着重要的意义。

自20世纪70年代初美国学者提出了“海洋经济”的概念以来，国内外理论学界对海洋经济进行了较为系统的研究。总的看，国外对于海洋经济的研究主要集中于海洋经济对国民经济发展的价值与贡献、政府层面海洋强国的战略政策研究两个方面。我国学者对海洋经济的研究主要从20世纪80年代开始，现阶段主要围绕海洋产业经济发展、海洋产业布局和海洋产业结构三个方面进行研究。综合国内外研究成果，对于海洋经济的研究大多从海洋经济对国民经济的影响，海洋产业优化、海洋产业结构对海洋经济发展影响等方面来开展，而对海洋经济自身整体发展方面研究还不够深入。

本书以海洋经济的高质量发展为研究视角，对河北省海洋经济发展现状进行分析，探寻存在的问题。在遵循海洋经济自身的发展规律的基础上，依照高质量发展的内涵要求，构建海洋经济高质量发展评价指标体系，提出现阶段河北省海洋经济高质量发展的具体路径，进一步拓宽了海洋经济研究的范畴，为在新时代背景下推动我省海洋经济高质量发展提供新的研究思路和研究方法。同时，也希望能够对推动河北省海洋经济高质量发展提供一定的参考意义。本书由中共唐山市委党校宋剑和李志红合著，宋剑负责本书的上编中第一至三章和第五至七章的撰写，共计16万字，李志红负责本书上编中第四章和下编的第八至十二章撰写，共计16万字。

目　　录

上　　编

上　编

第一章　绪　论

第一节　研究背景

1978年改革开放以来，传统产业的稳步前行带动了后续一大批新兴产业的快速崛起，海洋经济的增长，在国民经济中有着举足轻重的地位。为积极响应国家“海洋强国”的战略部署，进一步开发和探索海洋资源的同时，也加大保护管控的力度，从而更深层次地提高利用效率，使海洋环境在“十三五”建设期间实现绿色和谐可持续发展。

一、海洋经济形势在新常态背景下的

根据《中国统计年鉴2015》显示，我国GDP自改革开放以来就以势如破竹的趋势高速发展，其中，沿海地区的经济增长在我国经济增长中占据了主导地位。该区域经济增长的效益高低，决定着全国经济增长的质量好坏。改革开放40年来，国内生产总值年均递增约为9. 5%。2012年开始，国内生产总值稳步上升但却出现了滑坡的趋势。据统计，从2012年至2015年，年增长率分别为7. 9%，7. 8%，7. 3%以及6. 90%。以上数据充分说明了我国经济的增长率告别了两位数的增长后，现以中高速的增长速率稳步前进，新常态化时期下经济结构的不断优化使得新常态背景中的海洋经济必须迎合新规律下的经济运行，但同时又不能违背经略合理的前提，从而不断寻求经济增长方向即动力的转变，推动其实现新时期下的转型升级。

二、部署海洋蓝色经济，拓展蓝色经济发展空间

蓝色经济的发展作为一项重大战略，必须建立长期规划，海洋战略的定位至今在国内主要体现在开发体系的建立以及资源结构的优化上，对于科教基础的支撑，海洋综合资源的可持续利用，生态环境保护，对海洋服务在完善合理政策、体制、法规的建设上依旧面临着很多问题和挑战。

三、海洋经济发展粗放性与滞后性

中国经济在迅速崛起与腾飞的同时，也使得海洋资源的“开发”和“保护”变成了一对不可兼容的矛盾用词。海洋产业排放过高、耗能过大以及污染严重的问题发展模式使得其在现阶段呈现出一种粗放低效的发展方式。在经济新常态的发展背景与要求下，由于经济下行而出现了经济增速表现低迷、海洋投资持续缩减的形势，这无法满足高投入下的海洋产业开发以及相对应的环境保护和沿海区域的发展，容易忽视持续长久的开发和利用海洋资源的重要性，海洋生态达到循环良好、环境友好的要求更无从谈起。人类在利用丰富的海洋资源创造了前所未有的财富的同时，由于并未充分意识到任何生态系统都有其一定的承载能力，所以海洋环境遭到了严重的破坏，对海洋的过度开发也严重影响了其生态系统的可持续发展。另外，我国海洋产业的发展依旧是通过资源消耗来实现的，开发效益不容乐观，须进一步优化调整产业结构，相对于发达国家，我国还是处于滞后的状态。以上问题对海洋产业的协调、适度、可持续发展造成了阻碍与制约。因此，如何在新常态发展背景下实现蓝色经济发展，探索新的发展方式应提上日程，成为重点任务。本文基于这样的背景，进一步剖析我国目前海洋经济可持续发展的现状，对其全面发展能力进行评估，为实现海洋经济的稳步前行提供相应的思路与对策。

第二节　研 究 意 义

当海洋经济获得了一定程度的发展时，其发展质量也会随着社会发展观的

变化而逐渐成为人们所关心的话题。近年来，我国海洋经济的增长速度虽然很快，但一味片面地、缺乏理性地贪求经济增长，却也使得海洋资源遭受损害、海域功能逐渐丧失、海洋生态环境面临进一步破坏。除此之外，单一的海洋经济增长也无法使其获得长足、良好、可持续的发展。国务院于2003年印发了《全国海洋经济发展规划纲要》的通知，该文件要求经济增长速度保持较高水平的同时，更进一步提出了经济增长质量也要稳步上升的要求。所以，探究我国海洋经济的增长动力原因以及发展现状规律，并合理提出科学的对策，是需要引起重视的一个研究课题。无论是从理论意义还是实践意义上来进行客观分析，它都会使我国海洋经济取得更深层次的发展。

意义之一，是我国迫切需要海洋经济实现可持续发展。我国于1996年制定了《中国海洋21世纪议程》，这份文件提出了一项重要的行动方案——中国海洋资源的可持续开发与保护，其基本思路就是努力做好海洋生态环境的保护，紧紧围绕海洋经济的发展实施战略安排，利用好海洋资源，保护好海洋环境，促进海洋事业的可持续与协调发展。作为一种新的发展观，海洋经济的可持续发展，也就是海洋的适度合理开发要兼顾生态系统承载力、经济质量水平和社会公平现状这三者。完成海陆地域在经济系统上的统筹发展，使海洋的资源利用充分，海洋经济的增长长期向好。发展质量的高低是能否达到可持续发展效果所强调的，为了建立和完善海洋可持续发展的指标体系，正确规范地探讨海洋经济增长质量的含义和延伸补充，并基于此结合设计科学的指标理论、海洋经济增长质量指标体系及其测算方法是至关重要的。

意义之二，是转变经济增长方式，而其核心内容就是提高经济发展质量。转变经济增长的方式包含了多方面的内容，其中最关键的就是要将质量型发展置于长期以来数量型的发展方式之上。过去，我国一直都面临着短缺经济的艰苦状况，人们盲目地寻求数量上的漂亮，因此，无数生产者便只推崇数量上的扩张。改革开放40年来的巨大成就带来了新的要求，人们对数量的要求已经得到了满足，对质量的要求也日益提高。所以，提高经济增长质量，换句话来说也就是主动改变经济增长的方式。

第三节　海洋经济高质量发展相关概念及理论概述

一、海洋经济

早在20世纪70年代末，海洋经济的概念就由赫赫有名的经济学家于光远和许涤新在1978年全国哲学社会科学规划会议上提出。随着后续学者的补充研究和这一主题的深入发展，这一概念有了质的变化与提升。进入新世纪以来，海洋经济快速发展，其概念的界定也发生了变化，逐渐将海洋经济与陆域经济的经济体系由附属转变为同级别。如《海洋经济学》中朱竖真所说，海洋经济是人类开发利用及保护海洋资源而形成的各类产业及相关经济活动的总和①。

（一）海洋产业简述

海洋产业可统称为一类活动，包含人类开发、使用和保护海洋等活动。作为海洋经济结构中的主体，这是海洋产业存在和发展的意义以及关键指标。2007年6月，由国家海洋信息中心以及中国大学联合起草的《海洋及相关产业分类》作为标准（GB/T20794—2006）, 这也是第一个我国对海洋产业分类的标准，该标准对我国海洋产业部门进行了明确分类，将有相关性统计指标的统计口径进行统一，在本文中，进行了三次产业分类。

（二）海洋经济可持续发展

海洋经济可持续发展的目标是实现对海洋资源适度合理的开发利用，在海洋生态系统得到维护还远远不够，只有不断提升海洋资源利用的水准且全面的海洋环境保护措施，才能将海洋资源、经济、环境三者协调发展。主要特征体现如下：

(1) 持续性　可持续性利用的重要性是海洋经济发展首先要强调的。此外，还要摒弃“高投入、高污染、高消耗”的三高特征，且重点关注海洋经济长久的发展与应用，不能为了眼前的高速度而放弃未来的长期发展，也不能为了暂时性利益而不顾后代的发展愿景。

（2）公平性　对于海洋经济的发展，平等性主要体现为代内和代际平等。

① 朱坚真.全国海洋经济与管理学术研讨会暨《海洋管理学》《海洋经济学》(第二版)教材发布会在广东海洋大学举行[J].河北渔业,2018(2):60.

代内平等注重当代所有人的机会平等，贫穷的人与富有的人享有同样获利的权利，欠发达地区与发达地区拥有平等的发展机会。代际平等则强调当代人在利用海洋资源时要考虑未来的资源存量和生态环境的稳定性，保证后代人的生存和发展机会与当代人平等，并结合持续完善的制度以及技术革新使有限资源在每一代人之间科学合理分配。

（3）高效性 规模的盲目扩大是低效的，海洋经济的高效发展才是应引起重视的。同时，还要达到产量高、效率高以及耗能低的发展要求，注重可持续发展，强调经济高质量发展。

（4）限制性 海洋经济的发展离不开其生态因素的限制性以及资源环境的制约性，这是最基本的。由于海洋经济可持续发展目标的多重性，海洋环境的承载力很容易被忽视，因此，在考虑发展的同时，也要重视生态保护红线的划定。

二、海洋经济可持续发展系统的组建

海洋经济可持续发展为复合系统，包括下列子系统，且子系统之间交错互通。

（一）海洋经济子系统

可持续发展的利弊取决于此系统是否可以达到可持续发展。作为海洋经济发展基本空间和资源的提供者，海洋系统内劳动力、技术、基础设施也由其供应。而海洋经济子系统与其他两个子系统又是相辅相成的关系，这种良性循环产生的资金将会用于海洋生态环境的保护，海洋教育的扩大，沿海地区人民生活水平的提高、就业率的上升，从而不断推动社会前进。

（二）海洋社会子系统

人民生活质量上升，社会和谐稳是社会发展的重要标志，而发展海洋经济的根本，就是为了促进社会的发展。为了实现这一根本目的，首先要把为沿海人民谋福祉作为发展海洋经济的初心与方向，以人民幸福作为出发点，进而提高沿海地区社会发展水平，加强沿海地区科技基础。

（三）海洋资源环境子系统

现有资源环境作为经济发展的基础，人们在开发和利用海洋资源时，由于当前经济制度不完善、科技发展水平有限、海洋管理不到位的问题，时常避免不了污染和破坏海洋环境。海洋经济的发展对立于海洋环境承载力的同时，又与其有着紧密的联系。环境库兹涅兹曲线指出，工业经济发展与自然环境往往都是反比的关系，但经济发展累积到一定资本量后，又会倒过来回馈给环境以资金和技术，修复保护环境。可持续发展在经济发展初期阶段，要避免这种反比关系，不能一味地为了经济发展而对环境进行肆意地破坏，降低治理成本的同时，也要促进海域环境的改善。

第四节　国内外研究综述

随着新世纪的到来，掌握海洋，也就意味着掌握了海洋资源的开发与利用。同时，世界各国把目光聚集在新的海洋战略的制定与调整上来，纷纷开展了“蓝色圈地运动”。环境过载、资源短缺、人口骤增以及人类对海洋资源的过度掠夺是海洋环境进一步恶化的原因所在。正因如此，我们一方面要使现有的海洋经济发展速度与人类发展现状相符合，另一方面，也要保证海洋经济的高质量发展。

一、国内研究现状

在我国，海洋经济的研究发展已经走过了30多个年头。20世纪70年代后期，有关海洋经济的概念逐渐明确起来，各领域的学者也纷纷从不同的专业和角度对“海洋经济”做出了解读和阐述。于光远于1978年首次按照经济学的要求给了海洋经济一个全新的定义，并在哲学及社会科学规划会上首次将“海洋经济学”设立为一个全新的学科。1980年，中国海洋经济研究会成立。此后，我国掀开了关于“海洋经济发展”研究的新篇章。

海洋经济是一个多元化的概念，朱森林作为广东省省长，在90年代时同众多学者保有一致的观点，认为海洋经济的发展不应局限于产业的角度，也应遵循区域发展角度上的规律。徐质斌教授又对海洋经济的概念做了进一步的界定与划分，将投入与产出、需求与供给嵌入到海洋经济已有的概念之中。

21世纪初，伴随着海洋经济的迅速崛起，我国逐步加深了对海洋经济的认识，提升了相应的探索能力，关于其研究也日渐兴起。近些年我国关于海洋经济发展的有关研究包含但不限于以下四个方面：海洋产业结构调整及布局优化、海洋资源利用现状、海洋可持续发展前景以及海洋综合实力评价。

基于学者之前的研究成果，本书对我国沿海11省市的海洋经济发展质量进行研究。

一是对于海洋资源利用现状以及海洋产业发展前景的研究。一方面是设定某一个海洋产业来开展研究，并更深层次地研究其对于海洋资源的开发和利用是如何进行的，例如，将海洋产业细分为海洋油气业、海洋渔业、海水利用业等，再分别展开研究。主要成果有：张耀光（2003）的“中国油气业资源开发与国家石油安全战略对策”、周洪军（2009）的“中国海水利用业发展现状与问题研究”、佘远安（2012）的“中国海洋渔业：成就、问题和发展思路”，等等。除此之外，研究还囊括对于海洋资源的利用，包括狄乾斌（2003）的“我国海洋资源开发综合效益的评价”、黄瑞芬（2010）的“山东半岛蓝色经济区海洋产业与区域经济的耦合关系研究”、张耀光（2010）的“海洋资源开发利用的研究——以辽宁省为例”。

二是对于海洋产业结构的研究，代表性的研究成果有包括韩增林（2003）的“中国海洋产业发展的地区差距变动及空间集聚分析”、刘洪滨（2003）的“环渤海地区经济发展与海洋产业结构调整”、孙才志（2007）的“辽宁省海洋产业结构分析及优化升级对策”以及2013年的“海洋经济调整优化背景下的环渤海海洋产业布局研究”等，这些都体现了关于海洋产业结构和布局的调整研究。此外，还包括刘曙光（2007）的“海洋产业经济国际研究进展”、张耀光（2009）的“辽宁省主导海洋产业的确定”、崔旺来（2011）的“浙江省海洋产业就业效应的实证分析”等，这些就是对现有海洋主导产业的选择性研究，并深层次地研究了不同产业产生的效益高低。

三是关于综合全面的评价海洋经济发展的研究，主要成果有：殷克东

（2011）的“我国沿海11省市海洋经济综合实力的测评”、武鹏（2010）的“中国区域海洋经济发展水平综合评价”、王泽宇（2014）的“基于集对分析的海洋综合实力评价研究”、郭越（2014）的“沿海地区海洋经济综合发展能力评价研究”。

四是关于海洋经济如何实现更为健康以及持续的发展的相关研究，代表性的研究成果有包括张耀光（2001）的“辽宁省海洋区域经济布局机理与可持续发展研究”、韩增林（2003）的“海洋经济可持续发展的定量分析”以及其于2003年的“经济可持续发展的定量分析”、狄乾斌（2009）的“经济可持续发展能力评价及其在辽宁省的应用”、覃雄合（2014）的“代谢循环视角下的环渤海地区海洋经济可持续发展测度”、李彬（2010）的“我国区域海洋经济技术效率实证研究”、张耀光（2011）的“基于定量分析的辽宁区域海洋经济低于系统的时空差异”、韩增林（2011）的“我国区域海洋经济地理研究的回顾与展望”。

二、国外对海洋经济质量发展的研究

世界各国大力推动科技进步的同时，也非常重视对海洋经济发展的研究，并认为技术革命能促进海洋经济的发展。因此，国外研究经过多轮演变后，产生了很多颇有成效的成果。

不同于我国，世界各沿海国家于20世纪50年代就开启了关于海洋经济的研究。1947年，墨西哥湾建立了世界范围内第一座近海油田，自此，人类开启了海洋石油资源的开发与利用，解决了当时全球资源匮乏的危机。1963年，美国研究人员Rorholm研究了海洋经济是如何影响那拉杆赛湾经济的，在为期四年的研究后，总结出究竟是哪些产业影响了新英格兰地区的经济，在得出13个关键产业影响的结果基础上又利用投入—产出分析法进一步说明一个国家或地区的经济发展离不开海洋产业的存在。

沿海国对海洋经济的定量化研究开始于20世纪80年代，海洋经济的方法论也随着时间逐步完善。一些国家在这一阶段取得了丰富的研究成果，例如美国、英国、澳大利亚等。Pontecorvo等人分析了生产总值对于美国海洋经济的占比，从而反映出其贡献率。美国于1999年实施了国家海洋经济学计划后，研究人员Colgan发表了《海洋与沿海经济计量理论与方法》一文，同时撰写了《美国沿海地区的经济变化》。后来，亚太经合理事会2005年在比较了三个代表国家的研究方法之后，认为有九大行业部门隶属于海洋经济产业。

进入90年代之后，世界各海洋国家逐步完善了有关海洋经济的研究。Colgan以及Moller等人先后于1993年以及1994年发表了关于海洋经济前景以及活动评估的文章。1998年的国际海洋年更是加速了海洋经济的发展，海洋价值的研究开始受到越来越多的国家的重视，海洋经济在各国的国民经济地位也开始逐渐提升，相应政策也陆续推出意在发展更多新的海洋经济。2000年，NOEP启动了海岸带和海洋对美国经济的影响与贡献的研究项目，随后撰写了一份报告——《依靠资源禀赋——美国沿海流域县的海洋经济活动分析》，同一阶段，更多的研究成果也相继发表，这些成果对后续推动这一理念的发展起到了不可替代的作用，例如《评估海洋对国民经济和海洋政策贡献的重要性》和《2009年美国海洋及海岸带经济现状报告》。

“蓝色经济”虽然是研究热点，但其含义一直都较为模糊，没有明确的界定，因此有很多学者进行了更深入的研究。澳大利亚2008年在国内开展了蓝色福祉计划，该计划的主旨是以海洋为基础的产业开发和增长也就是蓝色GDP对推动澳大利亚的经济和社会发展具有巨大潜力。第二年，卢布琴科博士作为NOAA第九任局长于“国会山海洋周”就美国的未来发展做了“蓝色经济——认识海洋发挥的作用”的演讲，补充了对蓝色的定义，即蓝色经济就是要实现经济和环境的绿色可持续发展的海洋经济，同时具有巨大的发展潜力和前景。同年，世界自然保护联盟对蓝色经济又重新做了定义，称之为新型蓝色经济并对其发展加以重视。第三年，国际咨询公司充分对全球产业做出分析后撰写了《全球海洋生物技术战略业务》这一报告，提出海洋经济的发展要依靠科学技术的进步，各行业应灵活应用各项海洋生物技术。

三、关于海洋经济国内外研究现状的思考与讨论

目前，国外关于海洋经济的主题探讨在计量方法上研究有余，却因忽略

了海洋是一个独立系统，而导致了理论层面的研究不足。其次，海洋结构的分布现状虽然已有很多学者做出了刻画，但鲜有人对其构成做出进一步的分析与讨论。

关于海洋经济的研究的方法、范围、理论逐渐多样化，但国内对海洋经济的研究范围还主要局限在海洋产业经济现状以及区域经济发展中，并且对海洋经济的研究仍没有脱离理论层面的研究，也并未体现出科学技术的实践性及创新性。其次，近些年集中在海洋生态环境问题上的目光虽然越来越多，但仍缺乏关于内部结构问题以及系统理论研究的探讨。

第二章　世界海洋经济发展现状

第一节　世界海洋经济发展情况

20世纪50年代以后，海洋资源开发进入了一个新的阶段。世界各国都把目光投向海洋，关注海洋经济发展。20世纪60年代初期，美国总统肯尼迪就呼吁努力促进海洋开发，开始制定海洋开发的规划报告。70年代，美国海洋资源及工程发展国家会议的报告《我们的国家与海洋》指出要大力发展海洋科学。2009年《美国海洋经济报告》发表。法国在1960年提出了“大陆架开发计划”，1962年成立国家海洋开发中心，法国总统戴高乐提出了“向海洋进军”的口号。英国在1965年根据科学技术法设置了教育科学厅，其中附设自然环境研究协会，由大学研究者、政府机关代表和民间代表组成，统筹对海洋的开发。日本提出将海洋纳入国家大战略和全球视野。韩国、澳大利亚提出以发展海洋产业为核心，实现海洋经济发展战略。俄罗斯提出以海洋经济和海洋安全为核心的海洋战略。爱尔兰、澳大利亚、新西兰等很多国家都先后发布海洋经济发展报告。2012年，中国在十八大上把建设海洋强国提升为国家发展战略，指出建设海洋强国是中国特色社会主义事业的重要组成部分。2012年9月，欧盟委员会发布了题为“蓝色增长：海洋及关联领域可持续增长的机遇”的报告，提出了“蓝色增长”的战略构想，为下一步欧盟委员会制订相关法案、实施蓝色增长计划提供了理论依据。

在新技术革命的推动下，世界海洋经济的发展突飞猛进，海洋经济总量快速增长。20世纪90年代以来，世界海洋经济快速发展，1980—2006年，世界海洋生产总量增大了5倍。20世纪60年代末，世界海洋经济产值仅130亿美元，70年代为1100亿美元，1980年为3400亿美元，1990年已近5000亿美元，到2006年已达约1. 5万亿美元。在30多年里，海洋产值每10年就翻一番，增长速度远远高于同期GDP的增长。海洋经济在世界经济中的比例，1970年占2%，1990年占5%，目前已达10%左右，预计到2050年，这一数值将上升到20%。

世界主要海洋产业主要集中分布在三大洋（太平洋、大西洋、印度洋）的沿海国家及其地区。海洋产业的市场分布随着地理位置的不同而变化，目前亚洲最大，且其海洋产业占世界总量的比例逐年增加，剩余的四大洲均排在亚洲的后面，代表性的国家包括美国和英国，这些国家也都已经从过去重视量的增加转变为重视质的发展，通过政策配合、科研投入等手段实现海陆产业联动，将海洋资源充分利用，推动国家海洋经济的现代化发展。从海洋产业发展趋势看，海洋传统制造业的产值增速不再延续高增长的趋势，取而代之的是海洋高端装备制造业、海洋医药与生物制品业等高技术海洋产业。可以看出，世界海洋产业结构发生了巨大的变化，第一产业的地位有所下降，第三产业逐渐占据了主要的地位。这种变化体现在以下三个方面：产业层次从劳动密集型向技术密集型升级；滨海旅游的兴起带动了海洋第一、二产业与第三产业的融合发展；开发海域空间正从领海、毗连区向专属经济区与公海逐步推进。

第二节　世界主要海洋产业

一、世界海洋渔业

海洋渔业资源主要包括鱼类、头足类和甲壳类。鱼类是海洋中数量最大的生物资源，已知全球鱼类有10 000多种，目前还有待进一步开发的鱼类包括智利竹荚鱼、太平洋鳕、银无须鳕、大西洋鲭、中西太平洋的黄鳍金枪鱼，西印度洋的石首鱼等。头足类是海洋渔业资源有较大开发潜力的一类，大约有700多种，潜在渔获量1000万吨以上。甲壳类有近1000种，目前开发的甲壳类主要是指虾类、蟹类和南极磷虾，南极磷虾是甲壳类中有较大开发潜力的种类。

世界海洋渔业资源分布在全球各大洋和海区。渔区一般分为太平洋海域、大西洋海域、印度洋、地中海和黑海、南极海五大区域。尽管海洋是一个彼此连贯的完整水体，但各水域的海况条件，如水温、盐度等是有差别的，海洋生物的种类组成、数量和分布是不同的，各海区渔业资源开发状况存在较大差异。在海水养殖方面，亚洲的养殖产量占世界海水养殖总产量最高，已达98%，其中中国是世界最大的海水养殖国家，印度、越南、印度尼西亚、孟加拉国和泰国都是世界主要海产品供应国。在海洋捕捞业方面，海洋捕捞渔业是世界渔业生产的最大贡献者，2012年全球海洋渔业捕捞量为7970万吨，占当年世界海洋渔业总产量的76%。虽然近20年海洋渔业在世界渔业总产量的贡献率有所下降，但相比海洋生物养殖、淡水养殖和陆上捕捞渔业而言，仍是最大的贡献部门。

二、世界海洋矿业

海洋是巨大的资源宝库，海底和滨海地区蕴藏着丰富的矿产资源。海洋矿产资源种类多，包括海滨、浅海、深海、大洋盆地和洋中脊底部的各种矿产资源。按照海洋矿产资源形成的海洋环境和分布特征，从滨海浅海至深海大洋分布有：滨海砂矿、石油和天然气、磷钙土、多金属软泥、多金属结核、富钴结壳、热液硫化物及未来的替代新能源——天然气水合物。

诸多矿产资源广泛分布在各个海域，其中锰结核以北太平洋地区最为富集，品位高、储量规模大；金刚石最大的产地是西南非洲；印度是世界上蕴藏重矿物砂矿最多的国家之一；澳大利亚是世界上最大的金红石产地；美国的卡罗莱纳和弗罗里达海滩富集有大量的钛铁矿；泰国、印度尼西亚和马来西亚是世界上滨海西沙矿的主要产地；美国是世界上生产滨海铂砂矿的最主要国家；澳大利亚、印度、马来西亚和巴西等是稀土矿物主要生产国。

三、世界海洋油气业

世界海洋蕴藏着极其丰富的油气资源，其石油资源量约占全球石油资源总量1/3。虽然各大洲均含有油气资源，同时又相对集中。从世界海陆油气资源储量特点来看：北半球多于南半球、东半球多于西半球；地区分布不平衡，由欧美地区向亚非拉地区转移，其中波斯湾地区油气资源富集程度极高。在四大洋及数十处近海海域中，石油、天然气含量最丰富的数波斯湾海域，约占总储量的一半；第二位是委内瑞拉的马拉开波湖海域；第三位是北海海域；第四位是墨西哥湾海域；最后是亚太、西非等海域。两极大陆架也蕴藏着丰富的油气资源，俄罗斯海洋油气资源的80%以上聚集在其北极海域。波斯湾的沙特、卡塔尔和阿联酋，里海沿岸的哈萨克斯坦、阿塞拜疆和伊朗，北海沿岸的英国和挪威，另有美国、墨西哥、委内瑞拉、尼日利亚等，都是世界重要的海上石油生产国。

目前，在世界海洋中已经找到了500多处油田，全球海域勘探潜力较大的盆地有28个，这28个盆地油气勘探趋势是由陆上逐步过渡到浅水，并开始进军深水。全球海洋10个重点盆地处于油气勘探的高峰期，蕴藏着极为丰富的油气资源。深海和北极地区是未来油气资源的主要开发地，巴西近海、美国墨西哥湾、安哥拉和尼日利亚近海是世界四大深海油区，几乎集中了世界全部深海探井和新发现储量。目前，各国都不同程度地加大了海洋油气开发投资力度，投资最多的前5个国家分别是挪威、美国、巴西、英国和澳大利亚。天然气方面，俄罗斯是世界第一天然气生产国，产量占世界总产量的1/5以上，美国是世界第二大天然气生产国，加拿大是世界第三大天然气生产国，但近几年处于下降趋势。全球海陆石油生产集中于中东、北美洲地区，而欧洲（除俄罗斯及里海沿岸国家外）、亚太地区、拉丁美洲（除委内瑞拉、巴西外）产量有限。

四、世界海洋盐业与海洋化工业

海水中含有丰富的化学物质，有80余种，都是人类生活所需要的，因此海洋也被称为是多样元素的“液体宝库”，许多沿海国家都在生产海盐，发展海洋化学工业。国际市场上，盐业市场总体供大于求，从供给角度看，美国是世界盐产量最大的国家，中国居第二位，德国第三；从需求角度看，世界上盐最主要的消费地区是北美、亚洲和中东，这些地区的需求量占据了总需求量的90%以上。

海盐的工业规模生产，为氯碱工业提供了基本原料，如盐酸、烧碱、纯碱、金属钠、氯气、漂白粉、氯酸盐、过氧酸盐及氯代烃等。主要的海洋化学工业部门有海水提镍、海水提钾、海水提镁。

五、世界海洋电力业

世界海洋能源资源丰富，是未来全球化石能源的潜在主要替代类型之一，产业化开发受到了各国的普遍重视。利用海洋能源进行电力生产的海洋电力产业主要包括海洋潮汐发电、波浪发电、潮流发电、风能发电等。从地区分布来看，海洋能在世界各地均有分布，但以高纬度地区为主，包括欧美国家及大洋洲国家在内的沿海地区属于海洋能分布密集区，南美洲南部沿海、非洲南部沿海以及中、日、韩沿海地区海洋能开发潜力也较大。在丹麦、英国、荷兰等国已实现海上风电产业化，波浪能、潮汐能利用也完成了示范运行，但未进入产业化发展阶段。

世界各国积极推动海洋新能源开发，并制定规划路线，英国是世界海洋能源开发的领先者，制定了《海洋（波浪、潮汐能）可再生能源技术路线图》《海洋能源行动计划》，加拿大制定了《加拿大海洋可再生能源技术路线图》，澳大利亚制定了《可再生能源工业发展战略》。

目前，风能已成为开发最广、发展速度最快的新能源之一。1991年丹麦兴建了世界上第一个海上风电场。2010年，德国首座海上风能电站“阿尔法文图斯”在北海正式并网发电。同年，英国在东南部肯特郡的近海正式启动了当时全球最大规模的海上风力发电厂。目前，超过90%的世界海上风电场分布在了欧洲海域，如北海、波罗的海、爱尔兰海及英吉利海峡，丹麦、英国、瑞典、德国、爱尔兰、荷兰、中国、日本和比利时等国都已拥有海上风电建设项目。英国海上风电装机容量所占份额是最大的。

波浪能是继海上风电之后又一极具产业化发展潜力的海洋可再生能源，有波浪的地方就有波浪能，目前一些国家的利用技术已相对成熟，正处在商业开发前期，发展潜力巨大。波浪能是海洋能源中能量最不稳定的一种能源，其迎面功率密度可达每米数千千瓦。目前世界各国对于波浪能利用的主要方式是波浪发电。此外，波浪能还可以用于抽水、供热、海水淡化和制氢等。英国沿海、美国西部沿海和新西兰南部沿海都是风区，有着特别好的波候，有着很好的波浪能开发条件，西海岸区域的国家对海浪能发电的研究一直处于世界的前沿，如北美的美国和加拿大、欧洲的大部分国家及亚洲的日本等。

潮汐能利用技术研发历史悠久，也有了很多成功的案例，但涉及成本效益和环境问题，优势正在逐渐缩小，长远来看难以和波浪能和潮流能的发展潜力相竞争。世界上潮汐能资源较丰富的国家几乎都在进行开发利用研究，尤以法国、英国、美国、加拿大等国开展较早。目前，潮汐能开发的趋势是偏向大型化，俄罗斯、英国、印度、澳大利亚和阿根廷等国对规模数十万到数百万千瓦的潮汐电站都在研究开发与建设。

利用海洋能源进行发电的还有海流/潮流能、温差能、海洋微生物质能和盐度梯度能（盐差能）等，其中，海洋微藻生物质能的研究，是当前国际生物质能研究的热点和重点领域，盐度差能转换技术处于起步阶段，许多经济、技术和环境方面的难题还需要解决。

六、世界海水利用业

海水利用是利用海水的各种方式的统称，包括海水淡化、海水直接利用和海水化学资源利用等。为缓解水资源紧缺问题，除了积极推行节约用水、提高水利用效率及实行跨流域调水等措施外，实施海水有效替代、大力开展海水淡化，已经成为缓解世界各沿海国家及海岛淡水供需矛盾的重要选择。世界许多沿海国家及地区积极开展海水淡化和综合利用应对水资源危机，并开展了海水利用工程建设及海水淡化技术研发工作。在发达国家海水冷却已广泛用于电力、冶金化工石油、煤炭、建材、纺织、船舶、食品、医药等行业。日本每年用于工业冷却的海水达3000亿立方米，美国也有1000亿立方米。海水淡化作为水资源的开源增量技术，已在120多个国家得到应用，全球海水淡化日产量约3500万立方米，其中80%用于饮用水，解决了1亿多人的供水问题。目前，全球已有150多个国家和地区在开发及应用海水利用技术，并取得了良好的经济和社会效益。

海水淡化大致有三类方法：第一类方法是用当地廉价的石油蒸馏海水；第二类方法是在淡水供应困难的岛屿和矿区建厂，美国的弗洛迪达洲的基韦斯特，距大陆200多千米，及时通过管路疏水，水费也很高，故采用淡化的方法就地解决；第三类方法是在沿海城市建厂，那里人口和工厂集中，水量最大，如美国加利福尼亚州的圣迭戈。沙特阿拉伯的海水淡化产量最高，占世界总产量的1/4；美国位居第二，占世界总产量的15.2%。

海水直接利用主要用于工业冷却和城市生活用水。沿海城市的工业用水整体情况中，冷却用水占比50%～70%。科学家还培育出了适合海水灌溉的耐盐油料作物，海水脱硫技术的技术成熟、流程简单，在保持一个低费用的水平下就可实现高效率脱硫，因此，该技术在西欧及北美地区得到了推广，在沿海城市获得了发展。

海水化学物质提取，主要以提取海水溴、钾、镁和铀为主。海水化学资源的开发是人类获取食盐、镁、溴和钾的重要来源。全球海水中的食盐储量达4亿吨，镁1800亿吨，溴95万亿吨，钾500万亿吨。据估计，海洋水体中的铀含量可达45亿吨左右，相当于陆地上铀总储量的4500多倍，为此海洋被称为"核燃料的仓库"。世界海水提溴走在前列的是美国、日本、英国、法国、西班牙、以色列等国家，生产量均达到万吨级。

七、世界海洋生物医药业

海洋药物开发是正在兴起的海洋生物产业中的关键产业之一，海洋生物医药产业作为海洋经济中的一支重要力量，被公认为21世纪最有前途的产业之一。1945年首次从海洋污泥中分离到顶头孢霉菌，阿糖腺苷是最早的海洋药物之一，后续研发出了重要的抗HIV药物等。近年来全球海洋生物医药产业的研究成果数量增长迅速，一些国际知名的生物技术企业或医药企业已投身于海洋药物的研发和生产。在海洋生物医药和功能食品产业化方面，以美国为首的西方发达国家在海洋抗肿瘤药物、海洋生物抗菌活性物质提取、抗心血管病及放射性药物研发、海洋生物酶及海洋功能食品等海洋生物技术上取得了进展。海洋生物医药领域，美国、欧洲、日本处于产业主导地位，份额超过了80%。其中，欧洲是世界上最早开始发展海洋生物医药业的地区之一，德、英、法、意、西等国家在海洋天然产物研究领域一直居世界先进水平；美国作为当今的海洋大国，海岸线长，海洋科技发展与海洋管理一直处于世界领先地位，丰富的海洋生物资源，为美国提供了丰富的食物、工业原料、医疗保健新药；日本主攻方向就是生命科学，发展海洋生物医药产业的一个重要特点就是建立了产学研联合发展机制，以大学、国立及公立研究机构等为中心，建立由相关研究机构、研究开发型企业等构成的知识密集型基地，强化专利服务机构建设，促进研究成果的转化与产业化发展。

八、世界沿海造船工业

船舶工业，又称“造船业”或“造船工业”，属于传统的海洋产业，发展历史悠久，从木船、铁船、钢船到合金钢船和复合材料船，从人力、风力、蒸汽机、汽轮机、内燃机到核动力和太阳能，目前已发展成为关系到国家经济发展与国防安全的中国重要战略性产业，同时又通过与上下游产业的广泛联系，对国民经济产生巨大带动作用，被称为“综合工业之冠”。在20世纪初期，拥有一定规模现代造船业（钢制机动船制造业）的国家只限于英国、美国、德国、法国等经济发达国家，第二次世界大战后发展中国家民族工业崛起，许多国家逐步建立了自己的现代造船业。随着世界造船工业的发展，世界造船格局由20世纪70年代以前的两极结构——欧洲、日本，至20世纪末逐渐形成四级结构日本、韩国、西欧和以中国为代表的其他国家，进入21世纪，由于中国造船业的迅速崛起而逐渐与韩国、日本三分鼎足。从世界造船竞争格局看，韩国造船业的综合实力较高；日本有着丰富的体量优势，且其造船效率也一如既往地维持在一个较高的水平；欧洲在复杂技术的实现上要优于其他国家；第三世界的造船国，例如越南、印度、巴西等在国际造船的市场上也成为了不可或缺的存在。

九、世界海洋工程建筑业

海洋工程建筑业是指在海上、海底和海岸所进行的用于海洋生产、交通、娱乐、防护等用途的建筑工程施工及其准备活动，海洋工程具体包括：围海造地、海上堤坝、人工岛工程；海上和海底物资储藏设施；海底管道、海底电（光）

缆工程；跨海桥梁、海底隧道工程、海上娱乐，以及运动、景观开发工程等。

人类作为能动地改造世界的主体，对海洋利用最原始的探索便是围海造地。主要围海造地的国家有荷兰、日本、韩国等，其中，荷兰是世界上围海造地最有成效的国家，有27%的土地低于海平面，近一半土地海拔不到一米，固有“低地之国”之称；日本是世界上围海造陆面积较多的国家，采用填海造地来解决工业、交通、城市、港口、机场等用地问题，自“二战”以来，累计填海造地约1600平方千米以上。

跨海大桥、海底隧道近年来发展迅速，凡是有海峡的地方几乎都能看到跨海通道，欧、美、日等发达国家和地区在跨海通道方面走在了世界前列。20世纪30年代，以美国金门大桥、旧金山—奥克兰海湾大桥为标志，悬索桥技术走向成熟；1968年，日本尾道大桥建成，是世界上最早建成的有代表性的斜拉桥之一。现在跨海大桥多数分布在发达国家，如日本、美国等国，特别是日本，跨海大桥数量居世界首位。目前全世界已挖掘的水下隧道有200多条，其中主要的海底隧道有：美国旧金山湾长8千米的海底隧道，中国香港—九龙间长14千米的海底隧道，日本下关海峡长6千米的海底隧道和津轻海峡长54千米的青函海底隧道等。

另外，海底电力电缆、海底通信电缆、海底光缆工程也在世界各国得到了充分利用；海底仓库因海底温度低、恒温、高压、黑暗，非常适宜长期存储石油、煤、农产品、淡水、沙砾等物品，利用海洋建设仓储设施，具有隐蔽性好、安全性高、交通便利等优点，又可免除挤占大量陆地土地的弊端，因此被纳入到海洋空间利用项目。

十、世界港口资源

港口既在对外交往的国际事务中发挥着重要作用，也是连接水陆交通的重要枢纽，对当代的任何一个国家来说都是非常关键的建设资源。随着经济全球化和区域经济一体化进程的加快，国际港口正在步入重大的战略转型期。

依据港口资源所处地理位置及本身自然环境条件，可将港口分为河口港/海湾港、海岸港/离岸港、冻港/不冻港、潮港/闭口港。根据全球港口分布及海运贸易集聚程度，当前全球港口大致分为12个港口群：西北欧港口群、地中海港口群、非洲南部港口群、南亚港口群、西亚港口群、东南亚港口群、东北亚港口群、大洋洲港口群、南美洲港口群、加勒比海港口群、北美太平洋沿岸港口群以及北美大西洋沿岸港口群。

随着全球集装箱航运业的迅猛发展和市场规模的扩张，世界主要港口在集装箱吞吐量方面的竞争越来越激烈，集装箱港口已成为网络经济时代综合物流中最重要的组成部分。进入21世纪，世界集装箱运输的中心加速向东亚尤其是中国倾斜，东亚在全球港口体系的地位得到加强，全球前七位的港口均在东亚，中国集装箱港口迅速崛起，有13个港口名列世界百强。

十一、世界海洋运输业

海洋运输业是指以船舶为主要工具从事海洋运输及为海洋运输提供服务的活动，包括远洋旅客运输、沿海旅客运输、远洋货物运输、沿海货物运输、水上运输辅助活动、管道运输业、装卸搬运及其他运输服务活动。航运业的发展与否在某种程度上已成为衡量一个国家和地区经济发展程度的重要尺度。

海洋运输借助天然航道进行，不受道路、轨道的限制，具有较大的灵活性和回旋余地，世界主要航道资源有：马六甲海峡，连接太平洋和印度洋的战略交通要道；望加锡海峡，西太平洋与印度洋之间的重要通道；巽他海峡，沟通太平洋与印度洋的水道；朝鲜海峡，对马海峡和朝鲜海峡的统称，是日本海进出东海和太平洋的咽喉；苏伊士运河是亚洲、非洲、欧洲通往印度洋的捷径；曼德海峡，和亚丁湾相连，是太平洋、印度洋、大西洋的海上交通要道，被称为世界战略的心脏；波斯湾，位于印度洋西北部边缘处，阿拉伯半岛和伊朗高原之间，是世界石油的宝库；另外还有直布罗陀海峡、斯卡格拉克海峡、卡特加他海峡和佛罗里达海峡等。

全球海运量主要集中于亚洲、欧洲与北美洲，其联系航线是世界的主要海运航线，位于北半球的远东到欧洲的西欧航线，远东到北美洲的越太平洋航线和北美洲到欧洲的大西洋航线，是世界三大主干航线。印度洋航线以石油运输线为主，北极航线是连接大西洋和太平洋的海上航线，随着北冰洋融化预期加快，北极航线的重要性日益凸显。

全球海运以大宗货物，如原油、成品油、三大干散货（铁矿石、煤炭、谷物）为主，占全球货运量的一半以上。石油货流是远洋货物运输中的主要货物，西亚、北非、中非、南美北部、俄罗斯是世界石油主要输出地区，日本、美国、中国是主要石油输入大国，全球每天约有一半的石油经过马六甲海峡运往中国和日本，经过好望角和苏伊士运河运往美国和欧洲。世界铁矿石贸易主要通过海运完成，铁矿石是仅次于石油的第二大货流，海运贸易量占世界总贸易量的90%左右；煤炭是海运量仅次于铁矿石的干散货，根据运距形成了大西洋和太平洋两大煤炭贸易圈。

集装箱运输使航运业的装卸效率和运输安全性大大提高，为全球性产业分工和国际贸易繁荣创造了条件。近年来，全球集装箱航线网络的基本格局呈三大东西向干线状分布，分别横跨了欧洲、北美和东亚这三块主要的贸易区。目前，东亚尤其是中国是世界集装箱运输的重心。

十二、世界滨海旅游业

滨海旅游是旅游者为享受海岸带自然景观为目的进行旅游活动的综合产业，是主要的传统旅游方式之一，近年来其发展势头愈发强劲，在现代旅游的诸多产业中该产业的增长速度最快。

世界旅游资源主要集中在13个区域，分别是：亚洲东部沿海国家及地区（中国、日本、朝鲜和韩国）；东南亚沿海国家及地区（新加坡、泰国、马来西亚、印度尼西亚、菲律宾、越南、缅甸、柬埔寨、东帝汶）；南亚沿海地区（印度、巴基斯坦、斯里兰卡、马尔代夫）；西亚沿海国家及地区（土耳其、巴林、塞浦路斯、巴勒斯坦、约旦）；欧洲的北大西洋沿岸国家及地区（英国、法国、德国、荷兰、比利时、爱尔兰、丹麦、挪威、瑞典、芬兰、冰岛、波兰、爱沙尼亚、拉脱维亚、立陶宛、俄罗斯）；欧洲的地中海地区（希腊、马耳他、罗马尼亚、保加利亚、意大利、西班牙、葡萄牙）；非洲的地中海地区（埃及、突尼斯、阿尔及利亚、摩洛哥）；撒哈拉以南非洲——西海岸地区（毛里塔尼亚、塞内加尔、萨拉利昂、利比里亚、科特迪瓦、尼日利亚、喀麦隆、加蓬、安哥拉、纳米比亚、加纳）；撒哈拉以南非洲——东南海岸以外岛屿（苏丹、厄立特里亚、索马里、坦桑尼亚、莫桑比克、马达加斯加岛、毛里求斯、科摩罗）；北美洲沿海国家及地区（加拿大、美国、墨西哥、尼加拉瓜、洪都拉斯、萨尔瓦多、巴拿马）；南美洲沿海地区（秘鲁、委内瑞拉、厄瓜多尔、智利、哥伦比亚、阿根廷、乌拉圭、巴西）；加勒比海的国家及地区（巴哈马、牙买加、巴巴多斯、波多黎各）；大洋洲、太平洋岛国及地区（澳大利亚、新西兰、关岛、斐济、库克群岛、法属波利尼西亚）。各个区域各有特色，吸引着世界各国的人们休闲度假，促进了本国经济发展。

第三节　世界部分区域海洋经济发展现状

一、欧洲国家海洋经济发展现状

欧洲是欧亚大陆向西伸出的一个大半岛，毗邻两大洋和四大海，包括波罗的海、北海、地中海和黑海。欧洲的海岸线长达14.3万千米，平均距海岸线300千米。海洋及关联产业在欧洲经济发展中一直发挥着重要作用。欧洲地区从事的主要海洋活动包括船舶制造与航运和渔业港口等，而近海能源的开发与利用以及滨海旅游业的向好发展也产生了巨大的收益。超过九成的欧洲国际贸易与四成以上的内部贸易都是通过海路运输来完成的，每年，欧洲港口的货物运输量近40亿之多，搭载乘客数量也达到了惊人的3.5亿。依托港口以及关联产业创造的就业岗位约为35万，增加值的贡献超过了1852亿元。海洋运输业的良好发展无疑为船舶制造和海洋装备的进一步发展奠定了良好的基础，同时也推动了其他海洋服务业发展。

欧盟委员会于2012年发布了《蓝色增长：海洋及关联领域可持续增长的机遇》，这份报告根据产品周期论，把海洋产业分为初创类、成长类以及成熟类这三类。初创阶段的产业活动包括蓝色生物技术、海洋可再生能源和海洋矿产资源开发；成长阶段的产业为海洋风电、邮轮旅游、海水养殖和海洋监测监视；成熟阶段的产业为近海航运、海洋油气、滨海旅游、游艇和海岸带防护。由于各产业的总增加值贡献以及产值增长率的不同，还有就业总量和就业增长率的不同，欧盟将这些产业按照六级为最高等级，依次类推到最低级一级的标准进行评估，其中，发展潜力最大的是海岸带防护和海上风能发电，评估结果为六级；其次是评估结果为五级的产业，分别为邮轮旅游、海洋监测和监视、蓝色生物技术和可再生海洋能源；评估结果为四级的产业为滨海旅游、海水养殖和海洋矿产；沿海水域航行的发展潜力为二级；位于末位的产业为海洋油气业。

在海洋产值方面，英国拥有最大的海洋产业链，其次是挪威。欧洲水产养殖总量接近130万吨，价值33亿欧元左右。海水鱼类和贝类养殖集中在地中海、大西洋南部和苏格兰。地中海地区主要养殖加吉鱼和四肋鱼；大西洋南部主要养殖海虹、海蛎子和菱鲆；欧洲西部则主要养殖三文鱼。在石油和天然气的生产与利用方面，欧洲的北海、亚德里亚海和一些内陆海的产值较高。欧洲在波浪和潮汐能设备开发方面走在世界前列。苏格兰在海洋能潜力方面走在世界各国前列。欧洲海洋能源中心是能够提供潮汐能和波浪发电技术支持的全球同类中心中的唯一重要中心。风能是欧洲增长最快的可再生替代能源之一，欧洲的政府会为海上风力发电项目的研发与开展提供资金支持，逐步实现小型发电厂到大型发电厂的过渡，推动风能在发电领域的全面应用。无论从技术开发还是应用上来看，欧洲海上风力发电已经在全球风力发电领域中具备了极大的优势，其能力也始终处于翘楚的地位。欧洲航运历史悠久，港口的发展与建设也有着较长的历史，拥有数量众多的大港，国际枢纽港鹿特丹港，就是一个典型的经济腹地型国际航运中心，该港口地处荷兰，为欧洲的物资流通提供了一个基础的港口保障，极大地促进了欧洲经济的发展。以美国和日本向欧洲出口货物为例，这两个国家向欧洲所出口的物资总量的43%以及34%都要经过特鹿丹港，另一个西方国家德国经过鹿特丹进出口的货物几乎超过了其国内港口的总量。欧洲大规模的旅游市场集中在地中海地区，如西班牙、意大利等，另外大西洋沿海各国也拥有着较大规模的旅游市场，如英国和葡萄牙。

二、东南亚海洋经济发展现状

东南亚全部由岛屿和半岛组成，在地形上通常以克拉地峡为界而划分为两大地理单元：地峡以北的中南半岛与地下以南的马来半岛和马来群岛。东南亚地处亚洲、非洲和大洋洲之间，沟通了太平洋和印度洋，地理位置优越，是世界海空运输的一个重要枢纽，它拥有两处世界级海上运输通道——马六甲海峡和龙目海峡。马六甲海峡自16世纪以来就一直是连接两大洋的主要通道和东西方交通的要冲，是同英吉利海峡并列的世界最繁忙的海上通道，承担着全球一半以上的石油供应运输量和1/3的世界贸易运输量。马六甲海峡全长1185千米，最窄处宽37千米，主航道水深达25～151米，可供26万吨级船舶满载通过。每年航经马六甲海峡的各类船舶多达10万艘，其中18万吨级以上的巨轮就达2000艘。龙目海峡位于印度尼西亚中部巴厘岛和龙目岛之间，是为了适应世界海洋运输船舶日益大型化的趋势而发展起来的一条替代马六甲海峡的新兴国际深水航线。龙目海峡全长60千米，最窄处宽11千米，全部航道的水深均不低于160米，因此能保证所有船只都能够安全的驶入和驶离该航线。

东南亚海域为各种水产品提供了繁育场所，腌鱼和水产罐头等海洋水产品出口到世界各国，在水产品出口价值对世界贸易的贡献排名中，泰国在全球位居第三，上榜前二十的东南亚国家还包括越南和印度。东南亚深海区油气资源丰富，海洋油气业已经发展成为东南亚若干国家的主要产业。印度尼西亚和马来西亚处在亚洲海洋油气勘探中的领先地位，其快速发展也迅速为其他海洋服务业增加了就业总量和机会，促进了技术和知识向东南亚的转移。在海洋船舶制造业方面，菲律宾和越南的造船业已具规模，其中菲律宾的年造船完工量已超过欧洲，位居中国、韩国、日本之后，跻身世界第四大造船国。海上贸易在运输的诸多行业中发展最快，这就联通了东盟国内部以及外部的贸易，实现贸易的规模化发展。同时，东南亚始终位于海洋开发和全球贸易的前沿，古代社会中最为繁忙的港口是满剌加立港，而现代社会中则是新加坡港。港口对于东南亚社会经济发展的重要性尤为凸显，东南亚海区域的港口集装箱吞吐量占世界总量的份额越来越大，东南亚的新加坡港、马来西亚的巴生港和丹戎不碌港、泰国林查班港和印度尼西亚的丹戎佩拉港在世界港口的排名中位居前列，其中新加坡港是世界最大转运枢纽港，与世界600个港口和120个国家有贸易往来。

第四节　世界部分沿海国家海洋经济发展现状

一、美国海洋经济发展现状

（一）美国的分布情况

美国位于北美洲南部，三面环海，西临太平洋，东濒大西洋，西接墨西哥湾和加勒比海，具有世界独一无二的海洋区位。在美国，有30个州沿海，5个联邦领地是海洋岛屿，具体来看，美国主要分布了5个海洋区域，分别为东南地区、东北地区、墨西哥湾地区、太平洋地区和五大湖区。美国的阿拉斯加州位于北美洲西北部，是出入北冰洋和太平洋的白令海峡和阿留申群岛的必经之地，夏威夷州位于北太平洋中部的夏威夷群岛，处在太平洋国际航线的黄金水道上。美国共有26 000余个岛屿，海岸线全长22 680千米，居世界第四位。美国专属经济区面积1135万平方千米，是世界最大的专属经济区，比美国陆地面积还要大。

（二）海洋资源

美国海域蕴藏着丰富的自然资源。包括海洋渔业资源、海洋油气资源、海洋能资源、港口资源、滨海旅游资源等。

（1）海洋渔业资源 美国气候受北太平洋暖流、拉布拉多海流和墨西哥湾暖流的影响，渔业资源极其丰富。美国新英格兰的乔治滩、太平洋西北海区、阿拉斯加近海和墨西哥湾是富饶的渔场。据估算，美国海洋生物资源量占世界海洋生物资源总量的15%。美国海洋渔业资源主要分布在五个区域：东北部海域、东南部海域、阿拉斯加海域、太平洋沿岸海域、西太平洋海域。东北部海域的渔业资源主要包括底层鱼类、中上层鱼类、溯河鱼类、无脊椎动物、高洄游性中上层鱼类和近海鱼类。东南部海域的渔业资源主要有鲨鱼、洄游中上层鱼类、江鱼、油鲱、无脊椎动物和近海鱼类。阿拉斯加海域主要指阿拉斯加州，阿拉斯加州是美国第一大渔业州，捕鱼产量占美国总产量的一半以上，与石油并称该州的两大支柱产业，这里有全球最纯净的天然海洋环境，生产野生三文鱼、鳕鱼和国王蟹。太平洋沿岸海域主要盛产大马哈鱼、中上层鱼类、底栖鱼和近海鱼类。西太平洋海域地处热带和亚热带，水体中的营养含量并不高，所以就导致渔业产量较少，其渔业资源主要包括高洄游性中上层鱼类、低鱼、近海鱼和无脊椎动物。

（2）海洋油气资源 美国石油储量丰富，是储油大国，已探明石油储量超过209亿桶，居世界第十一位。美国有待发现的油气资源，60%存在于外大陆架海域，包括阿拉斯加、大西洋、墨西哥湾和太平洋外大陆架。阿拉斯加外大陆架区包括北极、白令海和阿拉斯加滨外太平洋边缘区，共有17个油气产区，大西洋外陆架区是由美国—加拿大边界至佐治亚的布莱克海台，中生代地层具有油气潜力的沉积层，该区域的天然气潜力巨大。墨西哥湾外陆架区，虽然已开采多年，但蕴藏的天然气储量仍是一个可以满足美国未来能源需求的大型油气田。太平洋外陆架包括华盛顿、俄勒冈和加利福尼亚滨外区，其中加利福尼亚海岸外的圣巴巴拉——文图和洛杉矶海盆的碳氢沉积物含量是世界上最高的。

（3）海洋能资源 美国的海洋热能研究开始较早，规模最大。1979年，在夏威夷州的一艘驳船上，成功运转“MINI-OTEC”闭式循环发电机组。美国东海岸与加拿大相毗邻的地区，最大潮差7. 9米，平均5. 4米，是开发利用潮汐能的优良场所。波浪能方面，美国也发明了大功率波力发电装置，波浪能源利用潜力巨大。

（4）港口资源 美国海岸线长而曲折，港口资源丰富。根据港口所在的地理位置，可以分成太平洋、墨西哥湾和大西洋三大区域港口。主要港口有：纽约/新泽西、汉普顿、普尔斯顿、萨凡纳、南路易斯安那、休斯顿、新奥尔良、博蒙特、科珀斯克里斯蒂、洛杉矶、长滩、奥克兰、塔科舌玛、西雅图等。

（5）滨海旅游资源 美国海洋旅游资源主要集中于三个地区，即美国东北部地区、佛罗里达和加利福尼亚地区。美国东北部地区的纽约州、新泽西州和宾夕法尼亚州的海岸旅游资源丰富，在诺福克和长岛之间的沙质海滩有弗吉尼亚海滩、大洋城、威德伍德、大西洋城等一系列海滨旅游胜地。纽约长岛具有沙质海滩，在长岛以北，因为海岸曲折多变，是帆船运动的好去处，缅因州有著名的阿卡迪亚国家公园，它是美国第二个最受欢迎的国家公园。另外，百慕大也是美国东部地区居民所喜爱的海滨旅游胜地，它主要是夏季旅游胜地。弗罗里达的旅游资源主要有海岸、人工旅游点和自然风光，有著名的迈阿密和苏德代尔堡海滩，西海岸的迈尔斯堡和圣彼得斯堡之间有优良的白色沙滩。加利福尼亚州气候宜人，自然景观优美，有多种类型的沙质海岸和海滩，还有大面积草地和壮观的怪石悬崖，洛杉矶是美国最受欢迎的旅游城市，好莱坞影城、迪士尼乐园都深受欢迎。因太平洋海岸线有巨大的涌浪，洛杉矶的亨廷顿海滩一带被称为世界“冲浪之都”。位于太平洋夏威夷群岛的夏威夷州和美国南部的得克萨斯州，因景观优美、气候宜人，也拥有许多优良的旅游休养区。

（三）海洋经济

美国作为世界第一大经济体，同时也是世界海洋经济大国，海洋经济对国民经济增长具有重要贡献，2014—2015年，美国经济增长了2. 7%，而海洋经济对本国GDP的贡献增长幅度达到5. 7%，约为美国自身经济增长率的两倍。2005—2015年，美国海洋经济发展整体呈现波动上升趋势，从产业增加值变动趋势来看，海洋油气业增加值较高；滨海旅游业整体稳定增长，2015年滨海旅游业增加值达1100多亿美元，成为美国第一大海洋产业；位于滨海旅游业之后的是海洋矿业，而第三大海洋产业就是海洋运输业。而传统海洋产业，例如船舶制造业等其发展较为缓慢，在海洋经济中占较小的份额。美国是著名的渔业大国，水产养殖经济效益突出，体现在集约化的生产和先进的技术设施、产业化经营、涉海化服务、规范化组织管理。

为加强对美国海洋和海岸带的管理，美国国家海洋和大气管理局（National Oceanic and Atmospheric Administration, NOAA）将美国沿海地区划分为8个部分，墨西哥湾地区、西部沿海地区、大西洋中部、东北地区、五大湖地区、东南地区、东北太平洋、太平洋地区。这8个区域中，墨西哥湾地区海洋经济的规模最大。其次是西部沿海地区和沿大西洋中部地区。东北太平洋地区和太平洋地区海洋经济规模最小，但海洋经济占区域经济比例最高。

政策方面，美国除了在20世纪60年代设立国家大气海洋局等专业管理机构之外，还于2000年启动了国家海洋经济计划（National Ocean Economics

Program)。近年来，美国先后发布了《海洋国家的科学：海洋研究优先计划》和《海洋科学2015—2025发展调查》两个政策文件，规定了哪些是海洋科技优先发展的领域，以及应重点关注什么任务的实现，为其海洋战略部署提供支持的机构是美国国家大气海洋局和国家科学基金会（NSF）等。

二、加拿大海洋经济发展现状

（一）海洋分布情况

加拿大位于北美洲的北部，加拿大国土的东侧是大西洋，西侧是太平洋，与西北侧的拉斯维加斯以及南侧的美国接壤，拥有世界上排名第三的国土面积（997万平方千米）。作为北美两大主要海洋国家之一的加拿大三面临海，海岸线约为24万千米（包括岛屿岸线），大陆架宽200海里，面积为93. 5万平方千米（不包括北冰洋），居世界第二。所辖10个省份中的8个省份和3个特别行政区都紧邻海洋和海洋水道。

（二）海洋资源分布情况

（1）海洋渔业资源 全球最有价值的商业渔业之一就是加拿大的渔业，主要捕捞区和养殖区都集中在加拿大东部大西洋沿岸省份以及加拿大西部太平洋沿岸的不列颠哥伦比亚省。其中，捕捞渔业最为突出，占比海洋类产品总产量的近八成。主要捕捞产品有青鱼、虾、扇贝、鳕科、龙虾、鳕鱼、岩鳕等。

（2）海洋油气资源 加拿大1/4的原油储量位于波弗特海和东海岸近海，目前已确认的未来天然气资源存量很可观，在波弗特海、北极岛屿、拉布拉多海、格兰德滩和纽芬兰沿海区域都发现了较为丰富的天然气开采资源。

（3）海洋能源资源 加拿大拥有丰富的可再生能源。以潮汐能为例，按照估计，加拿大富含着超过4200万千瓦的该项资源。新斯科舍省的芬地湾的潮差在加拿大达到最大，蕴藏潮汐能的潜力最大，预计总蕴藏量可达3000万千瓦。太平洋沿岸的海浪能源资源约为3700万千瓦/年，大西洋沿岸的海浪能源约为14 650万千瓦/年。加拿大沿海有许多港湾和湖泊，由于这些港湾和湖泊具有波能充足和温差巨大的特点，也就使得该国的海洋资源开发潜力巨大。加拿大最早开发了海洋可再生能源，技术上已经趋于成熟，领先于世界上的其他国家。

例如，加拿大的安纳波利斯潮汐试验电站的单机功率已经达到了全球领先水平，在同类全贯流式水轮发电机组的产品市场上，其技术是最先进的。

（4）海洋港口资源 加拿大海岸线是世界上最长的国家，海岸线长24万多千米，全国约有1/4的人口居住在沿海地区，其国际贸易很大一部分也靠海洋运输。该国东海岸和西海岸聚集了绝大多数的大型港口，如温哥华、魁北克等。这些港口的用途并不单一，而是作为综合性港口为国内以及国外提供全方位的海洋运输服务，例如国际航运和海洋旅游业等行业。

（5）海洋旅游资源 加拿大作为北美主要的海岸国家，拥有漫长的海岸线以及特色岛屿美景。西海岸的著名城市温哥华、维多利亚等凭借其舒适的气候和自然的城市风光吸引着全球的游客；东海岸虽然缺乏了城市之美，却以独特的冰山、断崖等自然风光，对于游客来说同样有着巨大的吸引力。此外，沿岸地区还有很多大面积的国家公园值得一览，如克卢恩国家公园等。总体来说，加拿大的人造景观并不算太多，主要还是自然景光的旅游。

（三）海洋经济

加拿大拥有世界级的海洋资源，将其海洋资源视为国家最有潜力的竞争优势。加拿大海洋经济主要分布在大西洋沿岸和太平洋沿岸，北冰洋沿岸则很少。2000年以前，加拿大海洋部门经历了重要的结构变化，大西洋地区以海洋部门中政府和海洋运输业的下降和海洋油气业、海洋工程、制造服务、滨海旅游业部门的增长为显著特点；太平洋区域的海洋产业中政府服务和渔业重要性减弱，制造与服务业、旅游业和海洋工程的重要性增强。2006年，加拿大海洋活动总产值超过300亿美元，该产出的大约2/3来自加拿大大西洋沿海地区，其余1/3来自加拿大太平洋地区，在大西洋沿海地区的总产值中，近一半的总产值来自海洋油气业。

加拿大海洋产业以海洋渔业、海洋油气业、海洋交通运输业、海洋旅游业、海洋工程、制造和服务、联邦和省级政府服务7个部门为主。从海洋产业增加值来看，加拿大海洋经济的支柱产业是海洋油气业、海洋交通运输业和滨海旅游业，其中海洋油气业占所有海洋部门的33%。加拿大对海洋科技高度重视，加拿大是全球率先建立海洋观测系统的国家之一，除了NEPTUNE以外，还拥有与维多利亚海底试验网络（VENUS）一起组建成的加拿大海底观测网

（ONC）。加拿大国内拥有大批海洋类高校和研究机构，如英属哥伦比亚大学海洋渔业研究所，维多利亚大学地球和海洋科学学院等学校院所，以及贝德福海洋研究所、魁北克海洋研究所、加拿大海洋生物研究所、海洋前沿中心等科研机构。目前加拿大海洋科技研究主要集中在海洋生物种群与生态系统、海洋环境与物种保护、海洋大数据、海洋技术、气候变化与北极研究等领域。

政策方面，20世纪末期，加拿大制定了《多年海洋计划》和综合性规划《绿色规划》，1997年颁布了相关法律《海洋法》，是世界上第一部综合性海洋律法。2002年7月《加拿大海洋战略》（COS）的颁布，为加拿大海洋经济可持续发展提供了全面的战略方法。2005年实施的《海洋行动计划》更进一步确立了海洋生态系统保护的主要任务和目标。2011年，发布了《加拿大海洋可再生能源技术路线图》，为其海洋潮汐能、波浪能利用的主要战略。2012年发布了《海洋可再生能源战略》，为海洋可再生能源项目的展开提供了框架性支持。

三、英国海洋经济发展现状

（一）海洋分布

英国是濒临北大西洋的一个岛国，位于欧洲大陆西北面的大不列颠群岛，这个国家有60多个县，英格兰、苏格兰、威尔士和北爱尔兰都在不列颠群岛中，是英国的一部分，国土面积共24. 36万平方千米，在东部和南部以及部分西部，英格兰与海接壤，与南部的法国被英吉利海峡隔开；英国海岸线漫长，总长约18 000千米。

（二）海洋资源

（1）渔业资源 英国是世界上海岸线最长的国家之一，在陆地周围有面积宽广的大陆架，其水深均不足200米，面积约为49万平方千米。由于大陆架充足的分布情况，就使得英国海岸适宜发展鱼类养殖和渔场捕捞的产业。英国的北海渔场因其独特的地理位置和要素禀赋成为了世界著名的四大渔场之一，它处于北大西洋西风漂流与北极的东格陵兰寒流交汇的位置，由于寒流、暖流共同聚集于这一渔场因此会使得海水中的有机物不断地由深处向表层涌出，因此也孕育了种类繁多的鱼产，主要盛产鲱鱼、鲭鱼、鳘鱼、鳕鱼等。

（2）海洋油气资源 世界著名的石油生产基地之一便是英国的北海油田，还有一些其他较小的油田也分布在北大西洋周围，截至2017年年末，英国大陆架已探明油气达到54亿桶，潜在储量75亿桶。除了油气的丰富储量，英国主要的天然气产区每年也会输出大量的天然气。第一个天然气田位于北海英国大陆架，其类型为伴生天然气田；第二个天然气田临近北海荷兰边界南部的油气盆地；第三个天然气的产区位于爱尔兰海。

（3）海洋能资源 英国的海洋可再生能源包括海上风能、潮汐能、波浪能、海流能、海水温差能、海水盐差能等。英国历来比较重视海洋可再生能源的发展，也为其提供了极大的政策便利以及资金支持，加之天然的自然条件优势，所以其技术在世界范围内也较为领先，离岸风能、波能和潮汐能的开发利用都得益于其所在的海上风力大、持续性较好。根据2017年的最新评估数据，到2030年，英国海上风能的总资源量超过19太瓦（离岸5海里至专属经济区界线），可利用资源量超过5太瓦，两项指标均远超排名第二的爱尔兰。在海洋能方面，根据英国政府公布的资料，英国潮汐能和波浪能资源分别占到全欧洲的50%和35%：可以利用的潮汐能和波浪能（含潮流）资源分别在25～30吉瓦和30～50吉瓦之间，若全部开发，可以满足英国20%的电力需求。英国的海洋能资源主要分布在英格兰的西南部（康沃尔、索伦特以及怀特岛）、威尔士以及苏格兰的高地和海岛地区。

（4）港口资源 英国海岸线曲折，期间良港密布。作为一个岛国，英国对港口有很强的依赖性，港口作为英国最重要基础设施，数量众多。目前，英国有各类港口650多个，其中拥有超120个商业港口，承担了英国95%的国际货物贸易运输（2017年全部货物运量为4. 82亿吨，其中国际货物运量约为3. 84亿吨），完成了大量客运服务（2017年全部客运量为6500万人次，其中国际客运量约为2200万人次），此外，还为100多万的各种船只及水上运动设施提供靠泊服务。港口对英国经济的直接贡献约年均17亿英镑，综合贡献约54亿英镑，提供了2. 4万个就业岗位，间接增加了3. 5万个就业岗位。比较著名的港口有伦敦港、南安普顿港、费利克斯托港、泰晤士港、利物浦港、曼彻斯特港等。

（5）滨海旅游资源 曲折的海岸线，特殊的地貌，各种岛屿超过1000个，孕育出了丰富的旅游资源，吸引了来自世界各地的游客。而英国特殊的历史发展进程使得很多地处偏远的海滨和岛屿上，也有居民定居并保持了其特有的文化传统。因此，英国的滨海旅游资源既数量丰富又充满魅力。资料表明，英国拥有的滨海度假地达到数百个，可供游览的海滩数百个，各种海边小镇、渔村、港口也是星罗棋布于沿海地区。现已得到较好利用的滨海旅游资源，仅英格兰就有滨海度假胜地39处、海滩95处、沿海小镇163个、沿海地标性景点47个、港口和渔村26个。英国历史悠久，也孕育了很多承载着文化记忆的著名景点，如白金汉宫、伦敦塔、伦敦大桥、大笨钟、温德米尔湖、格林尼治天文台、圭内斯郡爱德华国王城堡和城墙、海德公园、达勒姆大教堂和城堡、议会大厦、斯塔德利皇家公园和喷泉修道院遗址、布莱尼姆宫、大英博物馆、圣马丁教堂、西敏寺、爱丁堡的新镇和老镇、剑桥大学、牛津大学等。

（三）海洋经济

作为岛国，英国拥有发展海洋产业的先天优势，作为传统海洋大国和强国，应该具备发展海洋经济的历史传统和雄厚基础。在欧洲各国中，英国的海洋经济规模最大，2017年英国海洋产业增加值361. 11亿欧元，占到了欧盟的20. 1%。海洋产业中，2009年到2017年，英国海洋油气业、滨海旅游业、海洋港口业排名前三位，占全部海洋经济增加值的80%，近年来海洋油气业、滨海旅游业占比有所下降，海洋港口业占比有所增加。

近年来，英国海洋渔业增加值缓慢增长，2017年达到27. 78亿欧元，比2009年增长了35%；英国的油气业总体呈现下滑趋势，近年来已经由石油净出口国变成了石油的净进口国，但其对英国经济增长仍具有重要意义，英国仍是欧洲第二大石油生产国，第三大天然气生产国，海上油气生产满足了本国2/3的油气需要，46%的能源需要；英国的海洋运输业竞争力虽然不复从前的辉煌，但与国际航运相关的保险、仲裁、咨询等航运服务业兴起，伦敦发展成为全球的海事服务中心城市，占据了全球海上交通运输价值链的高端环节；英国的造船行业，目前主要的竞争力表现在船舶研发与设计等方面拥有大量的专业技术，保持着较高的水平；滨海旅游业是英国海洋经济中第二大产业部门，2017年增加值为81. 14亿元，人均增加值逐年增长；在可再生能源的发展领域中，英国处于全球领先的位置，其海上风能、波能以及潮汐能的开发利用和产业发展程度也居世界前列，2018年英国波浪能和潮汐能的装机容量已达到了20. 0毫瓦，实现发电量8. 32亿瓦时。

英国的海洋产业发展经历了兴起、衰退、转型、替代的逐渐演变过程，在传统产业基础上，船舶研发与设计、航运保险与仲裁、船舶租赁与融资、海运信息服务、海事管理等服务业兴起，占据了国际海洋运输业价值链的高端环节。装机量和发电量世界第一的海上风电业以及海洋能产业、海洋生物医药业、海洋教育业、离岸海水养殖业，这些新兴的产业也占据了全球领先的位置。

政策方面，英国拥有较为完善的机构和海洋政策，2009年制定了《海洋与海岸带法》，2010年成立了“海洋管理组织”，改革海洋管理体制，2011年公布了“海洋政策公告”，制定海洋规划和政策，2019年发布“海事2050”，提出了港口建设的发展目标及英国政府在短期、中期及长期应该采取的措施，在行业发展、建设许可、市场竞争机制引入等方面制定较为完善的政策。

四、澳大利亚海洋经济发展现状

（一）海洋分布

澳大利亚位于南太平洋和印度洋之间，由澳大利亚大陆、塔斯马尼亚岛等岛屿组成。东濒太平洋的珊瑚海和塔斯曼海，西、北、南三面临印度洋及其边缘海，是世界唯一一个独占一个大陆的国家。澳大利亚陆域面积768. 23平方千米，海域面积达1000万平方千米，位居世界第三，海岸线长3. 68万千米，海岸带占陆地的17%。澳大利亚有六个州和两个地区。六个州为新南威尔士、维多利亚、昆士兰省、南澳大利亚、西澳大利亚、塔斯马尼亚，均濒临海洋；两个地区：北部地区和首都地区，其中首都地区无海洋产业。澳大利亚国土面积大，四面环海，海岸线长，拥有广阔的海域面积，具有发展海洋经济得天独厚的物质条件。

（二）海洋资源

（1）海洋渔业资源 澳大利亚渔业资源丰富，捕渔区面积比国土面积还多16%，是世界上第三大捕渔区，有3000多种咸水、淡水鱼、甲壳及软体类水生物。澳大利亚最主要的水产品有对虾、龙虾、鲍鱼、金枪鱼、扇贝、牡蛎等。澳大利亚主要有五大渔区，包括北部、西北部海域，大堡礁，东部海域，南部海域和西部海域。各渔区因地理区域不同，盛产的鱼类有很大区别，如塔斯马尼亚周围盛产贝类，鲍鱼产量占全国一半左右，澳大利亚西部海域盛产甲壳类和软体动物，尤其是龙虾和其他虾类。

（2）海洋油气资源 澳大利亚近海油气资源较为丰富，海上油气资源主要分布在卡纳芬盆地西北海上地区，即澳大利亚西北大陆架地区，以及中澳的库柏/伊罗曼加盆地和巴斯/吉普斯兰盆地。

（3）海洋矿产资源 澳大利亚又被称为“坐在矿车上的国家”，蕴藏着丰富的矿产资源，如铝土矿、铅、镍等资源的探明储量在世界范围内排名第一。其中，海洋矿产资源和能源资源所占比例较高。澳大利亚砂矿分布的东岸和西岸，东岸砂矿的主要矿种为铁矿石、锆石、金红石、独居石。半生矿种为尖晶石、锡石。重矿物含量可达80%～90%，重矿物储量1910万吨。西岸砂矿的主要矿种为钛铁矿，伴生矿种为锆石、金红石、独居石。重矿物含量为10%～90%，其中钛铁矿含量为34%、金红石为24%～34%，独居石含量为2%，重矿物储量5900万吨。

（4）海洋能资源 为加快海洋可再生能源的开发利用，澳大利亚建立了资源、能源与旅游部以及能源市场改革局，其中，能源市场改革局的主要工作是能源市场改革。西澳洲政府则将可再生能源工业发展战略纳入矿产资源开发规划，并明确了优先发展海洋可再生能源。

（5）海洋旅游资源 澳大利亚海滨自然景观丰富，多样的气候类型、漫长的海岸线、独特的海岸地质地貌，孕育了丰富的“3S”（阳光、海滩和海水）旅游资源。世界七大奇迹景观之一，就是澳大利亚的大堡礁，它同时也被冠以了另外两个名号——“世界上最大的珊瑚水族馆”以及“世界上最大的海洋公园”，其中生活着1500多种鱼类、4000多种软体生物、350多种珊瑚家族，以及多种鸟类和海龟等。位于澳洲大陆东海岸新南威尔士州的悉尼，依山靠海，慵懒的海湾及充满传奇色彩的海滩走秀，被誉为南半球的纽约。享有“花园之州”美誉的墨尔本，日夜温差较大，可体验“一天四季”。另外，环绕澳洲超过8000个小岛，也给旅行者提供各种类型的度假体验。塔斯马尼亚岛是澳大利亚的第一大岛，是一个心形的岛屿，拥有美丽的酒杯湾、璀璨的火焰湾和岩石裸露的摇篮山，南澳洲的袋鼠岛是澳洲的第三大岛屿，岛上不仅可以看到火遍网络的袋鼠、企鹅等野生动物，到海岸边欣赏广阔的海景以及古老的灯塔，还可以与当地人民一起享受美食和美酒。菲利普岛是企鹅和赛车爱好者的天堂，昆士兰州的费沙岛被列入世界遗产名录，为全世界最大的沙岛。新南威尔士州的豪勋爵岛被列入世界遗产名录。

（三）海洋经济

澳大利亚狭长的海岸线和广阔的海域为澳大利亚海洋产业的发展提供了天然的发展空间。澳大利亚海洋产业的产值在2009年已达400亿美元以上，据相关专家预估，澳大利亚海洋生态系统的产值在2020年将达600～700亿美元以上，占澳大利亚GDP的5. 5%，实际的年增长率将近8%，超过一般经济的增长，2025年预估将超过1000亿美元，海洋产业的增长速度是澳大利亚国内基础经济的3倍以上。

澳大利亚海洋产业包括海洋渔业、海洋油气业、滨海造船业、海洋运输业、滨海旅游业。澳大利亚海洋渔业资源丰富，捕渔区面积比国土面积还多16%，是世界上第三大捕渔区；海洋油气业是澳大利亚海洋产业中的主导产业，油气资源主要分布在卡纳芬盆地西北海上地区，以及澳大利亚南部海区；澳大利亚矿产资源丰富，铝土矿、铅、镍、银、铀、锌等的探明经济储量居世界首位，其中，海洋矿产资源和能源资源所占比例较高；澳大利亚拥有为数众多的港口，其中墨尔本是澳大利亚最大的集装箱港口，其次是悉尼和布里斯班港，2011年3个港口的集装箱吞吐量世界排名分别为36、58、61。澳大利亚的滨海旅游业是仅次于油气业的第二大部门，凭借其独特的地理区位及优越的旅游资源，澳大利亚海洋旅游业具有广阔的发展空间，其中新南威尔士是旅游业贡献最大的区域。

政策方面，澳大利亚政府通过制定详尽的发展战略和综合科学的管理措施，促进了海洋产业的快速发展。1997年，澳大利亚发布了第一个海洋产业发展战略，2013年，发布了《海洋国家2025：海洋科学支持澳大利亚蓝皮经济》报告等，同时澳大利亚政府也加大了政府在海洋科技方面的投资，确保科学可持续的利用海洋资源。

五、日本海洋经济发展现状

（一）海洋分布

日本位于亚欧大陆东端，四面环海，东部和南部为一望无际的太平洋，西临日本海、东海、北接鄂霍茨克海，自东北向西南呈弧状延伸，陆地面积约为38万平方千米，国土领域主要由北海道岛、本州岛、四国岛以及九州岛这四个大岛构成，另外还包含其他6800多个小岛屿，海岸线长3. 5万千米。日本是一个岛屿国家，所以其国土面积并不大，但也正是由于其四面环海的地理特征，使得日本这个国家拥有10倍国土面积的海洋专属经济区，这种规模的海洋专属经济区在世界范围内也位居前列。

（二）海洋资源

（1）海洋渔业资源。日本共享有84种渔业资源，但最新的资源评估报告显示其资源状况并不乐观，造成这一现象的原因有很多：一是海洋环境发生变化，二是海底植物的种类不断缩减，三是鱼类产卵赖以生存的滩涂面积也呈现出不断减少的趋势，等等。最近几十年间，日本的海底植物数量和滩涂面积持续减少。特别是在人口密集的区域，例如东京湾大阪湾的滩涂面积在近年来不断缩减，且其趋势也越来越明显。再如濑户内海的海草量同样没能逃过缩减的态势，所以当地居民决定要改善海洋环境，组织并开展了海草种植活动。

（2）海洋油气资源。日本的石油和天然气储量在世界范围内的排名非常靠后，甚至没有纳入到统计范围内，可见在油气资源方面，日本极度匮乏。但该国的可燃冰存储量庞大，在日本最大的半岛——纪伊半岛的外海，已探明的可燃冰储量就达到了12. 6兆立方米。按照目前日本对于天然气的需求程度来看，其周边海域可燃冰的蕴藏量相当于可供日本人民使用100年的天然气。前身为日本通商产业省的经济产业省曾在2013年向海洋深处试潜了“地球”号深海勘探船，该任务是由其所辖的两个机构（石油天然气和金属矿物资源机构和产业技术综合研究所）来完成的，此次试潜的凯旋使得日本成为世界上第一个成功从可燃冰中分离出甲烷物质的国家。

（3）深海矿物资源。日本把锰结核作为“21世纪的矿物”，早在1985年就在摩克群岛东侧的秘鲁盆地发现了丰富的锰结核资源。钴结壳是日本另一种重要深海矿物资源。南鸟岛以南，海深大约200千米，穿过深海到达海底后，其3米左右的浅层泥沙中的稀土含量高达0. 66%，日本此处的稀土含量不仅浓度最高，还有很强的工业利用价值。

（4）海洋能资源。日本政府于2012年对可再生能源发展做出了新的战略部署，争取实现飞跃式发展。其制定的目标年限为2030年，主要针对的是扩大发电量，使海上风能、地热能、生物质能、波浪能和潮汐能这四个领域的发电量要比2010年增长5倍以上。具体来说，到2030年，海上风力发电量要达到803万千瓦，波浪能和潮汐能的发电量也不能低于150万千瓦。

（5）港口资源。日本的海岸线十分曲折，特别是太平洋沿岸“三湾一海”地区，纯自然海岸线形成了诸多首尾相连港口群。东京湾港口群包括东京港、横滨港、川崎港、千叶港、横须贺港和木更津港六大著名港口，是世界最大的港口群之一。大阪湾港口群包括大阪、界泉、神户、姬路、和歌山和下津六大重要港口。濑户内海港口群，有北九州、德山、下关三大特定重要港口，广岛、冈山、福山、松山等15个重要港口及其他港口等。

（6）旅游资源。日本四面环海，所以其旅游资源体现在如下两方面：一是引人入胜的岛国风光，既有高耸壮丽的山谷也有娟秀沁人的河流，还有不能不提到的火山和温泉，都为旅游业的发展提供了良好的条件，以松岛、宫岛和天桥立等“日本三景”为代表；二是丰富多彩的历史文化遗产，主要有东京、大阪、横滨、京都、奈良、广岛等。日本交通公社调查部联合其他机构对旅游资源做出评估后得出了以下四种评估级别：特A级，此级别属于国际性质，在世界范围内具有吸引力且能够代表日本的旅游资源；A级，值得日本国民一去的，国内一流的旅游资源；B级，具有地方特色的地方级旅游资源；C级，能够使周边居民放松以及利用的县级旅游资源。目前，处于C级以上的旅游资源，日本共有9300处。

（三）海洋经济

日本国土面积并不大，从20世纪60年代开始就把向海发展作为了关注重点，形成了以海洋渔业产业为代表的第一产业、海洋船舶工业为代表的第二产业、滨海旅游业和海洋新兴产业为代表的第三产业为支柱的现代海洋经济，对日本GDP贡献较大。近年来，日本海洋产业开发如火如荼，正向经济社会各领域全方位渗透，逐步构筑起新型的海洋产业体系。

为了应对世界海洋渔业资源日益枯竭，日本研究团队开始了现代海洋渔业养殖技术和冷冻技术，探索新业务领域有所突破，潜力充足。在造船业领域，日本积极寻求和探索下一代造船技术，追求核心技术和技术储备，进入高端船型建造领域。日本的滨海旅游业近年来发展较快，赴日旅游人次逐年递增，旅游业的发展也大大地带动了相关产业发展，旅游经济对日本国民经济贡献度颇高。为了谋求转型升级，日本政府也更加注重新兴产业的培育任务以及对其扶持力度。海洋信息、海洋资源能源和海洋生物资源开发关联产业正逐步成为日本未来海洋产业体系中的新兴产业。近年来，一些高等院校已成为日本落实海洋专业教育的主体，教学内容以工学、自然科学为中心，主要聚焦于海洋学科的相关领域，代表院校有东京海洋大学海洋科学部和东京大学海洋研究所等。

政策方面，为了推动新兴产业的发展，日本政府制定了一系列产业规划，1997 年，先后出台了《海洋开发推进计划》与《海洋科技发展计划》，旨在发展面向新世纪的海洋高新技术，成为海洋新兴产业集聚的雏形。2001年，《新世纪日本海洋政策基本框架》出台，海洋科技大国的目标随之产生。2007年，《海洋基本法》颁布，为日本海洋新兴产业的发展提供了完备的制度保证。2008年，《海洋基本计划草案》发布，作为日本海洋战略的5年基本规划，率先倡议研究海洋领域中人类所面临的挑战，是科学认识海洋、做好海洋基础普查与研究的重要前提。2013年，《海洋基本计划(2013—2017)》出台，把培育海洋经济视为新的经济增长点。2018年5月，日本政府通过了今后5年的《海洋基本计划(2018—2022)》，日本海洋政策可能将重点转向安全防卫。

第三章　国外海洋经济发展比较与开发经验借鉴

第一节　国内外海洋文明比较分析

一、西方海洋文明渊源

人类文明的重要组成部分之一就是对海洋的开发、管理、利用和控制，西方海洋经济发展的思想起源很早，可以追溯至古代，而最早的也就是欧洲早期海权思想。伯里克，身为雅典的政治、军事家，提出了海洋控制权的重要性，他认为发展海军、控制海洋是一个临海国家的根本战略。伯里克曾说："在你面前，世界分为了两个部分，分别是陆地和海洋，而这两个部分对人类来说都是珍贵且有用的。海洋的所有地方都能受到你的支配，不但是你权利所及之处，也包括其他地方，只要你决心向前推进。"2500年前，古希腊的海洋学家狄米斯托克预言："控制海洋的人，就控制了一切。"黑格尔也提出了海洋对于人类的意义，他说："大海邀请人类进行征服和掠夺。"

14—15世纪欧洲资本主义萌芽，为了形成原始积累，欧洲开辟新航路，对其他国家进行资源掠夺。早期的殖民扩张初现于1942年哥伦布发现新大陆之后，西方开始发展航海技术，兴起探索海洋的热潮。此时，西方大国开始了对海洋资源的争夺，并争做海洋霸王。地中海的陆地多丘陵，很难低成本地转换为经济价值。同时地中海地区气候宜人，岛屿遍布，海面平静，天然良港无数，因此非常适合进行海洋经济活动和航海运输业。优越的地理位置和气候条件使地中海成为海洋文明发祥地之一。当时，米诺斯人凭借其智慧和技术建造起西方国家中的第一支海军，这促使其进行海外扩张，发展海洋经济。不久，便获得了海洋霸主的地位，米诺斯王朝也带领古希腊成为经济中心。海洋霸主地位并非一成不变的，而是随着各国海洋军事实力的变化而变化。意大利文艺复兴之后，资本主义迅速发展，古罗马成为新的海上霸主。16世纪上半叶前，葡萄牙以充足的海军经费和军事力量成为海上的绝对霸主。然而16世纪后，西班牙海上力量崛起，与葡萄牙共同成为海上霸主。17世纪下半叶，海洋力量再次发生了转变，英国与荷兰不甘落后，取代葡萄牙和西班牙成为海洋新的霸主，两牙相争的局面结束。最初，各个国家以争取海上的通商渠道为目的，便于与各国进行商业贸易，形成原始的资本积累，然而随着海洋霸权的形成，这些资本主义国家已经不满足于既得利益，开始进行殖民扩张，开创世界霸主地位的海洋时代。所有进行资本主义原始积累的国家对印度、巴西、美洲等地区的殖民统治，都伴随着贩卖人口、屠杀等罪恶行径。

二、中国海洋文明渊源

华夏文明虽然以土为尊，但同时中国也是一个海洋大国。中国的出海记载可上溯至上古时代的华夏民族，中国也从未停止过对海洋的探索与开发。因此，中国作为最早利用海洋的国家之一，有丰富的海洋发展经验。中国海洋文化，早期典型当属有春秋战国时期的齐文化以及南方的越文化。之后，几乎每个朝代都进行过海洋活动，而海洋思想也随着海洋活动的扩展而进步。到了宋朝，中国远超西方国家。而中国航海文明真正达世界巅峰地位是明初，郑和七次下西洋，走遍数十个国家。利用海洋资源方面，中国与西方资本主义截然不同，中国走向海洋所带去的是和平友好，互惠互利。中国历史上的航海文明对子孙后代的影响是极其深远的。直至今日，中国在世界各国激烈竞争中也一直将海洋视为对外交流的窗口，目的是为了传播中华文化，与各国友好往来。当前中国政府提出的海洋之路是华夏子孙的必然选择。

另外，西方的海洋文明伴随着资本主义原始积累的血腥，而中华民族受到传统农耕文明的影响，对于海洋的利用和发展也以土地为基本，海洋为补充。然而，这种理念导致海洋真正的资源价值受到了忽略。自给自足、重农抑商的理念阻碍了商品经济的发展，海洋资源在中国没有得到合理、充分的开发，也无法为经济发展提供充分的助力。不可否认，中国这种海洋农业文明阻碍了海洋经济的发展，在西方国家利用海洋日渐强大的时候，中国海洋经济却停滞不前，差距越来越大。

三、21世纪海洋文明的发展方向

亘古亘今，人类社会在发展，同时也创造了各种各样的文明，其中就包括海洋文明。在人类社会的进步和发展中，海洋文明所起的作用至关重要。一定程度上，国家海洋文明的高低可决定其经济发展的方向，也影响了社会前进的方向。被誉为生命源泉的海洋是全球战略的通道，有着丰富的资源，值得注意的是，海洋同时孕育了东西方的文明。目前，各个海洋国家都十分重视海洋的保护、利用和发展。伴随着经济全球化和信息化的发展，充分且正确认识海洋，明确其发展的大方向，充分利用海洋来为威胁人类生存的问题的解决提供助力，比如人口剧增、环境恶化、资源短缺等。在审视西方海洋文明发展历程后可以察觉，西方的海洋文明透漏着战争和霸权，这种海权式（或称其为海盗式、海战式）的海洋文明忽视其他国家和民族的基本利益，将本国利益和立场放在第一位，在西方海洋文明强势扩张的趋势中，也伴随着其他国家和民族的衰落。同时，这种毫无顾忌的扩张式发展是不可能长久的，通过海洋霸权掠夺资源的行为势必会造成海洋资源的破坏和海洋环境的污染，造成人与自然的失衡。而现在，各国都更加重视生态环境的可持续发展，西方这种霸权、掠夺式的海洋文明应该被摒弃，海洋发展观应该更新。在不断提高全球意识，加强海洋安全、经济、文明观念的同时，世界各个国家需要在海洋资源的保护、开发和利用等方面达成共识，为了维护海洋生态平衡贡献力量，保护海洋的生态环境，促进可持续发展。

第二节　世界主要海洋国家海洋经济发展经验

工业革命的发展与科学技术的进步让人类对于生活的这个星球有了更多的了解。这个星球有71%的面积被水覆盖着，谁能更好地开发和利用海洋，谁就能拥有更多的资源，在国际竞争中占据有利地位。近代史是大国的兴衰史，这段历史体现了海洋对于各个国家的重要性。海洋资源的开发和利用促进了本国的经济发展，海洋上的军事力量为国家的国防安全提供了切实的保障。从20世纪60年代开始，人们可以看到随着各国政府对海洋的认识和重视程度的加深，海洋开发和利用进入了高潮状态。而在进入21世纪后，世界各个海洋国家的竞争更是愈演愈烈。人们可以看到世界上主要的海洋国家纷纷开始制定本国海洋利用和发展的战略，比如美国、韩国、日本、澳大利亚等，而这些关于海洋的战略规划为各国海洋经济的发展提供了保障。与这些国家相比较，中国对于海洋发展战略的制定起步较晚，相应的，针对海洋经济的研究范围也比较狭窄。

一、美国：完善的海洋经济政策

美国位于北美洲中部，其本土东西方向均与大洋相接，而阿拉斯加州位于北美洲西北部，夏威夷州位于太平洋北部。这决定了美国濒临海洋的地区较多，海岸线绵长。而在整个北美地区中，美国的海岸线是最长的，达到了22 680千米。在人均海洋面积这个指标中，美国位居北美地区的第二，仅次于加拿大，截止到2019年，美国人口为3.03亿，其人均海洋面积约0.74千米/万人。美国得天独厚的海洋地理位置，使得美国海洋经济发展水平极高，其经济也十分发达。

美国本土与大西洋和太平洋相邻，一直以来也十分重视海洋经济的发展。美国也是最早重视海洋权益和制定海洋发展战略的国家之一。在20世纪60年代，美国提出了“海岸带”以及“海洋和海岸综合管理”两个概念，这两个概念被各国国家所认同，并写入21世纪议程。美国在制定海洋发展战略的目标时，将探索海洋世界、合理开发利用海洋资源、有效保护海洋环境作为其根本原则。从美国海洋方面的实践来看，美国应该是世界上最重视海洋经济的国家之一，其制定的海洋政策和海洋管理法规体系非常完善且具有科学性。然而，人和政策和体系的制定都并非一蹴而就、一帆风顺的，美国关于海洋战略和政策的制定和完善也经历了几个阶段，大体阶段如下。

第一阶段：20世纪中叶（海洋发展战略的形成阶段）。20世纪中叶，美国开始制定海洋发展战略并形成基本框架，在此阶段，美国所采取的针对其海洋问题的措施不仅仅对其本国产生了一系列影响，而且对世界的海洋领域都产生了非常深远的影响。美国于1945年9月发表了《大陆架公告》，由于时任总统是杜鲁门，该公告也被人称为《杜鲁门公告》。这个公告规范了美国对于其公海下天然资源的管辖和控制权。这个公告影响巨大，不仅促使联合国多次召开海洋法会议，而且影响了多个条约的制定内容，比如《大陆架公约》和《联合国海洋法公约》。1969年，斯特拉特顿组织了总统海洋科学、工程和资源委员会，斯特拉顿当时正任福特科学基金会会长以及麻省理工学院名誉院长，在这期间，他带领这个委员会发布了《美国与海洋》。此报告为实施海洋的保护和开发提出了126条建议。这个报告也成为了美国施行的海洋发展战略的基本起源。这个报告具有深刻的影响意义，一方面，该报告对于美国海洋经济的发展可以说具有里程碑的意义，保障了美国海洋强国的地位，确保其海洋管理水平领先；另一方面，这个报告也影响了其他国家，许多海洋国家在制定海洋发展战略时都参考了这个报告。1972年，美国颁布了《海岸带管理法》，这个法律的出台促使美国把30年代就提出的海洋管理理论运用于实践，海岸带综合管理正式成为国家海洋工作的重要内容。

第二阶段：20世纪下半叶（海洋发展战略的发展阶段）。通过美国海洋战略和法律的制定与实施，30年后，在海洋经济发展方面，美国取得了惊人且瞩目的成绩。但是，在海洋经济的开发过程中，无序开发使得人类的经济活动破坏了海洋的生态环境。60年代人类所指定的海洋政策并未全面考虑到海洋生态环境。在政策与实际情况不相符的情况下，美国将持续利用和开发海洋资源、治理海洋生态环境、推动海洋科技进步作为政府目标之一，并作为重要部分列入海洋发展战略中。1986年，美国战略性地认为海洋是人类在地球上所能开拓的最后疆域。因此，美国提出“全球海洋科学规划”，促进政府开发利用海洋中的丰富资源；1990年，美国发表的《90年代海洋科技发展报告》，认为必须重视海洋科技的发展，在世界海洋科技竞争中保持优势、领先的地位。1998年是国际海洋年，在此之后，美国召开了两次美国海洋工作会议。在2000年召开的会议上，通过了《2000海洋法令》。此外，会议成员当即决定成立一个国家海洋政策委员会，这个委员会一共有16位专家并且全部都由美国总统任命。

这个委员会的主要职责便是重新审查和制定海洋相关政策。1999年9月，美国提出了“21世纪海洋战略”，这个战略是美国海洋政策的核心，为之后海洋政策的完善提供了指导。

第三阶段：21世纪初（海洋发展战略的成熟阶段）。进入21世纪，美国海洋发展战略趋向成熟。海洋委员会成立四年后发布了《美国海洋政策初步报告（草案）》，这个方案为《21世纪海洋蓝图》报告的发布奠定了基础。美国海洋委员会持续关注海洋政策，并对30多年的海洋政策及实施效果进行综合评价。不仅如此，该报告也对海洋如何发展作了一定的规划。2004年12月17日，美国公布了《美国海洋行动计划》。，此计划主要针对美国《21世纪海洋蓝图》，围绕6个主题领域、88个实施行动展开。这个计划提出了美国在未来的十年中针对海洋科学发展和保护的具体行动措施。2007年1月，美国将海洋行动进行总结，发布了“美国海洋行动计划最新进展”，此报告针对美国所采取的海洋行动作了总结，其88个所进行的行动已有77个行动目标已经达到，在剩余的11个行动中，除了一个尚需调整，其余10个也在筹措阶段。除此之外，美国还新增了4个海洋行动计划。

不仅如此，2007年1月，美国海洋科学委员会发布了名为“绘制美国未来十年海洋科学发展路线——海洋科学研究优先领域和实施战略”的报告，此报告中明确提出了20项应优先研究的内容以及四大研究领域。

《21世纪海洋蓝图》和《美国国海洋行动计划》改变了美国之前的海洋发展政策，完善了海洋发展战略，也对全世界海洋经济的发展产生着重大而深远的影响。

二、加拿大：绝对的海岸线优势

加拿大，位于北美洲，其东西均是大洋，三面环海。加拿大的大陆架面积位居世界第二，其海岸线长度约2万千米。此外，加拿大的国土面积仅次于俄罗斯，位列世界第二，约为998.5万平方千米。因此，其人均拥有的海洋面积约为5.93千米/万人，远超美国的0.74千米/万人，高居世界第二。加拿大有着全球最大的群岛——加拿大北极群岛，它是由加拿大延伸出来的海岸线构成的。

加拿大特殊而优越的地理位置促使加拿大大部分发达的城市都位于沿海地区，大约1/5的人口生活在沿海地区。亘古恒今，绵长的海岸线为加拿大提供了极其丰富的海洋资源，加拿大也一直“以海为生”，除了依靠海洋进行海上贸易之外，加拿大的渔业、养殖业、海洋旅游业等也成为促使加拿大经济增长的重要因素。虽然加拿大政府对海洋的发展关注很早，但是从关注到采取措施却经过了二三十年之久。加拿大政府在20世纪末才着手制定海洋发展战略。1997年，加拿大颁布并实施《海洋法》，将“加拿大海洋战略”的制定交由加拿大渔业和海洋部负责。之后，加拿大渔业和海洋部不负政府期望，制定了三个加拿大沿海地区的管理计划，分别是“北冰洋波弗特海综合管理规范计划”、“大西洋东斯科舍陆架综合管理计划”和“太平洋不列颠哥伦比亚省中部海岸计划”。《加拿大海洋战略》于2002年正式颁布实施，这个战略对加拿大海洋经济发展有着不可忽视的作用，它是加拿大进行海洋工作的根本指南，也指导着加拿大的海洋经济发展。加拿大海洋管理工作的要点可以概括为：在海洋综合管理中保护生态系统；现代科学知识和传统的生态知识并重；生态发展可持续原则；在管理中互相配合；提高有关部门的责任感和能力；发挥海洋经济的潜能；保障加拿大海洋管理方面的领先地位等。在加拿大海洋管理工作中，强调管理各部门之间的协调、各级政府之间的协调、产业与政府之间的协调以及产业和普通群众之间的四种协调。2004年，加拿大又根据实际情况与时俱进的提出了“加拿大海洋行动计划”，这个计划具体规划了加拿大进行海洋管理、保持国际海洋领导地位、维护海洋主权和安全、发展海洋健康和科学技术等问题。进入21世纪后，加拿大调整了海洋工作的重点，其重点为以下几个方面。

（1）北极海洋战略计划框架的制定。随着温室气体排放量的增加，地球北极的冰雪日益融化。不仅北极的众多国家，甚至包括非北极的国家纷纷想开发北极资源以提高本国竞争力。加拿大在这次的竞争中也不甘落后，具体表现为加拿大政府制定了 “深水港计划”“建造新的北极航海巡逻艇计划”和“沿西北通道的冰冷天气训练中心计划”。这些计划无一不是瞄准了北极的海洋能源。然而加拿大并没有一帆风顺，其和其他北极国家存在一些不可忽视的阻碍，比如环境污染、生态系统完整性等。

（2）海洋环境、海洋生物的多样性，海运和海事的安全问题。在两次工业革命后，由于各国一心发展经济，忽视了生态环境，海洋生态不可避免地受到了破坏，而海洋中的声明也遭到了各种各样的生存威胁。加拿大海洋每年会途径超过10万只船只，载货量超过360万吨，海洋产业是名副其实的经济支柱产业。因此，保护海洋环境，避免海洋生物种类减少，保证海事安全，是目前加拿大海洋工作的重点。另外，大西洋西北海岸的过度捕捞也受到了加拿大政府的重视。

（3）海洋的综合计划和管理。为了保护和利用海洋资源，必须多种措施同时采取，对海洋采取综合管理。目前加拿大已经制定了海岸带综合管理计划。加拿大将工作的重点放在五大优先管理领域，分别是普拉森舍湾、大西洋浅滩、圣劳伦斯湾、波弗特海、北太平洋沿岸，这也是之后加拿大进行海洋工作的重点。

（4）国际上的海洋地位。国家海洋地位的高低决定着其在国际社会上掌握着多少的话语权。为了提高加拿大的国际地位，加拿大政府十分重视海洋管理和海洋经济等问题。加拿大政府在全球海洋管理方面起到了带头作用，发挥其在国际海洋社会的管理职能。

三、澳大利亚：世界第一的海洋产业贡献率

澳大利亚国土面积位居世界第六，面积为774.1万平方千米，是大洋洲的主体部分。澳大利亚位于印度洋和南太平洋之间，由其大陆和群岛以及海外领土共同组成。澳大利亚三面环海，海岸线约为2.01万千米。相对于澳大利亚拥有的广阔的海洋面积，截止至2019年7月，澳大利亚人口仅为2544万人，因此澳大利亚以其人均海洋面积9.57千米/万人，位居世界第一。澳大利亚资源丰富，每年都有多种矿产和农业出口，也是南半球经济最发达的国家。1979年，澳大利亚政府颁布了“海岸和解书”以保护海洋。这个和解书对于澳大利亚有重要意义，因为它标示了澳大利亚对其海洋管理的控制权。之后澳大利亚将重点转移到海洋产业的发展和管理上，并推动海洋战略以及海洋相关法律法规的制定和实施。同时，澳大利亚政府大力支持海洋科技的发展。澳

大利亚的海洋产业产值对国民经济的贡献率以8%居世界第一位。所以，澳大利亚海洋产业的可持续发展对于澳大利亚的经济发展具有重要意义。澳大利亚出台了一系列支持海洋产业发展的措施，希望通过这些措施的实施来维持其在全球竞争中的优势。1997年，澳大利亚以实现产业和部门相互协调、互相合作为目的发布实施了《澳大利亚海洋产业发展战略》。这个战略以各项海洋管理政策为基础，并整合协调各部门职能。之后又成立了“国家海洋办公室”，目的是协调各部门矛盾，对海洋管理和海洋规划实施进行统一的领导。此外，澳大利亚还颁布实施了补充海洋产业发展战略的《澳大利亚海洋政策》《澳大利亚海洋科技计划》两个计划方案。1998年政府颁布的《澳大利亚海洋政策》中，针对持续利用海洋、规划和管理海洋、管理海洋产业、发展海洋科学和技术以及采取具体相关情况等五方面作了详尽规定。这一系列战略的实施不仅为澳大利亚海洋产业的管理提供了支持和依据，更成为澳大利亚促进海洋经济发展的根本保障。澳大利亚针对21世纪海洋发展战略的重要部分就是海洋环境的保护和治理工作。2010年11月9日，《2010海洋保护法修正案》颁布，此修订案为减少甚至杜绝政府或民众向海洋排放污染物奠定了基础。此外，澳大利亚的各大州也紧随其后，纷纷制定出台了一系列保护海洋生态环境的相关法案。比如2011年11月的新南威尔士州的《2011环境保护法修正案》；2012年3月7日的《2011海洋污染法》。这些法案对于保护澳大利亚海洋有着重要的法律意义。目前，澳大利亚有600多部海洋法律法规，形成了比较完善和健全的海洋法律制度，同时这些法律为保护海洋环境，促进海洋经济的发展提供了良好的制度保障。1994年10月5日，联合国各国签署了《联合国海洋法公约》，此公约奠定了澳大利亚缔约国地位，为澳大利亚在海权争议、海域划分等方面提供了有利条件。另外，澳大利亚十分重视海洋科学的研究和创新。在这一领域，澳大利亚出台了多个条文来鼓励海洋科学家进行技术应用和创新，比如澳大利亚出台的“澳大利亚海洋科技计划”和“海洋研究与创新战略框架”。这两个条文都提到了促进海洋科学技术发展，为澳大利亚完善海洋科技研究系统提供了依据。

四、英国：分权式的海洋管理办法

英国是一个名副其实的岛国，被北海、凯尔特海、英吉利海峡、爱尔兰海和大西洋包围，其本上位于不列颠群岛。英国的海岸线绵长，共计1.15万千米。英国作为一个岛国，其海洋人均面积达到了1.85千米/万人。此外，英国的地理位置造就其多良港，在近海岸有着丰富的油气、渔业等海洋资源。因此，海洋也就逐渐成为英国的经济之源、立国之本。

英国在20世纪60年代后对北海汽田大量开采，海洋油气业在英国的海洋产业中占据了中流砥柱的地位。近年来，英国计划利用海洋新能源发电来达成国内1/5的发电量，因此加大了对海洋新能源发电方面的支持。进入21世纪，海洋油气开采业占据主导地位，航运业、港口业等也成为英国海洋方面的支柱产业。同时，英国滨海景色宜人，每年都会吸引大量游客带来可观的经济收入。海洋设备材料工业发展也十分迅猛，比如开发海洋设备、建造游艇、巡航和可再生能源产业。2000年，英国主要海洋产业产值约达970亿美元。2005和2006年，英国的18个主要海洋产业总产值达868.06亿英镑，取得了非常瞩目的成绩。滨海地区的砂石产业、渔业和绿色能源产业的产值达到了英国海洋经济总产值的48%。

由于英国早期进行殖民主义扩张，其对海洋事务的重视与管理起步都比较早。但是，英国所采取的海洋管理办法是分权式，具体来说，海洋由多个不同部门分别管理，并没有统一的海洋管理机构。因此，即便是英关于海洋方面的法律制度几乎覆盖了各个领域，但是每个规章制度或条款的制定目的都不尽相同，难免会出现互相交叉、冲突甚至矛盾的条款。而缺少一部地位高且统一的海洋综合法律，导致英国在实施一些具体的措施时相当不便。另外，英国也没有一个负责海洋事务的最高部门或机构，海域上更没有一个统一的执法队伍。这些都导致英国的海洋管理方面存在一些混乱。目前，英国的海洋管理主要由皇家资产管理机构负责，这些机构包括了海事和海岸警备队，商业、企业和管理改革部，环境、食品和农村事务部等。除此之外，英国海洋事务方面的管理也有地方政府和半官方机构参与。英国的海洋法律法规具体涉及渔业、油气勘查和开采业、皇室地产和规划等法规。比如，1949

年颁布的《海岸保护法》、1998年颁布的《石油法》、1976年颁布的《渔区法》、1981年颁布的《渔业法》、1987年颁布的《领海法》、2009年颁布的《英国海洋和海岸准入法》等。

近年来，英国在海洋研究与海洋开发方面投入的资金越来越多，英国也越来越重视海洋的科学研究工作。1985年英国的研究和开发海洋的经费约19300万英镑，1990年相对于1985年增长了107%。1994年海洋经费约48650万英镑，比1985年增长近30000万英镑，比1990年增长近22%。21世纪初，英国自然环境研究委员会（NERC）和海洋科学技术委员会（USTB）提出了海洋科技发展战略。这个战略主要是关于之后5～10年的海洋资源令和海洋环境预报方面的内容。2007年英国NERC预计提供大约1.2亿英镑的科研经费支持所启动的名为“2025年海洋”的海洋科学计划。

五、日本：转变后的海权观念

日本位于太平洋西北部、亚欧大陆东部，北接鄂霍次克海，西面临海，隔海与朝鲜、韩国、中国、俄罗斯、菲律宾等国相望。日本的国土主要由北海道、本州、四国、九州四个大岛以及3900多个小岛组成，其国土面积只有37.8万平方千米。日本也是一个非常缺乏资源的国家。相比于日本可以开采的土地方面的资源，海洋资源则要丰富的多。日本的人均海洋面积高达2.35千米/万人，如果日本将海洋资源充分开发并利用，将有效推动日本经济的发展，成为经济高速发展的决定因素。在20世纪30年代之前，日本虽然是亚洲国家，然而海洋方面的思想却大部分受到了西方海洋思想的影响。在这一时期，日本发展海洋的重点是军事力量方面。在那个年代，日本所秉持的海洋思想是：日本是岛国，其未来和海洋息息相关，政府必须重视制海权，而制海权的关键就是海军是否强大。《明治文化全集》中写道：“高度重视依托海上力量夺取海洋利益的传统海权观及海洋战略，助推着日本在70余年间，走完了从岛国扩张为东亚海上及陆上强国，而后又回归岛国的历程。”第二次世界大战日本战败后，就逐渐改变了海洋发展战略，虽然对于海上安全及军事力量仍十分重视，但是也开始将海洋资源、海洋环保等其他因素列入海洋发展重点范围，日本的海洋经济逐渐成为国民经济中的支柱产业。

目前，海洋安全、资源和环境问题引发了世界各个国家的关注，全球各个海洋国家都与时俱进地针对21世纪的海洋开发状况以及海洋未来的发展规划，制定出21世纪的海洋发展计划。之前，日本财团会长曾说，日本对于海洋治理的理念还比较缺乏，日本必须马上行动，制定出符合现实情况的国家海洋发展政策。由此，日本于2005年11月10日出台了“海洋和日本——21世纪海洋政策建议”。这个政策建议涵盖了多方面的内容，其中包括确保海洋安全、协调海洋开发利用、保护海洋环境、健全发展海洋产业、充实海洋知识、对海洋进行综合管理、和其他海洋国家共同合作等。2006年4月，日本成立了海洋基本法研究会，由多个领域的专家和各个党派及议员共同组成。随后研究会向日本首相提交了《海洋政策大纲——寻求新的海洋立国》和《海洋基本法草案》。2007年4月20日，日本《海洋基本法出台》，标志着规范日本海洋问题有了法律保障。2008年2月8日，日本又紧接着出台了 “海洋基本计划草案”。从目前的状况看，日本海洋的相关产业极大促进了日本经济的发展，其产值已经达到了国内生产总值的50%，其中的主导产业是日本造船业、海洋油气业、渔业以及开发利用海洋空间资源行业。1955年，日本造船业超过了位居世界第一的英国，此后日本的造船水平世界领先，成为第一大造船国。日本经济十分依赖海洋，因此在养殖海产品方面投入了大量的资金和技术，比如养殖鱼类和海植物。相对于日本的人口来说，日本的国土面积比较小，因此，开发海洋空间资源成为日本的首要选择，这也是日本获取更广阔的生存空间的必经之路。同时，日本在这方面也领先于世界其他国家。目前日本已经在海洋空间利用方面取得了一些成就，比如建设了面积约6平方千米的人工岛海上城市以及3个海上机场。日本对于海洋空间的利用并未止步，在取得了这一系列的成功后，日本还计划建设更多的港湾、跨海大桥、海底隧道和海洋能源基地等。在《联合国海洋法公约》的框架下，日本建立了比较完整的海洋立法体系。日本在20世纪末通过了《专属经济区和大陆架法》。此后，又通过了《专属经济区渔业管辖权法》《无人海洋岛的利用与保护管理规定》等法律法规。这些法律的出台为日本海洋的充分利用和经济发展提供了法律保障。日本的海洋科技技术在全世界可以说是首屈一指，在海洋探测和调查方面居于世界首位。日本非常重视海洋科技的发展与创新，人工智能方面也走向了海洋经济。日本已经研发了可以横渡北冰洋的鱼类机器人，这个机器人续航可达1500千米，装有350个大气压燃料电池，最重要的是可以在3500米深海处潜行。然而，日本的海洋开发技术的综合性与欧美海洋强国相比较，还是稍逊一筹。

第四章　我国海洋经济发展现状分析

在新常态背景下，随着我国经济逐渐放缓了增长速度，我国海洋经济形势正在发生的变化令人瞩目。《中国统计年鉴2018》上的数据显示，自改革开放以来，我国的GDP增长势头强劲。到了2012年之后，国内生产总值才呈现出下滑的趋势，此后四年间的增长率分别是7. 90%, 7. 80%, 7. 30%, 6. 90%，这些趋势与数据都表明在新常态化时期，我国经济进入了发展的新阶段，即经济增速转变为中高速增长。因此，新阶段下的海洋经济，既要求经济应逐渐适应新的运行规律，也要求其发展速度应维持在一个合理的较高的水平。因此，为了满足“十三五”海洋经济发展战略的规划要求，要实现经济增长动力的探索性转换，更为重要的是要进一步促进产业结构的升级。

蓝色经济的发展，是一项面对海洋进行长期规划的大战略。当前，我国海洋的战略定位面临的主要问题和挑战主要是在发展方式和结构优化上，例如科技教育支撑能力不足、海洋资源利用效率低、海洋服务能力不高以及政策体制和法律法规仍需进一步完善。海洋产业发展和海洋环境保护的矛盾一直是我国经济迅速发展过程中的突出问题，三高（高排放、高能耗、高污染）问题的存在导致了中国现阶段海洋产业呈现出不可避免的粗放型发展特点。海洋产业结构转变、沿海地区社会发展以及海洋资源环境保护都需要比较高的资金投入，但目前在我国经济新常态的影响下，海洋投资随着经济下行的压力而不断缩减，忽视了生态环境的问题，阻碍了海洋产业的可持续发展。此外，人类对海洋资源的过度开发和利用，使得海洋生态系统有限的承载力无法承受其为了创造巨大的经济效益而带来的破坏。同时，这种开发利用的模式并不代表我国海洋产业的产业格局分布合理。相反，资源消耗、整体开发效益以及现存结构的问题导致我国的海洋产业总体上落后于发达国家。所以现下的当务之急，就是如何解决好这些问题，实现海洋产业健康良好发展，寻求新的海洋经济发展模式。

第一节　我国海洋自然资源空间分布与发展现状

我国的海域辽阔，这不仅体现于我国拥有长1.8万多千米的大陆海岸线以及约30万平方千米的大陆架面积上，还体现于多样的海洋物种，广阔的空间，丰富的矿产、旅游、能源资源等。从北到南，我国沿海包括了11个省市（辽宁省、河北省、天津市、山东省、江苏省、浙江省、上海市、福建省、广东省、广西壮族自治区和海南省）。最初，自然资源条件是否拥有充足的海岸线与海域面积是造成区域经济差异的原因，现在它在海洋经济发展中同样也起到了关键作用，且决定了海洋经济的发展。各省市之间有着差异较大的自然资源占有量。其中海岸线长度最长的省市是福建省（3752千米），占全国海岸线长度的19.56%，其次是就是山东和广东两省。而海岸线长度最短的两个省市是天津市（海岸线158千米）以及上海市（167.80千米），仅占全国海岸线长度的1%不到。此外，由于海南省的地理位置较为特殊，其坐拥约200万平方千米的海域面积，占全国的60.22%，远超过其他省市（天津、河北和上海加起来的海域面积不足1万平方千米）。海域面积第二大的是广东省，约为441.90万平方千米，占全国的12.62%。海域面积在10万～20万平方千米之间的四个省市分别是广西壮族自治区、山东、辽宁和福建省。

第二节　我国海洋经济发展现状

一、中国海洋经济总体发展现状

1978年以来，我国的海洋经济综合实力在几代人的不懈努力与探索下显著提升，成为了沿海地区经济发展不可忽视的增长点。海洋经济的增长速度一直保持在两位数字，且经济总量不断创出新高。我国海洋生产总值在1979年仅为64亿元，经过了10年的发展迅速提高了5倍多，增至384.80亿元。21世纪以来，海洋经济仍然保持高速发展，全国海洋生产总值超过了同期国民经济10. 3%的增长水平，在“十一五”期间达到了12. 30%的增长速度。“十二五”以来，我国的经济发展趋势不同于30年前，2010年之后我国经济增速不再一味以高水平为追求，在放弃了两位数的增长速度后，于2015年下降到了1990年以来最低的增速水平——6. 90%，这也是自改革开放后我国经济增速第一次出现连续六年持续下滑的态势。从2000年开始到2015年这15年间，我国海洋生产总值由最初的4133. 50亿元增至后来的65 534. 40亿元，平均增速为7. 0%，略高于同期国民经济增速。在此期间，我国主要海洋产业增加值上升了11. 68倍，由2297. 04亿元增至26 838. 80亿元。另外，由于海洋经济成为了新的增长点，其生产总值在1978至2017年间的比重由1. 60%提高到9. 51%。

二、区域海洋经济发展现状

目前我国各省间的海洋经济发展水平存在着差异，广东省是全国海洋生产总值最大的省，于2012年突破10 000亿元。其次是山东省，于2014年突破10000亿元。与这两省相比，天津市、上海市和福建省由于自然资源条件的不同，在海洋经济总体规模方面未见明显优势（截至2017年年底，天津市的海洋生产总值约为4933亿元，上海约为6760亿元，福建约为7076亿元），但就其海洋经济的整体结构来说，其贡献率远高于平均水平的18. 40%，分别为29. 80%, 26. 90%和27. 20%。由于长三角地区的陆地经济发展强劲，浙江省和江苏省的海洋生产总值虽然均在2017年超过6000亿元，但其海洋经济GDP贡献率并不高于全国水平，分别为14%和8. 70%。相比之下，辽宁省的海洋经济增速缓慢，在全国海洋经济的排名中位列第八，其海洋生产总值约为3529亿元，2017年占全省的15. 50%。河北省的海洋经济发展同样不容乐观，与全国平均水平差距过大，其海洋生产总值约为2128亿元，约占全省生产总值的7%，位列全国第十。而广西壮族自治区和海南省的海洋经济发展时期较短，基础较差，广西壮族自治区的海洋生产总值约为1130亿元，海南省约为10 050亿元，但后者自1988年从广东省划出后，其经济水平虽有待提高，但其海洋产业发展较好，该产业的经济GDP贡献率高达27. 10%。

第三节　我国海洋产业发展现状

一、我国海洋产业发展现状的静态分析

在海洋产业发展过程中，为了探究某个特定事件的具体情况，或者说横断面上的各个产业部门的不同状态，适合运用静态分析的方法来研究不同的海洋产业产值现状和占总产值比重情况，以及比对出空间上的差异，从而全面综合对海洋产业状况做出刻画。

（一）海洋渔业

海洋渔业指的是以水生动植物的养殖、捕捞以及水产品加工这三种生产活动为主的生产事业。最近几年，海洋渔业在科技革命的推动下，在传统型海洋经济的发展中已经占据了主导地位，逐渐形成了三种主要生产活动并举的现代化渔业发展模式。2017年年末，我国海洋渔业的增加值达到了4352亿元，可细分为近海渔业、外海渔业和远洋渔业，其中远洋渔业产量相较上一年增长8. 10%，达到了219..20万吨。环渤海地区包括了辽宁省、山东省等。到2017年为止，作为我国海水养殖业的重点地区，辽宁的海水养殖面积是山东省近三倍，多达9331平方千米，其次有四个省份的海上养殖面积保持在1000平方千米到2000平方千米之间，分别为河北省、江苏省、福建省以及广东省。目前，上海市的海洋养殖业脱离了低效的发展方式，而养殖面积最低的省市则是天津市，仅为30平方千米。以舟山市为代表的浙江省海洋生物种类丰富多样。2017年，该省的海洋捕捞量超出全国的平均水平，达到336. 70万吨。其次是山东省，捕捞量为228. 23万吨，天津和上海两个直辖市的捕捞量分别为4. 71万吨、1. 67万吨，水平较低。

（二）海洋盐业

海洋盐业离不开人类的各项生产活动，是事关国计民生的重要产业。我国自古以来都非常重视在经济发展中盐业的关键地位。环渤海地区因其拥有较长的海岸线以及广阔的海域面积而成为了我国主要的海盐生产地，且其海盐产业的发展也具有突出的优势。我国盐田总面积排名前三的省份分别是山东省、河北省以及江苏省。天津市拥有全国海盐产量最大的盐场——长芦盐场，其产量

占据了全国总海盐产量的25%。因此，天津市的海洋盐业规模较大，盐田总面积达269平方千米。剩余省份的盐田面积很小，其中上海市没有盐田。

（三）海洋油气业

2017年年末，我国海洋原油产量与天然气产量相较上年下降了5. 3%和增长了8. 30%，分别为4886万吨、140亿立方米。我国海洋油气业在国际原油价格持续低迷的影响下，虽然价格下降，但成交量呈现出不降反增的特点。天然气产量在2013年一度下滑至120亿立方米，两年后才逐渐恢复。天津市作为重要的石油产区，其原油产量和天然气产量约占全国的60%和22%。此外，我国另一个重要的天然气产区就是广东省，占全国总产量的64%。整体上来看，誉有“海上大庆”之名的环渤海湾集中了全国主要的海洋油气。

（四）海洋交通运输业

交通运输业在近年来上升的趋势虽不稳定，且增速也逐渐放缓，但一直都是我国的主导海洋产业之一，其增加值截至2017年年末为5541亿元，同比增长5. 60%。总体来看沿海港口的生产稳步增长，货物吞吐量为81. 50亿吨。我国自第十二个五年规划纲要颁布以来，放缓了沿海港口的建设速度以及缩小了投资规模，2017年对于港口建设的投资下降了4. 30%，为910. 63亿元。另一方面，对于航运来说面临着沿海干散货货运量下滑以及运力过剩的困境。从省市的角度出发，山东和广东拥有着优越的建港条件，其港口群的配套设施完善，优势地位也非常突出。截至2017年，山东的港口货物吞吐量为13. 42亿吨，广东为14. 20亿吨。而另外两个突破10亿吨大关的省份分别是辽宁省和浙江省。直辖市天津和上海整体的吞吐量较少，但其上百年来的发展所构建起的雄厚经济基础，也使得其航运能力在国际上达到了较高水平。近年来由于京津冀一体化的政策倾斜，河北省的港口建设实现了质的飞跃。

（五）海洋旅游业

近年来，我国的综合实力逐渐增强，人民的生活水平日渐提高，我国的海洋旅游业也实现了进一步发展。2017年，全国海洋旅游业一跃成为新的增长点，带动海洋经济的发展，其增加值达到了10 874亿元。特色滨海城市初步形成了具有自己独特文化特色的海洋旅游线路，推动城市旅游实现进一步的精细化管理。不同省份的资源禀赋不同，例如江苏省、浙江省、山东省和广东省的经济基础雄厚，也就拥有众多的星级饭店和旅行社。而海南省、广西壮族自治区、福建省三省的地理条件引人入胜，海洋旅游业的发展势必会为这三个省份带来极大的经济回馈。

二、我国海洋产业发展现状的动态分析

研究海洋产业的发展变化规律不仅要考虑到其结构水平的截面状态，还应考虑到时间维度上的动态变化。近年来我国逐渐加快了海洋产业结构的调整步伐，例如淘汰产能落后的相关产业，加速推进高技术产业化。“十二五”期间，海洋产业结构窥见了健康转变的势头，其三次产业结构在2010年的比例为5. 1∶47. 7∶47. 2，而在2015年变化为7. 5∶40. 1∶52. 4。这表明海洋第一产业的占比小幅度上升，海洋第二产业主要是原材料的生产与加工，而在全球经济表现低迷的背景下其占比下降了7. 1%。同时，由于我国的旅游业持续发展，新兴服务业的岗位需求不断增加，海洋第三产业获得了显著增长。但产业结构的改变并不能充分说明经济发展水平的高低。目前，我国仍然面临着海洋第一产业比例不高的问题，但不能否认其就业吸纳能力高，产业规模巨大的特点，其依旧是中国海洋经济的重要组成部分；此外，虽然海洋二三产业比重不低，但整体看来行业的技术水平有待提高，企业规模仍需扩大。

“十二五”规划还未实行时，环渤海地区的第二产业在三次产业中长期居于主导地位，具有工业基础扎实、海水养殖面积大的特点，该区域海水养殖面积以及养殖产量分别为16000平方千米、845. 5万吨，分别占全国的63. 60%以及46. 50%。2017年广西壮族自治区和海南省的第一产业比重最高，其次是辽宁省，其三次产业结构比例分别是11. 5%、35%以及53. 5%。同时辽宁省、山东省拥有数量众多的沿海港口和发达的海洋交通运输业。2017年，凭借富饶的矿产资源，天津市的海洋第二产业占比为42. 8%，第一产业和第三产业的占比分别为0. 3%和56. 9%。

上海市自“十三五”以来，海洋第一产业的占比接近0，例如该市的海水养殖业、海洋盐业慢慢开始被其他产业所替代。其第三产业在海洋经济中的地位开始不断上升。2017年，江苏省海洋三次产业结构调整节奏不理想，虽然五

年来其第三产业的比重在逐步扩大，但其经济产业结构单一，未能实现多元化的发展，三次产业的构成比例为6. 7%、50. 3%以及43%。此外，从整体上来看，该省海洋经济增长速度也低于全国的平均增长幅度。不同于其他海洋经济发达的地区，福建省的海洋第一产业占比偏高，2017年，该省的海洋三次产业结构比例分别为7. 3%、37. 1%以及55. 6%，可见第二产业的作用还未被充分发挥出来。广东省在2010年时的海洋三次产业比例为2. 4%、47. 5%和50. 2%，2017年经过产业结构的优化调整后，为1. 6%、43. 5%、55%。第一产业占比下降了近一半，第三产业占据了全部产业的55%，发展更为稳固。同年，广西壮族自治区的海洋三次产业结构分别为16. 9%、36. 2%以及46. 9%，各产业发展强劲，第二、三产业在全国第二、三产业所占比重低于其第一产业在全国第一产业中的所占比重。按照海洋旅游业增加值增速来看，2017年全国沿海省市排名第一的是广西壮族自治区，而按照海洋化工增加值增速来看，该省份位列全国沿海省市第三。海南省于2017年海洋三次产业构成比例为21. 5%、5. 19%、58. 8%。由于成立较晚，该省份20世纪将发展的重点集中在了第一产业，但近年来海洋第三产业的发展逐渐成为了重要的海洋经济增长点，尤其是海洋旅游业。具体来看，其海洋旅游业、海洋交通运输业这两个行业就占据了约六成的海洋产业总增加值，而海洋渔业仅占16%。且海洋渔业所需的劳动力数量基数大，还未脱离粗放型的发展阶段。近年来，海洋工程建筑业的发展主要来自于围海造地工程，占海洋生产总值的7. 80%。围海造地项目虽发展迅猛，却缺乏如何在围填后进一步开发利用的整体布局规划。

我国以海洋生物医药产业为代表的海洋战略性新兴产业发展迅猛，2017全年海洋生物医药产业占比全国海洋产业增加值的1%，其增加值达到了224亿元，同比增长20. 70%；由于我国进一步规范了对于海洋矿产资源的开采流程，所以海洋矿业的发展势头强劲，全年增加值占比全国的0. 20%，达49亿元，同比增长13. 70%。海洋电力业稳步发展，例如风机制造企业不断革新创造技术，多个海上风电项目齐头并进。2017年年末为止，全国海上风电总装机容量以及新增装机容量分别约为1200万千瓦和340万千瓦，增加值达87亿元，同比增长11. 90%；海水利用业迅速发展，产业化水平随着产业技术的应用范围不断扩大而进一步提高，全年的增加值达12亿元，同比增长9. 90%。我们在对海洋战略性新兴产业维持较快水平发展抱着乐观态度的同时，仍然不能对其余产业占比较小的问题掉以轻心。例如我国的海水利用业、海洋矿业和海洋生物医药业三者的占比之和仅为1. 26%。此外，海洋教育业和其他有关的高新技术产业并未统计在册，所以海洋产业的高附加值仍未形成。因此，我国应积极探索海洋产业结构转型升级的新模式，实现海洋经济的绿色可持续发展，在大力培育海洋战略性新兴产业的同时，逐步将海洋经济的增长重心放在新兴产业上。

第四节　我国海洋科技发展概况

海洋经济的发展离不开沿海就业形势和人民生活水平，同时陆域经济能否取得高质量的发展会对海洋经济的地位产生重要的影响。技术人才、科研资金等要素会随着一块区域的发展而聚集到经济发达的地区，从而促进该地区的海洋经济升级发展，形成良性循环。而欠发达地区在吸引要素聚集的方面很难比肩发达地区。以我国长三角、珠三角为例，这两个区域的经济较为发达，凭借其强大的经济基础和雄厚的资本积累吸引到了大量的海洋人才和先进技术。2017年年末为止，我国有三个省市的涉海就业比重超过了10%，分别是天津市、福建省和海南省。以海南省为代表，其支撑行业包括了滨海旅游业和渔业，工业发展有所欠缺，超过15%的人口都在从事海洋相关行业，涉海就业比重低于海南省的分别是辽宁省、上海市、浙江省、山东省和广东省，均低于10%，最低的是河北、江苏、广西三省，均低于3%。上海市地处长三角，海洋经济较为发达，因此有大批优秀的科研人才聚集于此，科技人员从业比重约0. 16%，紧随其后的分别是天津市（0. 12%）和江苏省（0. 10%），河北省、辽宁省、山东省、广东省和广西壮族自治区的海洋科研人员比例均在0. 04%和0. 06%之间。海洋科研人员占比最低的是海南省（0. 02%）。但总体上看，由于地区的经济实力是影响人才聚集的重要因素，如果海洋就业中的科研人员占比过低，势必会阻碍海洋产业的发展。

第五章　我国沿海地区海洋经济时空差异演化

蔚蓝色的海洋占了整个地球版图面积的70%以上，地球诞生至今，它孕育了无数的生命，同时也是一个蕴藏着巨大财富的聚宝盆，其蕴含了地球上约为80%的生物资源并分布着大量的矿藏资源。全球的石油储量据不完全统计约有3000亿吨，而海洋中就已探明了超过1/3亿吨的石油。近些年人类不断探索的再生能源等也都源自于海洋，例如潮汐能、动能和热能，等等，这些尚未开发完全的新能源也预示着海洋是我们将来所要重点探寻的宝藏。我国的海洋领域广阔，也因此拥有着面积可观的沿海区域。自新世纪开启以来，我国海洋经济的发展日益突出，其总产值不断上升，占据了越来越重要份额的GDP。2012年，据我国国家海洋局的初步统计的海洋生产总值达到了50 087亿元，占国内生产总值的9. 6%，同比增长7. 9%，要比往年同期的国民经济增长速度略低一些。但海洋经济取得了较好发展的同时，也更应关注伴随出现的其他现象，即我国逐渐形成了海洋经济的区域发展差异。在此期间，如果区域间经济差异持续增大不仅会拉低不发达地区的相对需求，而且还会降低资本利用的效率，与海洋经济实现良性循环背道而驰。因此，为了深入落实科学发展观并促进海洋经济的健康发展，必须全面客观地分析导致海洋经济区域呈现差异化发展的特征，并进一步积极采取措施缩小这种差距。

第一节　沿海地区海洋经济差异化演化的理论基础

“二战”后，各国家之间普遍出现了区域经济差异化的问题。换句话来说，从空间分布的角度来看，国民经济增长和发展产生了广泛的两极分化问题。例如部分地区由于自然条件等原因取得了经济领先的地位，而其他地区的经济却远滞后于这些发达地区。这种情况不仅体现在人口与社会经济活动持续广泛地聚集在一定的地域空间上，还体现在收入分配差距的不断扩大上。资源的稀缺性决定了均衡增长理论并非适用于研究此类问题。所以，应当采用区域非均衡增长理论开展分析，优先开发具有优势资源的重点地区和部门，促进区域经济发展达到更高质量的要求。

一、循环与累积因果论

1957年出版的《经济理论与不发达地区》是由北欧经济学家冈纳·缪尔达尔撰写的，书中提出的“循环累积因果理论”认为，经济发展并不是在空间上同时产生的，也不能把这种过程当作是简单的均匀扩散，而是先从一些条件相对好的地区开始，这些地区的经济发展凭借初始资源禀赋逐渐确立了其优势地位，而这种地位一旦形成，就可以通过随后一系列累积的因果过程再次促进了有利资源的积累，从而实现进一步发展，使得区域发展的不平衡矛盾不断扩大，最终会出现一种空间相互作用的现象，即经济增长区域、经济滞后区域之间的回流效应和扩散效应。回流效应，具体体现为由于外部原因使得各种生产要素很难从发达地区流向欠发达地区，反而是从欠发达地区不断流向发达地区，造成区域经济差异不断扩大。扩散效应，体现为与回流效应相反的趋势。在通过市场竞争配置资源的前提下，扩散效应远小于回流效应。因此，缪尔达尔主张，在经济发展初期制定政策时，政府应优先考虑不平衡发展战略，即把有较强增长潜力的地区的经济发展摆在首要位置，使投资效率达到最优，其经济发展速度也可以维持在一个较好的水平。之后再充分发挥扩散效应的作用，带动欠发达地区的经济增长。不过在此过程中要警惕循环累积因果导致的贫富程度两极分化的问题，当回流效应作用到一定水平时，政府部门应当重视刺激落后地区的经济发展，通过制定相应政策缩小经济差距。

二、增长极理论

1955年,“增长极”(Growth-pole)的概念被欧洲著名的经济学家朗索瓦•佩鲁所提出，他认为：从结构上来看，经济增长不会同时出现在所有部门，而更多的是集中到一些发展潜力大的行业和部门。在所有的发展潜力大、创新能力强的部门不断地聚集到某一个经济空间后，循环往复就形成了“增长极”，它同时具有经济上的推动性以及空间上的集聚性。增长极率先体现为某个部门或地区经济活动的增长率上，之后会不断地向四周进行扩散从而影响整体经济的发展。佩鲁认为，增长极是一个纯经济概念，后来的研究人员又对此概念进行了补充，融入了地理空间上的属性。经济空间包含了两层关系，一层是经济变量中的结构关系，另一层则表现在地域上的区位关系上。因此，从经济意义方面来看，增长极的概念意味相关主导产业部门呈现出集聚性的特点。增长极包括支配效应、乘数效应等一系列的效应，从而能从很大程度上影响区域经济的发展。

（1）支配效应 由于增长极在经济、人才、技术等方面领先于一般地区或部门，所以能通过与周边地区的商品供求关系和要素的流动进而支配周边地区的经济。

（2）乘数效应 增长极本身具有示范和组织的作用，所以其形成与发展会极大的拉动周围地区的经济增长，在此过程中，区域范围内发展较晚的地区在循环积累因果机制的影响下受到增长极的带动后，会与增长极继续发生相互作用，增加最初的带动能力。

（3）极化扩散效应 增长极是一个资源集聚的中心，其经济发展在早期占据的优势会使周边地区的资源向中心集中，这种向心力在导致增长加速的同时，也向周边输出了经济效益，从而推动其发展。

三、非均衡增长理论

该理论最早是赫希曼在《经济发展战略》书中提到，他指出经济发展并不是在某一处同时出现的，而是围绕最初的出发点，使得经济资源向重心集中。

这也就意味着增长极的出现势必会导致区域经济发展之间非均衡的问题，这是不可避免的，也是一种特殊的前提。可从整体上来看，发展到后期的涓滴效应会逐渐超过极化效应，反而进一步缩小了区域间发展的不平衡性。

四、中心—外围理论

1966年，美国知名城市与区域规划学家约翰·弗里德曼在其发表的《区域发展政策》一书中，基于中心体系以及区域经济发展不平衡的思想，论述了中心一外围理论。基于区域发展的非平衡性，可以将经济系统从空间架构上划分成两个部分，一部分是中心区，另一部分是外围区，也就是空间二元结构。中心区凭借优越的发展条件而拥有较高的经济效益，但其外围区域却因不充足的发展条件而陷入经济效益较低的困境，这也就决定了中心区域的支配地位和外围区域的被支配地位。所以，在经济发展的起步阶段，必然会出现各类生产要素由外围区域转移到中心区的现象，这种情况下的二元结构特征显著。随着经济一步步的发展，就逐渐会由开始时的单核结构演变为后期的多核结构。当经济步入了持续发展时期，政府就会通过政策的实施展现各区域在经济上的独特优势，促进经济的全面发展。该理论重点指导了政府层面如何针对区域发展水平制定相应政策，但同时经济迅速发展的后期会导致的二元区域结构逐渐消失的问题饱受争议。

五、梯度推移理论

梯度推移理论基于产品周期理论，指不同地域间经济水平的差异性。经济部门按照产品生命周期来划分的话包括了兴旺、停滞和衰退部门。这其中又涉及两个区域概念，分别是作为经济主导部门的高梯度区域，以及作为经济次要部门的低梯度区域。实现梯度的转移离不开城市系统的运转。城市往往处于环境条件优越以及经济发展领先的地位，由于其创新多、吸引人才的能力强的特点，会将推移方式从发源地开始显化，并不断向周边地区以距离为标准进行扩散。

六、倒“U”形假说

1965年，该假说由美国知名经济学家威廉姆提出，他采用经济发展论，认真分析比对了24个选定国家和地区的经济增长情形，得出的主要观点如下：一般，区域经济在一个国家的经济发展还在起步阶段时候的差异不是很大，但这种差异会在国民经济发展速度达到一定水平时而相应地出现扩大的趋势。随着国民经济发展到较高水平时，这种差异扩大化趋势就会弱化，最后出现停滞的局面。但当国民经济获得进一步发展后，之前停滞的差异化就会逐渐缩小。区域间经济的差异经过了以上三轮的过程后呈现出一个倒“U”形的结构，分别是差异不大、差异扩大、差异逐步缩小三个阶段，因此被称之为倒“U”形理论。

第二节　我国沿海地区海洋经济差异现状

无论是在哪种情况下，理论或者现实中，实现区域经济的完全平衡发展都是不现实的，任何国家或地区若采用平衡发展战略强行实现区域经济的平衡发展都需要投入更多的边际成本。决定经济发展的因素中，最关键的部分是不同地方的人文、地理等最基本的因素。在人们以往的认知中，地区间平衡发展是通过不同地区间的经济差异实现的，因此区域经济中的比较研究具有较高的理论价值。自我国1978年实行改革开放政策之后，通过多年来一步步地探索发现实现区域经济的平衡发展具有一定的难度，因此选择采取不平衡发展的政策，在这个过程中政策的重要性明显地表现出来。海洋区域经济是区域经济的一部分，其发展状况也符合区域经济发展不平衡的基本特点，所以对具有发展潜力的海洋经济进行区域的差异性和不平衡性研究具有非常重要的现实意义。

一、中国区域海洋经济差异现状

我国海洋面积辽阔，沿海地带范围较为广阔。一般而言，人类将海洋开发利用过程中产生的产业及与其相关的经济活动称为海洋经济。在历史发展的进程中，人类的社会生产力水平得到了飞速的提升。与此同时，人类发掘和利用海洋的能力也随之得到了发展，人类对于海洋的开采和利用程度也持续向前推进。过去人类对于海盐、海鱼等资源只能进行较为简单的使用，随着时代的发展，人类对海洋资源的利用得到巨大的发展，目前已经扩展到已知所有的有机资源与非有机资源领域。在发展海洋经济时，我国具有较大的后起优势，可以借鉴先进国家已经研发出的海洋技术，从而避免在发展过程中走更多的弯路。改革开放政策后，海洋经济的产值不断攀升，我国越发认识到海洋经济具有巨大的发展潜力。纵观我国海洋经济的发展，不同省份间的海洋产业生产总值存在很大差异，广东省的海洋产业生产总值较为突出，远高于其他省份。2003年国务院制定了《全国海洋经济发展规划纲要》，此后不同地区对海洋资源的开发利用发展到新的阶段：不同地区可以因地制宜制定不同的发展政策，这促使海洋产业价值在区域上显示出如图5-1所示的不同，这些都值得我们进行更为深入的研究。一般而言，区域间的发展差距使用绝对差距来表示。2017年，广东海洋经济产值为1.78万亿元，在我国海洋经济中生产总值最高；广西壮族自治区海洋经济产值为0.13亿元，在我国海洋经济中生产总值最低，两地区的差距达到了1.65万亿元。随着时间的推移，1996—2017年20年间我国的海洋经济得到了飞速的发展，2017年的产值相较于1996年同区域的海洋经济总产值增长了9倍左右。

二、我国沿海地区海洋产业布局及产业演进过程分析

区域海洋的产业结构基本情况与产业结构比较分析是区域经济研究中的重要方面。在以往的研究中将产业结构的定义为：在一个国家或地区的经济系统中存在的各产业部门之间的比例关系和相互联系。根据产业结构的定义，我们将区域海洋产业结构定义为：在某一区域的海洋经济系统中各个产业部门间的比例关系和相互联系。本章节将我国区域海洋产业结构作为研究对象进行了比较研究。

（一）我国海洋产业的空间布局

我国拥有辽阔的海洋区域，大陆海岸线长达1. 8万多千米。因此，不同的海洋空间之间存在较大的资源禀赋差异，造成地区间海洋经济产业形式的不

同。为了描述我国海洋经济的空间布局，本文参考了海洋经济统计公报和我国海洋分布的实际状况，将海洋区域分成环渤海、长三角、珠三角三大海洋区域。环渤海地区由环绕渤海（包括部分黄海）的沿岸地区所组成，主要包括辽宁省、河北省、天津市和山东省三省一市的海域与陆域；长江三角洲地区由长江三角洲的沿岸地区所组成，主要包括江苏省、上海市和浙江省两省一市的海域与陆域；珠江三角洲地区由珠江三角洲沿岸地区所组成，主要包括广东省所辖的广州、深圳和珠海等城市的海域与陆域。

对比各海洋区域2003年的海洋经济产业总产值，环渤海地区达到2778. 53亿元，占据全国海洋经济产业总产值的27. 6%；长三角区域达到3398. 87亿元，为三个区域中海洋总产值最高；珠三角地区为为2112亿元，占全国海洋经济产业总产值的21%，在三个区域中海洋产值最低。三个区域在海洋经济上均有自己的主导产业，并且主导产业存在较大的差异。详细来说，以海洋交通运输业、滨海旅游业和海洋渔业为支柱产业的是环渤海，三个支柱产业占据了环渤海区域海洋经济产业总产值的66%。以滨海旅游业、海洋交通运输业、海洋渔业为支柱产业的是长三角区域海，这三个产业占据了长三角区域海洋经济产业总产值的75. 1%。另外海洋生物医药业发展迅速，正在逐渐成为长三角区域新兴的海洋经济产业。以滨海旅游业、海洋渔业、海洋油气业和海洋交通运输业为海洋支柱产业的是珠三角区域，这四个产业的总产值占据了珠三角区域海洋经济产业总产值的65. 3%。海洋经济产业集中度从大到小排序为：长三角、环渤海、珠三角，与海洋经济产业总产值的次序一致。在海洋经济的总产值与海洋经济产业集中度的关系上，还有待进一步研究，目前并不能完全确定是海洋经济的产业总产值决定了海洋经济产业集中度，还是海洋经济产业集中度一定程度上促进了海洋经济产业总产值，亦或者二者关联性较小。

在海洋经济产业总产值规模上，2008年的环渤海区域、长三角区域基本相当，均达到了4100亿元以上，占比均约32%，但是长三角比环渤海区域稍高0. 4%；珠三角区域海洋经济比重略有下降，由2003年的21%下降至18. 8%，总产值为2417亿元，。由此可见，环渤海区域海洋总产值增长速度在2003年至2008年相较于长三角、珠三角更快。2013年三个区域占比最高的为环渤海区域海洋经济，其产值已经接近20 000亿元，占全国的36. 3%；长三角的海洋总产值为

16 485亿元，占全国比重降低至30. 4%；珠三角区域的海洋总产值为11 284亿元，占全国比重为21. 6%，这个比重稍有提升。2014年环渤海区域海洋经济的增长势头依旧明显，海洋总产值比重增加至37%，而长三角、珠三角分别降至29. 6%、20. 8%。环渤海区域海洋经济增长趋势一直持续到数据最新统计年份，意味着环渤海区域海洋产值占全国的比重将持续上升。

综上所述，从区域分布来看我国海洋经济产业的发展，主要表现为：环渤海地区的海洋经济产值增速最快，产业总产值在全国海洋经济中占据的份额也在不断增长；长三角在海洋经济产业中稳居第二，地区的经济增速最慢，并且经济发展占比份额降幅最大，已经失去了领头羊的位置；珠三角地区的海洋总产值发展速度与平均水平基本一致，其所占份额基本稳定在20%左右，并且近年来稍有下降。

（二）我国海洋产业的发展演进趋势

1.增速放缓趋势

现阶段海洋经济产业进入转方式、调结构的新时期，海洋经济产业的发展整体速度逐步放缓，但是不同产业的增速依旧存在差异：海洋渔业与油气业的增速减缓，但是海洋能源与生物医药业的发展还是保持着较高速增长。与此同时，海洋经济产业劳动生产率增速也存在放缓趋势（海洋经济产业劳动生产率一般使用劳均产值和劳均增加值来衡量）。

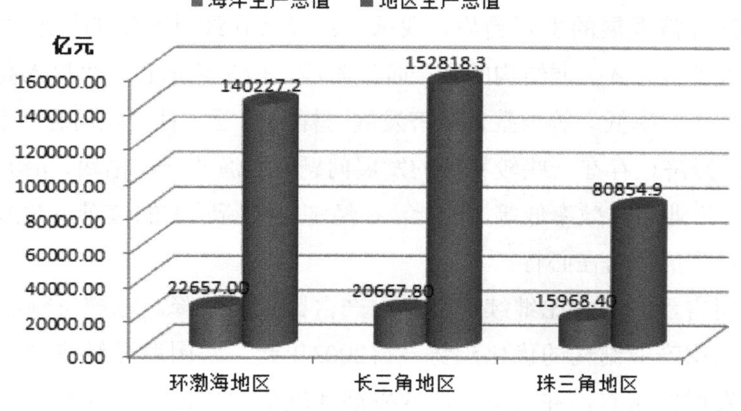

图5-1　三大经济带2016年海洋生产总值对比情况

在进行计量模型分析时，选择使用Stata软件：具体而言是选择三个指标的数据进行拟合，这三个指标分别为海洋经济产业总产值、海洋经济产业增加值、海洋生产产出，指标的时间跨度为2003—2016年。理论上是对数据进行多次回归分析，根据拟合优度（R2）的大小选取拟合效果最好的拟合线，本数据的拟合结果显示在众多的模型中二次多项式的拟合效果最好。从拟合结果来看，调整后的拟合优度在0. 9左右，海洋经济产业总产值和海洋经济产业增加值均显现出倒“U”形的增长态势，而且目前呈现出增速下降的趋势，这意味着随着时间的发展我国海洋经济产业产出将一定会呈现增速降低的态势。从拟合后的线性趋势来看，劳均产值增速呈现出线性下降的趋势；劳均增加值增速呈现出倒“U”形，并且是处于倒“U”的后半段，呈现出下降趋势；海洋经济产业从业人员增速同样呈现出下降趋势，不过是呈现出对数的下降趋势，可以解释为海洋经济产业吸纳就业岗位数量也许可以随着时间进一步提升，不过新增岗位的数量是趋于减少的。因此，劳均产值、劳均海洋经济产业增加值、海洋经济产业增速、海洋经济产业就业增速都是趋于放缓的趋势。这是目前海洋经济产业转方式、调结构的发展结果，不仅可以优化我国海洋经济的产业结构，而且可以提质增效，维持可持续的发展。

2.海洋经济产业转方式、调结构趋势

一般而言，海洋经济的产业结构可以分为三次产业结构和主要产业结构。从海洋经济发展阶段的一般规律和我国海洋经济新常态的事实来看，产业结构调整是海洋经济发展的主要趋势。我国海洋经济在经过十年的快速发展后于2012年进入了转方式、调结构的生产阶段阶段，但是依旧存在“投入高、消耗大、排放高、效率低”等与整体经济发展一样的问题，且这些问题日益严峻。此外，海洋经济还存在一些较特殊的发展问题，如渔业一度枯竭、沿海水质检测不合格、产业产出效率低等。因此，在经济发展新常态的背景下对海洋经济进行产业结构优化势在必行。

一般而言，一产占比继续下降，二产占比大幅下降，三产份额继续增加是理论上三次产业结构的优化趋势。自2003年起，我国海洋经济的二三产呈现出增加发展的状态，并且第二产业发展速度最快，比重增幅最大，而一产比重下降较大。我国海洋经济2014年的三次产业比重为5∶45∶50，相较于我国整体经济结构（9. 2∶42. 6∶48. 2）表现较优，但是与美国、日本等一产1%以下，二产不足20%，三产80%左右的国际发达国家相比，我国海洋经济的三产结构仍有较大优化的空间：三产比重要继续提升，一产比重进一步降低，大幅降低二产比重。

促使传统产业百分比降低，激发新兴战略产业快速发展是海洋经济结构中主要产业结构的优化趋势。我国传统海洋经济产业自2003年起占比下降或稳定，而海洋经济中的新兴战略产业比重迅猛发展。一般而言，传统海洋经济产业主要有：海洋渔业、海洋油气业、海洋电力、海洋盐业等；新兴战略产业主要有滨海旅游业、海洋交通运输业、海洋生物医药业、海洋化工业等，各产业比重自2013年起呈现出不同程度的变化。我国海洋经济在2014年最主要的五个产业分别为：滨海旅游业、海洋交通运输业、海洋渔业、海洋工程建筑、海洋油气业，它们的占比为：35. 3%、22. 1%、17. 1%、8. 4%、6. 1%。海洋新兴战略产业将在未来的海洋经济产业中快速发展，海水利用业、海洋材料、海洋科研教育与管理服务业等产业的比重将得到进一步的提升。

3.海洋经济产业区域布局均衡趋势

我国海洋经济产业区域布局趋势为：保持海洋经济产业在三大区域间的份额稳定。2003年以来，我国三大海洋区域布局占比存在一定变化，从整体来看，产业增长速度最快的是环渤海区域的海洋经济，其经济发展份额约上升了10%；长三角区域海洋经济产业2014年所占份额为约为29%，其增长低于全国平均速度；其他区域以及珠三角地区分别稍有小幅度的增加或者下降。在未来，我国三大区域之间的海洋经济空间布局调整仍有很大的潜力，但是因为政策和海洋经济产业的影响因素较多，涉及方面较广，所以在三大海洋区域之间各自的经济产业份额变化应该不是很大，最终基本能趋于稳定。

从海洋经济产业的区域布局来看，21世纪海上丝绸之路战略是一个不容忽略的政策，这一政策战略的实施势必会对沿海区域经济发展产生重要影响：海上丝绸之路可以加强我国沿海区域与国外其他国家或地区的合作。并促进沿海区域间海洋经济产业发展协作。在建设海上丝绸之路时，以沿海为前沿的开放阵地将成为海洋经济产业区域合作的重要引擎，有机会进一步提升海洋经济产业区域的外向性和国际性。考察海洋经济产业区域布局的另一个重要因素是自贸区建设，自贸区建设不仅可以促进沿海地区海洋经济产业的发展，而且可以培育海洋经济产业更高的增长点。上海自贸区于2013年建立，2015年中央又通过了广东、天津、福建自由贸易区的建设方案，其中广东包括了广州南沙自贸区、深圳蛇口自贸区和珠海横琴自贸区。这些自贸区分布在长三角、珠三角、环渤海三个重要海洋经济产业区域，可以加快区域海洋经济产业增长，为海洋经济产业新兴产业提供前所未有的机遇。除此之外，自贸区的建设也将有利于促进三个海洋区域经济产业的开放性和国际化。

4.外部环境复杂化

我国海洋经济产业发展面临的外部环境日趋复杂化，无论是国际海洋资源开发、保护活动与海洋权益争夺，还是我国对外战略，都面临着巨大的压力。从国际外部因素来看，我国面临着较为严峻的海洋经济发展压力：我国在东海、南海区域海洋经济产业发展过程中与日本、菲律宾、越南等国家的矛盾不断激化，美国在重返亚太插足海洋权益问题上与中国的矛盾也日益加剧，这些都使问题更加复杂化。如何妥善地开发、利用、共享海洋资源，并合理地协调好各方的利益，使各方合作共赢，这不仅是目前我国在海洋资源开发利用过程中势必解决的难题，也是发展海洋经济产业中必须聚焦的问题。此类问题的发展，不仅会影响我国海洋渔业、油气业等众多产业的发展，并且很有可能会影响到区域海洋经济产业发展时的整体速度以及稳定性。

从海洋经济产业发展的相关政策看：我国海洋经济产业发展将会面临更加激烈的外部竞争，并且将会面对更加复杂的政策交融协调。我国在三个沿海区域的重要海洋城市实施了自贸区建设，在未来，自贸区的建设范围有很大的可能性会进一步扩大。我国同时还实施了21世纪海上丝绸之路战略，这可能会对我国沿海区域的经济发展和沿线海洋国家的经济发展产生深远的影响。这两个战略的实施都有利于提升我国海洋经济产业发展的开放性，并且有利于促使我国海洋经济产业直接与国外的海洋经济产业竞争。总而言之，政策复杂性将会增加协调与配合的难度，因此合理地实施政策战略是避免海洋经济产业外部环境复杂化的重要因素。

第三节　我国沿海地区海洋经济差异的总体演化特征

一、区域海洋经济差异的时序演变分析

本节对1996年以来区域海洋经济发展的差异进行了定量分析，使用的方法为变异系数（V）和Moran' s I指数。Moran' s I指数的结果显示1996—2010年的Moran' s I在5%～10%的显著性水平下显著。全局Moran' s I的统计量及其检验结果显示：我国海洋经济发展水平在沿海各省区的分布是非随机的，存在显著的正向空间依赖性：海洋经济发展水平一致的省区更加趋向于集聚在一起，并且省份的人均海洋产业GDP会受到临近省份的影响，相邻省份的海洋经济发展水平较为相近。

表5-1 Moran's I 统计量检验结果[46,47]

年份	莫兰指数	Z值	P值	年份	莫兰指数	Z值	P值
1996	0. 1423	1. 9033	0. 044	2004	0. 1973	2. 4558	0. 062
1997	0. 175	2. 226	0. 09	2005	0. 1898	2. 2742	0. 038
1998	0. 0729	1. 3636	0. 097	2006	0. 1959	2. 39	0. 041
1999	0. 0846	1. 3887	0. 085	2007	0. 2001	2. 401	0. 031
2000	0. 0964	1. 4232	0. 063	2008	0. 2016	2. 4024	0. 042
2001	0. 1203	1. 5762	0. 086	2009	0. 1903	2. 2368	0. 058
2002	0. 1361	1. 8677	0. 055	2010	0. 2008	0. 2126	0. 061
2003	0. 1877	2. 188	0. 046				

对表5-1中Moran' s I统计量进行趋势分析，可以发现1996—1997年的Moran' s I统计量存在小幅度的上升，但是相关系数较小。1998—2000年的Moran' s I统计量一直下降，这几年的值都比较小，空间相关性减弱。这种结果与当时中国海洋的实际经济发展状况是一致的：1998年金融危机对海洋经济的整体发展产生了一定的影响，导致不同区域之间的海洋经济合作难以得到有效开展，使1998—2000年各省间的海洋经济联系受到负向影响，各省之间海洋经济的空间相关性较弱。后来，国家大力推动海洋经济的发展并制定了相关政策，因此自2003年起，统计量的数值不断增大，并于2005年后逐渐趋于小幅稳定上升。

总的来说，1996年以来，我国海洋经济发展水平一致的沿海各省地区在空

间上呈现出聚集分布，海洋区域经济发展的基本格局是海洋经济发展较好的地区集中在环渤海经济区的天津市，长三角经济区的上海市、浙江省，以及泛珠三角地区的广东省、福建省。正是因为泛珠三角地区的内部空间差异缩小，才使全国总体海洋经济的空间差异不断缩小，逐渐稳定。

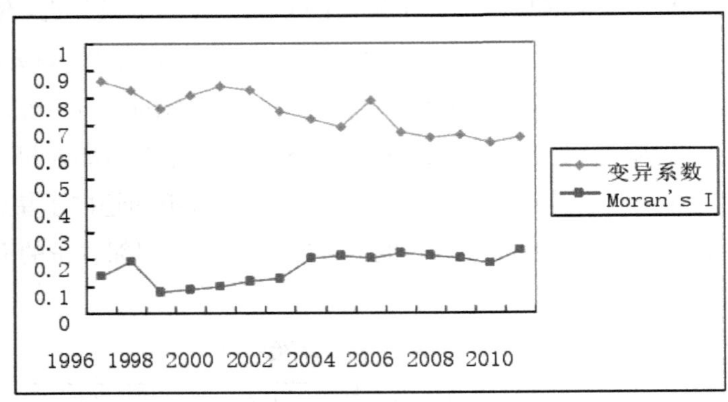

图5-2 1996—2010年我国区域海洋经济发展水平Moran's I与经济变异系数

由图5-2可见，在衡量我国区域海洋经济发展的省际差异演变时，使用变异系数和莫兰指数两个指标的结果具有比较相似的阶段性特征。总体上看，无论是变异系数还是莫兰指数，均显示出我国沿海各省经济差异在1996—2008年变化的速度加快，变化幅度增大，并且有逐渐减小的趋势。通过对取得的数据进行分析，发现我国沿海各省海洋经济差异的时序分布规律与各省GDP的分布规律在1996年以来存在一定的相似性。另外通过对各省的人均海洋GDP进行Moran' s I指数计算发现，各省的海洋经济水平在各年份表现出相似值之间的空间集聚，详细来说，就是海洋经济发展水平相似的地区更趋于相邻。此外，还观测到Moran' s I指数和差异系数的变化趋势存在一定的一致性，说明海洋经济发展水平分布的两极集聚现象是我国海洋经济局部差异扩大的主要表现。

二、区域海洋经济差异的空间构成分析

为了通过不同空间尺度的区域海洋经济发展差异更好地认识整体经济发展差异演化，在本章节选择使用Thile指数分解我国重点开发的三大沿海经济区

的区域差异。

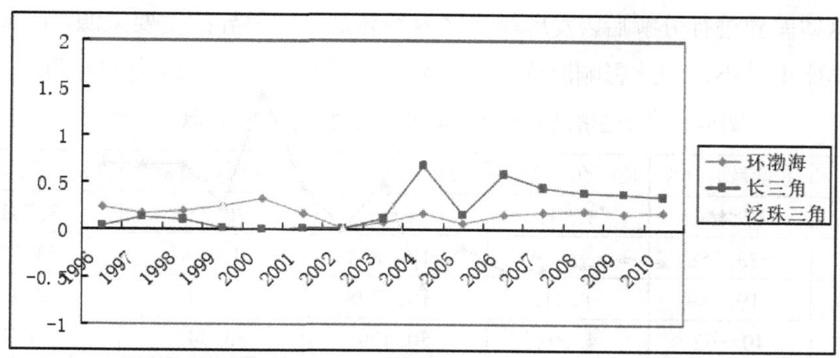

图5-3 1996—2010年三大经济区内部差异演变趋势

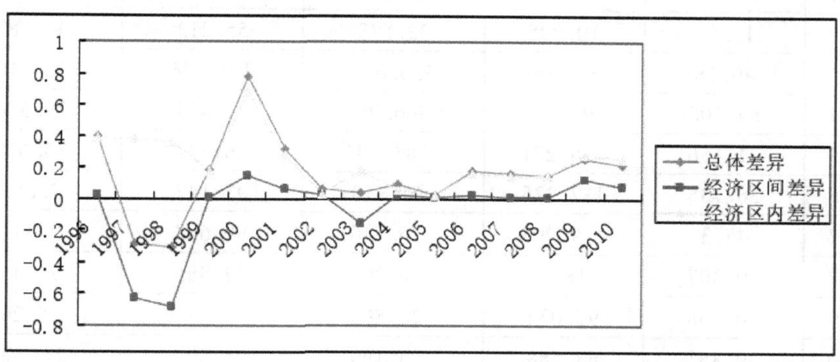

图5-4 1996—2010年我国海洋经济差异分解

通过对图5-3和图5-4进行分析得出如下结论：

（1）通过对数据结果进行分析，发现无论是在区域内或是在区域之间，三大海洋经济区的海洋经济差异变化浮动幅度都是由较大幅度的震动逐渐趋于浮动平缓，并逐渐呈现出均衡发展的趋势。在总体差异中泛珠三角经济区的内部差异始终占重要地位，并显现出下降趋势，其波动幅度远远大于另外两个海洋经济区，发展最不平衡。说明珠三角地区海洋经济差异极化速在三个海洋经济区域内是最高的。

（2）总体差异的演变主要可以划分为四个阶段，1996—1998年迅速下降，1998年到达最低点；1998—2000年差异逐渐扩大，进入迅速上升阶段，2000年到达最高点；2000—2004年升级海洋经济发展的变异系数和泰尔指数又开始迅速下降，我国沿海经济各省和各个经济区均进入了均衡发展时期。此外，对我国海洋经济总体差异进行分解后，发现经济区内差异是总体差异的主要来源，而地区间的差异比重较小，因此影响海洋经济差异的主导性因素是地区内的差距。

表5-2 三大经济区内部及区间差异对总体差异的贡献率[46,47]

年份	环渤海贡献率	长三角贡献率	泛珠三角贡献率	经济区内贡献率	经济区间贡献率
1996	17. 466	3. 891	74. 902	96. 259	3. 741
1997	-23. 258	-9. 689	-120. 874	-153. 81	253. 821
1998	-19. 839	-8. 312	-101. 298	-129. 449	22449
1999	40. 862	4. 002	50. 479	95. 342	4. 657
2000	11. 864	0. 824	70. 627	83. 316	16. 64
2001	14. 388	1. 638	65. 771	81. 796	18. 204
2002	12. 58	10. 095	32. 538	55. 213	44. 787
2003	40. 18	33. 309	330. 617	404. 106	-304. 106
2004	84. 206	293. 193	-306. 985	70. 414	29. 586
2005	71. 156	178. 271	-183. 105	66. 322	33. 678
2006	36. 735	117. 325	-61. 913	92. 147	7. 853
2007	47. 3	119. 905	-76. 546	90. 658	9. 342
2008	50. 307	118. 75	-76. 203	92. 855	7. 145
2009	40. 968	97. 034	-22. 800	115. 203	-15. 203
2010	30. 351	68. 588	-23. 199	93. 399	24. 260

表5-2为三大经济区内部及区间差异对总体差异的贡献率，虽然三大区域内始终保持55%以上的贡献率，但是依旧可以看到区内海洋经济的差异存在一定的收缩态势。尽管如此，依旧可以得到区内海洋经济对总体差异的贡献不容小觑的结论。详细来说，环渤海经济区的区内海洋经济发展差异贡献率最高，2004年达到84. 21%；长三角地区海洋经济差距的贡献存在上升的趋势，1996年的贡献率为3. 91%，而2008年的贡献率为118. 75%，是海洋经济差异中的主导力量；泛珠江三角区内部差异的贡献率总体呈现下降趋势，由1996年的74. 9%下降到2008年的-76. 2%。区际差异贡献率虽然存在一定的变化，但是贡献率相对来说比较微弱。综上所述，三大沿海经济区的海洋经济总体差异的主要影响因素是各个经济区的区内各省市海洋经济的不平衡发展，在这其中长三

角经济区区内差异最为明显。

第四节　沿海地区海洋经济效率的时空演化特征与影响因素

一、沿海地区海洋经济效率的时间演化分析

（一）标准差、变异系数分析方法

本章节研究海洋经济效率的绝对差异和相对差异时使用的是标准差和变异系数，以此来反映我国海洋经济效率在时间上的差异。

标准差公式：$S=\sqrt{\sum_{i=1}^{n}(X_i-\bar{X})/n}$

变异系数公式：$D=S/\bar{X}$

式中：i=1, 2, ···, n表示研究区域内省份；X_i表示各地区每年海洋经济效率的平均值；$\bar{X}$表示在研究区域内各省份的海洋经济效率值；n表示研究区域内省份个数。

（二）海洋经济效率的时间演化特征

通过计算2000—2015年全国海洋经济效率平均值可以看到，海洋经济效率变化可以分为两个阶段，其中2000—2008年的海洋经济效率无效，2008年以后开始逐步增长，变为低效，并逐渐升高到0.78，在未来有望升高到中等有效。从效率增长率来看，可以分为三个阶段：2000—2005年的“十五规划”期间，海洋经济效率增长率呈现出波动上升趋势，平均增长率为1.5%；2006—2010年的“十一五规划”期间，除2008年的1.5%和2009年的5.5%比较突出外，其余年份均较为平稳，平均增长率为2.5%；2011—2015年的“十二五规划”后三年增长率基本呈直线上升趋势，由2013年的2.7%增加到2015年的6.2%，平均增长率为2.6%，中国沿海地区海洋经济效率增长率整体呈波动上升趋势。效率类型也从侧面佐证了此趋势，有效省份占比从2000年的9%上升到2015年的64%，有效省份从只有上海一个城市发展到上海、天津等7省市；2007年以后，开始出现效率中等省份，2012年以后上海、天津2市独占鳌首，达到高效并不断上升；

2015年效率中等以上的省份占比高达36%。

这其中的原因主要是国家在这一段时间内提出了很多的政策策略，如：2000—2005年“十五规划”时期，国家提出海洋经济处于成长期，要大力开发海洋经济并保持其高速增长，把发展海洋经济作为振兴国民经济的重大举措。但同时现实中也存在只注重规模大小不追求质量的粗放式发展，造成资源浪费和环境污染。2006—2010年“十一五规划”初期国家确立加快建设“资源节约型环境友好型社会”总体思路，开始调结构转方式，但边际效应未显现，特别是2007年和2008年海洋经济效率增长率仅为0.9%和1.5%，2009年环保投入边际效应显现后上升到5.5%。2011—2015年“十二五规划”继续延续十一五规划的趋势，增长相对平稳，在此期间深入践行科学发展观，继续加快建设资源节约型环境友好型社会，坚持海陆统筹，开创科学发展新局面，海洋经济由速度规模型向质量效益型转变。

结合标准差和变异系数的公式，得到海洋经济效率的绝对差异和相对差异，以此来体现各地区在时序上的差异。其中标准差表征了绝对差异，变异系数表征了相对差异，可以看出二者的走势基本一致，均呈现出稳定上升趋势，相对差异趋势稍缓，2000—2005年增长趋势较缓，平均增长率分别为3.9%和2.2%；2006—2010年增长加快，2009年都出现阶段内峰值，平均增长率分别达7.3%和3.8%；2011—2015年增长速度最快，2005年均出现研究阶段内最高值，平均增长率分别为11.2%和6.2%。综上所述，中国沿海地区海洋经济效率区域绝对差异和相对差异稳步上升。

分析其原因，主要是2000—2005年市场经济制度确立后首个五年计划“十五规划”时期，偏重经济增长速度，扩大海洋经济规模，各地区都在大力开发利用海洋资源，这个时候海洋经济刚刚开始发展，天津、上海等省市在科技和产业结构等方面的优势还未发挥相对作用，各地区海洋经济效率相对都较低，海洋经济区域绝对差异和相对差异的增长均幅度较小且缓慢。2006—2010年的“十一五规划”期间强调构建资源节约型和环境友好型社会，相比于之前产业单一、开发模式粗放，经济生产开始转向对环境友好和生态保护的投资，起初在上海、天津、广东等经济基础较好的省市，环境边际效应并未显现。2009年边际效应显现，效率迅速上升，效率地区绝对和相对差异变大。2011—2015

年“十二五规划”时期，国家强调要深入贯彻落实科学发展观，坚持陆海统筹，着力推进海洋产业结构调整升级，增强科技创新能力，强化海洋资源集约利用和生态环境保护，促进领先位置的省份产业结构逐渐合理，发展重心更多向科技含量高、环境污染少的新兴产业转移，而发展落后的省份则较多发展资源消耗高、环境污染大的海洋产业，海洋经济效率地区绝对和相对差异迅速上升。

二、沿海地区海洋经济效率的空间演化分析

（一）标准差椭圆分析方法

标准差椭圆（Standard Deviational Ellipse，SDE）现在较多地用于刻画地理要素在二维空间的分布以及移动特征，主要以中心、长轴、短轴为基本参数对地理要素进行定量描述，最早是由Lefever提出的，公式如下：

平均中心：$\overline{X_w} = \sum_{i=1}^{n} w_i x_i \Big/ \sum_{i=1}^{n} w_i$；$\overline{Y_w} = \sum_{i=1}^{n} w_i y_i \Big/ \sum_{i=1}^{n} w_i$；

X轴标准差：$\sigma_x = \sqrt{\sum_i^n (w_i \bar{x}_i \cos\theta - w_i \bar{y}_i \sin\theta)} \Big/ \sum_{i=1}^{n} w_i^2$；

Y轴标准差：$\sigma_y = \sqrt{\sum_i^n (w_i \bar{x}_i \sin\theta - w_i \bar{y}_i \cos\theta)} \Big/ \sum_{i=1}^{n} w_i^2$；

式中i=1,2,···,n表示研究区域内省份个数；（x_i，y_i）表示的是研究对象的空间区位也就是经度纬度坐标；w_i为权重；（$\bar{x}_i$，$\bar{y}_i$）表示各省份中心点地理坐标与重心位置坐标形成的坐标差；X和Y分别表示各自的相对地理坐标；$\tan\theta$可以得到分布格局的转角；σ_x和σ_y分别为沿轴X和Y轴的标准差。短轴主要反映次要趋势方向的离散程度，长轴主要反映主趋势方向的离散程度。

（二）沿海地区海洋经济效率空间动态分布

海洋经济效率空间动态在2000—2015年存在明显的演变，总体而言呈现出东北一西南的移动趋势，并且最终向东北方向移动。从椭圆的重心、方向和范围对中国海洋经济效率的空间动态变化进行刻画，可以看到椭圆的面积显示出

一个先增后降的过程，表示海洋经济效率的分布先扩大后缩小。2005年、2008年、2010年为三个转折点，2000—2015年的海洋经济效率重心移动轨迹分成了四个阶段。

重心转移沿着一定的方向，2000—2005年、2008—2010年海洋经济效率重心存在明显向西南偏移的趋势，2005—2008年、2010—2015年海洋经济效率重心存在明显向东北偏移的趋势，并且向北的总距离超过了向南的总距离，向东移动的总距离超过了向西的总距离，南北移动的总距离是东西移动总距离的10. 6倍；总位移29. 14千米，向东移动16. 4千米，向北移动141. 7千米。其次在海洋经济效率重心总体主要呈东北—西南分布，2000—2005年由东部海洋经济圈向南部海洋经济圈方向转移；2005—2008年海洋经济效率重心向东部海洋经济圈方向转移；2008—2010年再次向南部海洋经济圈方向转移；2010—2015年则转向北部海洋经济圈。

从标准差的椭圆分布形状来看，短轴标准差较小，分布方向为东北一西南；长半轴和短半轴的标准差先减小后增大：2000—2009年之前长半轴和短半轴的标准差都逐渐减小，椭圆面积因此逐渐减小，说明海洋经济效率在东西和南北方向上都是收缩的趋势；2010—2015年之后长半轴和短半轴标准差都开始逐渐增大，并且椭圆面积不断增大，表示与现阶段中国的环渤海、长三角、珠三角三大经济圈的发展现状相吻合，海洋经济效率在东西和南北方向上均呈现出分散趋势，北、东、南三个海洋经济圈势均力敌，呈三足鼎立之势。

海洋经济重心转移的主要原因涉及以下几个方面：首先，2000—2005年市场经济确立后的第一个五年计划“十五规划”，主要目的是大力发展市场经济，促进经济增长。此时南部沿海地区占据先天资源条件优势，尤其海南省的海洋经济效率上升迅速，效率重心由东部海洋经济圈向西南方转移。其次，2005—2008年的“十一五规划”提出建设资源节约型和环境友好型社会，发展新兴技术和提高服务业。此时环渤海沿海地区和长三角沿海地区在科技和生态环境方面的边际效益开始凸显，经济效率明显提升，重心北移。再者，2008—2010年效率重心向东部沿海经济圈转移：上海是重要的国际经济、金融、航运、贸易中心，多年来一直保持世界第一大港的地位；江苏发挥着中国重要交通枢纽的功能，并打造沿海新型工业基地；浙江是中国大宗国际物流中心，并且强大的经济实力做后盾使生态和环境保护方面也取得良好效果，这些都使东部沿海经济圈海洋经济效率领先三大经济圈。最后，2010—2015年国家经济发展进入新常态，国家相继提出了发展海洋强国、“一带一路”等与海洋经济发展相关的政策，此外京津冀一体化的开展、山东蓝色海洋经济区的建设、上海自贸实验区的成立，都促进了效率重心逐渐向北偏东转移。

（三）三个海洋经济圈内部海洋经济效率空间动态分布

中国沿海海洋经济效率在整体上呈现出北东南三级格局分布，存在明显的地区差异。本章节中根据国家海洋经济规划的总体布局，分别对北部、东部、南部三个海洋经济圈进行研究，以求更细致明确地展现各区域内部海洋经济效率的空间动态演变。

北部海洋经济圈的标准差椭圆呈东北-西南方向分布，圈内海洋经济效率分布不断极化，重心转移大致呈L状：长轴和短轴的标准差都呈减小趋势，椭圆面积不断缩小，主要分为2000—2010年、2010—2014年、2014—2015年三个阶段。首先，2000—2010年效率重心向西偏北转移，天津作为最早的沿海开放城市，有着雄厚的经济基础，2005年天津滨海新区成立，为天津海洋经济的发展提供了新的引擎，并且在京津冀一体化过程中，天津市不断增加科研投入，提高科研的利用率，这都为天津市的发展提供了强有力的支撑。山东省拥有强大的科研实力，在国家提出打造“山东半岛蓝色经济区”的国家策略下，其海洋经济效率提升的速度也在不断加快。其次，在2014—2015年“十二五规划”的发展末期，效率重心大幅度向西北方向转移，天津市海洋新兴产业迅速发展，海洋生物医药、海洋装备制造等都得到了较大程度的发展，传统产业得到不断的升级和改造，《天津市科技兴海行动》政策实施的边际效应开始显现。2003年中共中央、国务院发布《关于实施东北地区等老工业基地振兴战略的若干意见》，辽宁沿海作为东北地区唯一出海口，在两次东北振兴格局中均发挥着重要的区位优势，海洋经济效率由无效达到弱有效。

东部海洋经济圈标准差椭圆呈西北-东南方向分布，海洋经济效率地区差异不断增大：长轴标准差呈波浪式上升，短轴标准差呈波浪式下降，椭圆面积总体不断下降。重心移动的轨迹可以分为2000—2010年、2010—2015年两个阶段。2000—2010年，效率重心由西南向东偏北（上海）转移：作为首批对外开放城市，上海拥有雄厚的经济基础，北接江苏、南临浙江，区位优势明显，其海洋交通和海洋船舶业在全国保有领先地位，海洋生物医药、海洋装备制造业等新兴产业快速发展，形成了以海洋三产为主的特色产业结构。另外，在海洋环保方面实施两轮“环保三年行动计划”，有效监控了海洋生态状况。2010—2015年效率重心继续向东北方向偏移，但是东偏幅度较大，原因主要为上海的海洋经济效率继续领先；在“十二五规划”初期阶段，国务院批复《浙江海洋经济发展示范区规划》，使其成为首个国家级海洋经济示范区规划，该规划将浙江省海洋经济发展纳入国家策略：浙江省较早推行资源市场化配置，市场机制规范、灵活，因此，在海洋经济优化配置、促进海洋经济可持续发展方面取得了优秀的成果。

南部海洋经济圈标准差椭圆呈东北-西南方向分布，地区内海洋经济效率分布集中，海洋经济效率地区差异显著：长轴标准差先升后降，短轴标准差呈现出波浪式下降，椭圆面积不断减小。根据重心转移规律，可以分为2000—2009年、2009—2015年两个阶段。2000—2009年主要是海洋经济效率重心向西南方向（海南）转移，其原因为海南拥有丰富的油气矿产等资源，以海洋油气利用为主的海洋新兴产业迅速发展，此外滨海和海岛的旅游业发达，海洋三产比重可以达到50%以上，其生态环境水平优越，海洋经济效率高。2009—2015年效率重心向东北方向（广东、福建）转移，其原因主要为广东、福建两省的海洋经济起步早，依托珠三角区位优势，海洋产业结构不断推进、调整、升级，并且发展战略性新兴产业和高新技术产业，不断增强科技创新能力，强化海洋资源集约利用和生态环境保护，在海洋经济效率方面占据着显著的优势。

三、沿海地区海洋经济效率的影响因素分析

（一）变量选择

在对海洋经济效率影响因素的相关文献进行研究后发现，狄乾斌等从海洋经济发展水平、陆域经济发展水平、政府对海洋支持力度、海洋产业结构、经济对外开放水平、海洋科研人力资本方面等方面入手，使用回归分析法对海洋经济综合效率的影响因素进行了研究；赵林等分别从海域、陆域、科技、政府、

环保、对外开放方面选取指标，使用回归分析法分析了海洋经济效率的影响机制；丁黎黎等使用面板回归模型，利用海洋经济视角、陆域经济视角、政府监管视角选取指标，分析了海洋经济效率的影响因素；邹玮等从海洋经济相关领域出发，选取产业结构、经济发展水平、区位优势等指标，分析了环渤海地区海洋经济效率时空演化的影响因素。在对以往相关研究进行分析总结的基础上，结合本文的研究目的与实际需要，选取海洋经济效率作为因变量，海洋经济的区位优势、产业结构水平、科研水平、环保水平、政策支持力度、陆域经济发展水平几个方面选取合适的指标作为影响海洋经济综合效率的自变量。具体指标阐释如下：

（1）海洋经济区位优势。使用海洋经济区位熵（X1）来表示，区位熵又被称作专门化率，简单来讲就是比率的比率，是衡量某一区域要素的空间分布情况时一个很具有辨识度的指标，它可以反映某一产业部门的专业化程度。海洋经济区位熵指的是该省份海洋生产总值在沿海11个省市区海洋生产总值中所占的比重与该省份国民生产总值在沿海11个省市区全部经济生产总值中所占比重的比例，在一定程度上反映了海洋经济在整个国民经济发展中的地位。

（2）海洋产业结构水平。用海洋产业结构（X2）来表示，产业结构的合理优化能够促使资源要素的重组和产业的集聚，通过合理优化资源配置，形成“结构效应”和“正外部效应”，从而提升地区的经济效率水平。海洋经济第一产业作为传统的资源型产业主要包括海洋捕捞业、海洋水养殖业和海水增值产业，发展潜力可挖掘空间小，对海洋经济效率提升作用有限。海洋第二产业主要包括海洋船舶、海洋油气、海洋盐业等，第二产业的经济效益较为可观，但是会对生态环境造成一定的破坏，对提高海洋经济效率有较大的环境制约作用。海洋第三产业主要指为海洋开发和利用服务的产业，如滨海旅游业和海洋公共服务业等，海洋第三产业收益高、污染少，当下其比重是判断海洋经济发展水平的标志。因此，采用第三产业占海洋GDP比重来表示产业结构水平。

（3）海洋科研水平。用海洋科研人力资本（X3）来表示，海洋科技发展水平的高低对于提高资源的利用率、减少污染排放、增加经济产出具有正向作用，从而在典型的海洋经济投入产出系统和资源环境经济系统基础上，可以通过提高海洋科技发展水平来提高海洋经济效率。高水平科研队伍是高质量科研成果产出最基本的条件，海洋科研水平可以用海洋科研人数与涉海从业总人数的比值来衡量。

（4）海洋环保水平。用海洋环保技术水平（X4）来表示，在发展海洋经济时可能会产生一些环境污染物，这些污染物会对海洋生态系统造成危害，最终影响海洋经济的可持续发展，并且制约经济效率的提高。单位海洋GDP能耗，不仅可以反映海洋资源的利用效率，而且可以用来反映节能降耗的水平，因此可以用来表示海洋环保水平。

（5）海洋经济政策。选取海洋经济政策影响（X5）来表示，为了转变海洋经济发展方式，调整产业结构，在海洋经济发展过程中，政府往往会制定与海洋经济发展相关的规划和政策。常见的有海洋经济发展规划、海洋行业标准及环境政策等，通过从宏观上对海洋经济发展做出调控，来弥补市场机制调节中的不足。政府财政收支中的支出在一定程度上可以反映政府的活动方向和范围，以及财政资金的分配关系。因而海洋经济政策影响指标用该省市对海洋经济的投资总额表示。

（6）陆域经济发展水平。用陆域人均GDP（Z1）来表示，某种程度上可以认为海洋经济是陆域经济的延伸，陆域经济和海洋经济是相辅相成的关系，陆域经济的发展可以为海洋经济的开发提供资金和技术支持，海洋经济可以为陆域经济的发展提供资源和空间，因而陆域经济的发展水平对海洋经济效率的提升具有重要影响。

（7）对外开放水平。用进出口贸易总额与陆域GDP比值（Z2）来表示，对外开放水平代表了利用外资和吸收外来技术的能力，提高对外开放水平是参与国际竞争和合作的重要方式。

（8）政府对海洋科技支持力度。用政府对海洋科技投资（Z3）来表示，政府对海洋科技的支持力度代表了政府在相关领域与发展方向的引领作用，政府行为会吸引相关资源的集聚，政府有目的的引导是提升海洋经济效率不忽视的一个重要因素。

（二）面板门槛模型构建

门槛效应（Threshold Effect）是指当某一个经济参数达到特定的临界值后，引起另一个经济参数发生方向上或者数量上变化的结构突变现象，该经济参数的临界值即为门槛。门槛回归的核心思想就是确定导致经济系统结构发生突变的临界值，即结构变化内生于经济系统内部，一定程度上避免了主观判断临界值导致的统计误差和估计偏误。面板门槛回归模型为非单一线性计量模型，以某一变量为门槛变量，有效捕捉被解释变量随门槛变量变化可能发生变化的临界点，即门槛值，以更准确展示回归系数的变化。

在中国沿海地区海洋经济效率影响因素研究上，以往的学者们付出了大量的心血，针对不同时间段的同一影响因素产生的效果，不同的研究者得出了不同的结论，如邹玮等研究者得出沿海地区的经济发展水平并不能显著影响海洋经济效率的结论，而赵林等研究者则认为沿海地区经济发展水平对海洋经济效率具有显著的正向影响。因此，在海洋经济效率的影响因素与海洋经济效率之间极有可能会存在使影响程度发生变化的门槛值。本文以海洋经济效率（Y）为因变量；以海洋经济发展区位熵（X1）、海洋产业结构（X2）、海洋科研人力资本（X3）、海洋环保技术水平（X4）、海洋经济政策影响（X5）为解释变量；陆域经济发展水平（Z1），海洋产业结构（X2）、海洋科研人力资本（X3）、海洋环保技术水平（X4）、海洋经济政策影响（X5）为与核心解释变量对应门槛变量；陆域经济发展水平（Z1）、对外开放水平（Z2）、政府对海洋科技支持力度（Z3）为控制变量（为防止数据不平稳，对其取对数），构建面板门槛模型。借鉴Feenstra等面板门槛模型，构建海洋经济效率影响因素面板门槛模型，具体模型如下：

$$\begin{aligned}Y_{it} = {} & \alpha + \beta_1 X_{it} \times I(M \leqslant \delta_1) + \beta_2 X_{it} \times I(\delta_1 < M \leqslant \delta_2) + \beta_3 X_{it} \times I(\delta_2 < M \leqslant \delta_3) \\ & + \beta_4 X_{it} \times I(\delta_3 < M \leqslant \delta_4) + \beta_5 X_{it} \times I(\delta_4 \leqslant M) + \gamma_1 Z_{it} + \gamma_2 Z_{it} \\ & + \gamma_3 Z_{it} + \mu_i + \varepsilon_{it}\end{aligned}$$

式中：i和t分别表示省份和时间；Y_{it}为被解释变量，X_{it}为核心解释变量，Z_{it}为控制变量；α为截距项，β_i为核心解释变量估计系数，γ_i为控制变量估计系数；M为门槛变量，δ为待估的门槛值，$I(\cdot)$为示性函数；μ_i表示不随时间变化的各省截面的个体差异，即模型为个体固定效应模型；ε_{it}为随机干扰项且服从独立分布。

（三）门槛回归估计

在使用面板门槛模型分析海洋经济效率的影响因素，可以分析解释变量对被解释变量的边际影响是否存在拐点，并且可以判断拐点前后会发生怎样的变化。在进行面板门槛回归估计之前，第一步要对模型的非线性门槛效应进行检验，即确定是否存在门槛效应以及确定门槛个数。本文在方法上借鉴了以往吴伟平和刘乃全研究中的做法，使用Stata13. 0软件分别对模型的单一门槛、双重门槛和三重门槛效应进行了检验。并利用自主抽样法（Bootstrap），通过500次重复抽样估算大样本渐近*P*值、*F*统计值，和统计量在1%、5%和10%显著性水平上分别对应的临界值。具体检验结果见表5–3。

表5-3 沿海地区海洋经济效率影响因素门槛估计结果[48]

年份	环渤海贡献率	长三角贡献率	泛珠三角贡献率	经济区内贡献率	经济区间贡献率
1996	17. 466	3. 891	74. 902	96. 259	3. 741
1997	−23. 258	−9. 689	−120. 874	−153. 81	253. 821
1998	−19. 839	−8. 312	−101. 298	−129. 449	22449
1999	40. 862	4. 002	50. 479	95. 342	4. 657
2000	11. 864	0. 824	70. 627	83. 316	16. 64
2001	14. 388	1. 638	65. 771	81. 796	18. 204
2002	12. 58	10. 095	32. 538	55. 213	44. 787
2003	40. 18	33. 309	330. 617	404. 106	−304. 106
2004	84. 206	293. 193	−306. 985	70. 414	29. 586
2005	71. 156	178. 271	−183. 105	66. 322	33. 678
2006	36. 735	117. 325	−61. 913	92. 147	7. 853
2007	47. 3	119. 905	−76. 546	90. 658	9. 342
2008	50. 307	118. 75	−76. 203	92. 855	7. 145
2009	40. 968	97. 034	−22. 800	115. 203	−15. 203
2010	30. 351	68. 588	−23. 199	93. 399	24. 260

通过表5–3可知，当将陆域经济发展水平设置为门槛变量，海洋经济区位熵为核心解释变量时，海洋经济区位熵值在海洋经济效率10%的显著性水平上存在显著单一门槛效应；当将海洋科研人力资本设置为门槛变量和核心解释变量时，在10%的水平上存在显著单一门槛效应；将单位海洋GDP能耗设置为门

槛变量和核心解释变量时，在10%的显著性水平上存在显著单一门槛效应；将海洋产业结构设置为门槛变量和核心解释变量和将海洋经济政策设置为门槛变量和核心解释变量时，则对海洋经济效率不存在门槛效应。所有变量对海洋经济效率的影响均不存在双重和三重门槛效应。

在门槛参数回归结果中，以陆域经济发展水平为门槛变量，海洋经济区位熵为核心解释变量时，以0.9为临界值存在单一门槛效应；以海洋产业结构为门槛变量和核心解释变量时，不存在门槛效应；以海洋科研人力资本为门槛变量和核心解释变量时，在10%的显著性水平上存在单一门槛；以单位海洋GDP能耗为门槛变量和核心解释变量时，则存在以0.46为临界值的单一门槛；以海洋经济政策为门槛变量和核心解释变量，不存在门槛效应。

当陆域经济发展水平小于0.9万元/人时，海洋经济区位熵与海洋经济效率是负相关关系。海洋经济起步稍晚，起初只是作为陆域经济发展的空间延伸以及资源补充，海洋经济一定程度上依赖于陆域经济，因此陆域经济发展水平较低时，对海洋经济更多的是索取；当陆域经济发展水平大于0.9万元/人时，陆域经济的发展更加成熟，有更多资源扶持海洋经济发展，陆域经济开始反哺海洋经济，海洋经济区位熵对海洋经济效率提高起到正向促进作用。

海洋科研人力资本存在单一门槛，以每1000个海洋从业人员中有1.42个海洋科研人员为临界点。当科研人员比例小于临界值时，海洋科研人力资本与海洋经济效率之间是正向关系，此时海洋科研人力资本吸收外来科技并进行科技创新，对于还处于粗放发展阶段的海洋经济起到促进作用；而当大于临界值时，海洋科研人力资本对于海洋经济效率的提高作用并不显著。其主要原因是中国海洋经济还处于产业结构转型过程中，多数地区以劳动密集型海洋产业为主，高新技术产业需求有限。此外，国内海洋科技成果内生技术创新不足，产品技术多来自于对外模仿，真正的科技产业和产品转化率不高。

单位海洋GDP能耗即海洋科技环保水平与海洋经济效率为非线性关系，以0.46为临界点存在单一门槛。当海洋每万元GDP能耗小于0.46时，海洋科技环保水平促进海洋经济效率提高，即海洋GDP能耗倒数每提高1个单位，海洋经济效率提高0.53。当单位海洋GDP能耗大于0.46时，海洋科技环保水平对海洋经济效率提高的促进作用不明显。因此，在发展海洋经济时，应致力于提高海洋科技环保水平，提高资源利用率，减少生产单位产品时的能耗。

陆域经济发展水平、海洋产业结构、海洋科研人力资本、海洋经济政策与海洋经济效率之间的关系是正向的，地区对外开放水平与海洋经济效率的关系是负向的。在陆域经济发展到一定程度后，海洋经济被开发，海洋经济为人类发展提供了更多人类生产时所需要的空间和自然资源。因此，海洋经济是陆域经济的延伸。陆域经济为海洋经济的发展提供了更多的人力支持、物力支持与财力支持，所以陆域经济是海洋经济的腹地。也因此陆域经济的发展对海洋经济的发展有显著的正向促进作用，在今后海洋经济的发展中，应当更加注重海陆之间的协调性，促进海陆经济的协同发展。海洋第三产业比重与海洋经济效率之间的关系密切，海洋第三产业比重的提高对海洋经济效率的提高起着重要的影响。在中国，大部分沿海地区的海洋三产占比都不是特别高，在改善产业结构和提高三产内部经济效率的道路上还有很长的路要走。政府对于海洋科技的支持力度可以有效促进海洋经济效率的提升，但是影响的程度比较小。在未来，政府应当提高对海洋科技的支持力度，并引导海洋科技成果及时有效的转化为海洋产业和产品。海洋经济政策与海洋经济效率之间是正向关系，海洋经济政策力度每增加1个单位，海洋经济效率就会增加0. 24个单位。在上文的分析中，我们发现海洋经济政策在国家以及地区的海洋经济效率的时空动态演变中起到非常重要的作用。因此，在以市场为经济调控主导的基础上，必须加强政府对经济的宏观调控作用，将政府对于经济发展的参与程度控制在合理的范围内，避免因政策造成的人力物力浪费，并积极倡导政府扶持与产业自主发展相结合。虽然地区对外开放水平提高可以促进海洋经济的发展，但是也可能导致发达国家为避免自身环境变差，而将污染高消耗大的海洋产业转移到发展中国家的现象。中国的出口商品中所占比重较高的是初级产品和资源性商品，因此在国际剪刀差状况下对于提高海洋经济效率的效果并不明显。

第五节　沿海地区海洋资源开发强度的时空演化格局与影响因素

一、海洋资源开发强度理论基础

（一）海洋资源开发相关理论

1.资源稀缺理论

随着工业化的发展，人类对自然的改造能力及索取能力有了极大的增长。另一方面，随着人类继续追求现代生活，广阔的土地变成了乡村景象和现代化的都市。另一方面，越来越多的人开始有能力获得更多的资源。从第一次工业革命时期（也称为“蒸汽时代”）开始，对煤炭的需求激增，到第二次工业革命，许多钢铁和石油巨头公司都建立起来。在此期间，对钢铁和石油的需求大大增加，人类开始大量的建造铁路，工厂和钢结构建筑。第二次世界大战后，许多发展中国家独立发展，例如东亚和南美。在此期间，人类更加掠夺自然资源，而且它增长迅速。在社会和工业的长期发展过程中。许多不可再生资源已经得到了广泛的开发和利用，并且资源短缺正在逐渐增加。这种资源持续枯竭的现象引起了许多学者的关注，马尔萨斯提出自然资源绝对和相对稀缺理论。在他所写的《人口论》和《政治经济学原理》一书中，他认为自然资源的稀缺性是由于人口增长的数量以及土地提供的生产和生活材料增长的不平等所造成的。约翰·穆勒指出：“有限的土地数量和较低的土地生产力是限制人口增长和生产进一步发展的主要因素。”第二次工业革命中期的新古典经济学代表——马歇尔和庇古认为当前资源稀缺状态与经济增长之间关系的关键是不同资源和不同过程的最优分配。同时，马克思提出了劳动价值论，发展了环境资源稀缺论，并探讨了资源使用价值与交换价值之间的转换。资源短缺理论解释说，随着资源的供应保持恒定并且需求逐渐增加，该供应的弹性发生变化，最终该资源变得越来越稀缺。海洋资源蕴藏量巨大，但在当前的技术条件下，大多数资源都难以获得。如果固定资源面临着人类的持续剥削，并且对这种剥削的需求继续增加，那么这种情况将使它们变得稀缺。因此，深海资源的未来发展，可用资源数量的扩大，当前资源开发的科学管理，资源的社会和经济价值最大化，采矿的可持续性已成为我们研究的重要课题。

2.产业布局理论

产业布局是在不同地区，不同行业或者是不同产业中，对不同资源（包括自然资源、劳动力资源、产业资源、科技研发力量、土地资源等）的协调分配，实现最大的经济和社会效益。它是当今国家和地区进行产业转型、产业升级和产业转移长期规划的主要手段。从诞生到发展，产业布局区位理论经历了三个阶段并逐渐成熟。第一阶段是以韦伯的工业区位理论和杜能的农业区位理论为代表的。古典区位理论以单个城市或工厂为假设中心，忽略了市场、劳动力、资本、基础设施和其他条件，以及风险资本、政府计划和其他易变要素。主要强调成本和运费的最小化。设置条件太理想了，但仍然对现代工业企业的发展产生重大影响。第二阶段是近代区位理论。主要代表包括费特的贸易区位选择理论，廖什的市场区位理论和泰勒的中央地理理论。由于工业发展过程的不断加速，许多国家的许多城市正在出现城市化和工业化。在日益增长的环境下，如何为工业企业选择最佳地理位置并最大程度地利用竞争和需求带来的好处一直是许多学者关注的焦点。费特先生是其中一位代表，他认为运输和生产成本对公司的竞争力有重大影响。同时，近代区位理论取得了许多突破。目标和分析选择不仅考虑单个目标或区域，而且将周围环境与市场、资本和交通状况等因素结合在一起。市场影响力在工业布局中的地位正在逐步增加，这与经典的区位理论不同，后者只考虑生产成本和运费。第三阶段主要是指现代区位理论，包括行为、社会、计量等流派。现代区位理论更加注重所有地区的生产、贸易、运输以及价格和环境保护等因素，从单一追求经济产出到追求经济发展、资源开发利用与环境保护共存的方向转变。通过实地研究和应用研究模型的结合，从理论假设和推论到变化的研究模型。尽管上述理论研究主要涉及陆地工业，但海洋工业本身不能形成自我进化的内部机制，因为没有足够的产业链。海洋产业从生产到积累，辐射和扩散的发展过程仅通过与陆地工业的相互作用而形成。如，海洋石油和天然气的开采需要由石油和天然气冶炼公司在陆地上进行处理，然后才能转化为汽油、天然气和其他可以在市场上出售的产品。因此，在海洋产业布局的理论研究以及实践中，除利用海洋和陆地产业布局的共性之外，与陆地产业相比，我们还应注意海洋产业布局的个性化。在海洋工业的未来发展中，它不能单方面自成一体，也不能局限于海洋工业或单一工业的发展。需要对海洋工业的所有部门进行全面了解，以实现跨行业的多领域分层工业布局。同时，产业发展观还需要有效推进陆海一体化发展道路，有效地传递沿海和内陆地区的经济发展，扩大海洋产业的辐射范围和市场潜力。另外，产业布局问题不只是经济问题，它是与生态和环境有关的环境问题，也是与社会的长期发展有关的社会问题。海洋产业的布局要求遵守国家和政府关于海洋生态文明的指导方针，坚持“绿色”发展理念，并结合相关的经济，生态和环境理论以改变固有的经济利益。发展政策将生态和环境损失及补偿机制纳入产业布局和区域规划，以确保该产业朝着可持续发展的方向发展，同时提供长期资源利用、区域产业计划和发展计划。建立生态补偿机制和监测体系，在增加社会发展和工业增长含金量的同时，减少环境损失。

3.比较优势理论

比较优势理论在其产生和发展过程中经历了四个阶段。1776年，英国的亚当·斯密在《国富论》的分工理论中提出了绝对优势理论。这个理论有两个方面：绝对成本和绝对效益。亚当·斯密说，人类交换的需求导致了分工与合作，分工会极大地促进社会劳动生产率和个人劳动生产率的提高，并且带来成本的绝对收益和绝对优势，他认为，每个人都应专注于自己擅长的领域和行业，并使用对自己最有利的产品与他人交换。即使对于国际分工，也可以最大程度地受益。因此，亚当·斯密在支持贸易自由，同时抨击贸易壁垒和封闭国家。当时，他的理论在英国和欧洲迅速流行。亚当·斯密的绝对统治理论并不适用于所有国家和行业。绝对优势理论仍然不能回答许多问题。如果国家或工厂没有绝对优势怎么办？在各个方面都具有绝对优势的公司，这笔交易如何顺利地进行？或者，尽管主流产品的优势相似，该如何进行区域或者是国际分工？绝对优势理论不能解释所有的分工问题。在海洋资源开发中，资源质量、数量和难度可以说是资源开发的绝对优势之一。但是，并非所有拥有丰富海洋资源的国家都能发挥出它的绝对优势，其他影响因素也是产生影响的原因。例如，国家工业需求、技术成熟度、市场价格趋势、国家能源战略、市场距离、环境影响、熟练工人或工人人数、资本支出等都与海洋资源的开发有关。为了弥补绝对优势理论的许多缺点，大卫·李嘉图提出了比较优势理论表明，国家可能没有绝对优势，但是只要有贸易，肯定就有比较优势，因为双方都可以通过贸易获利。无论是一个家庭还是一个国家，所有行业或活动中的生产技术或生产效率都有优劣之分，这样就形成了比较优势。农民或国家应出口或出售存在最高相对优势的商品或服务，而进口或购买最没有相对优势的商品或服务，以使自己获利。例如，西方人在清末晚期进口中国的绸缎是由于工艺精湛，而不是因为成本。随着中国被迫开放，西方纺织品以低价大量倾销，迅速占领了中国市场。这是现实中相对优势理论与绝对优势理论之间的差异。赫克歇尔-俄林（H-O）理论表明，国际劳动分工和贸易的产生主要由要素禀赋的差异形成。这种差异不仅包括土地和资源等自然因素，还包括技术、劳动力、资本和政府等因素。它认为一个国家应该出口集约化生产的产品，进口由稀缺资源或要素生产的产品。该理论是合理的，但并不完全适用。从生态文明建设和战略储备的角度看，中国政府对一些新发现的大型煤矿实施了保护和储存。内生比较优势理论表明，一个国家或地区的比较优势应该是动态的，而不是一成不变的。如果比较优势发生变化，则当地的产业结构和贸易结构必须相应地发生变化。海洋资源的开发和利用也是如此。与其盲目地遵循传统，而过分依赖某些资源优势，例如渔业资源、石油和天然气资源等旧海洋资源的开发和利用，不如关注深海能源、可再生能源、海洋化学能源以及其他新兴产业，并将不可避免地被其他落后地区所取代。

4.可持续发展理论

1987年，联合国世界环境与发展委员会将可持续发展理论定义为“既要满足当代人发展的需要，又不危及后代人满足其需要的发展”。从以上定义可知：（1）发展要消耗一些资源，即物质基础。无论是农业时代、工业时代、现代的信息时代，物质基础都是一个国家和地区的坚实基础。（2）通过改变高能耗、高排放、高污染、低产能、低效率的旧发展模式提出可持续发展的概念，以更好地开发和利用资源，减少资源的极大浪费，减少盲目性地开发利用资源，对于地理环境，不管是陆地还是海洋都有整体特征。1983年，吴传钧教授提出了人地关系体系理论，首先，可持续发展应与该地区可承载的资源和环境条件相协调。“发展与环境是有机整体。”发展必须注重保护环境。环境和资源状况既决定着发展速度，也是衡量发展质量、水平和程度的客观标准之一。其次，社会发展是人类社会的最终目标，可持续和发展之间存在着一致性。反之，可持续也为发展指明了发展方向和特点，可持续要求经济增长是绿色增长，摆脱传统的高消耗、高污染、高增长的粗放型方式。最后，可持续和发展之间存在着一定的矛盾。要保证发展的最终目标，就要发展生产，但过度追求发展就会产生资源、环境等问题，对可持续造成威胁，因此要平衡好可持续和发展之间的关系。可持续发展要求整体的海洋资源开发系统无论是内部还是外部要与其他系统相协调，并相互促进、共同提高，而不是相互排斥、阻碍。

（二）开发强度内涵及其作用机制

力学上的强度是指材料在外力作用下抵抗损坏和抵抗变形的能力。后来，强度指标被引用到各种学科的研究中，成为许多学科的观点之一。开发强度参照《国务院关于印发全国主体功能区规划的通知》的有关内容。开发强度指的是一个区域的建筑空间与该区域的总面积之比。建设空间是指人类对自然资源的利用和转化所占的面积。公共区域包括城市建设、独立的工矿、农村居民区、交通设施、水利设施和其他建设用地。开发强度分为开发主体与客体。开发强度表明开发主体对客体影响的程度。根据不同的开发客体，将开发强度分为资源、生态、空间开发强度等。开发主体是基础，它决定了可以被开发的每个客体的质量及规模。开发的阈值规定了开发客体的发展要基于特定区域的边界。如果超限制将会过度开发。如果不能缓解区域资源的过度开发，可能导致资源的供应能力减弱甚至消失。反过来，资源客体对主体的保护性开发将保持资源的可持续性，同时很好地发挥资源的经济价值。各种资源开发客体之间有着一定的矛盾或者互补关系。例如，对于相同类型的资源，当需求较固定时，资源开发的增加导致相同类型资源开发和需求下降，带动互补资源需求的增加。随着对海洋油气资源需求的增加，深海钻井以及平台作业的能力在不断提高，还带动了锰结核、可燃冰等一些深海资源的勘探开发取得新成果。

（三）海洋资源开发强度内涵的界定

现已有关于从陆地到海洋的各种资源的资源开发强度、土地资源和耕地资源等空间属性的演变的研究。国内对开发强度的初步研究主要集中在区域土地和耕地资源的研究领域。周炳中认为，资源开发强度指的是各种土地资源的开发和利用的程度，从几个方面的状况来表征资源的开发强度，包括：

开发活动的频率、规模、速率、资源变化以及资源反馈效应。宋小青认为资源开发的强度是通过人为干预资源的产出对资源自身产出能力的占用程度，以满足人们的生存和发展的需要。刘国霞、俞腾等提出了海岛和沿海地区资源开发强度的概念。曹可提出使用空间利用面积和单位空间资源消耗量来表示海域的开发强度。从上面的分析可知，资源开发的强度主要以人们利用资源数量与资源总量的比值来说明，但是在现实中，资源总量的一些指标是难以获得的，两者是通过比例来表示的。由于这种方法的价值较低等原因，所以在本文中，采用“内部资源承载密度”的方法来表示海洋资源的开发强度。但是，考虑到某些指标的总资源量是很难获取到的或者是部分指标两者之间的比值对现实社会的研究没有太多的参考价值，本文结合“区域内部资源承载密度”来刻画海洋资源的开发强度。在海洋资源系统中不同资源的存在形式和开发利用形式有非常大的差别。结合海洋资源开发产业的实际参考价值因素，在本文中，将海洋资源开发强度（Development Intensity of Marine Resources）定义为：衡量一个地区人们对海洋资源开发、利用以及改造作用程度。根据资源所属类型、属性和分布特征，海洋资源开发在总资源中所占比值以及承载密度来表示。例如，海洋渔业的资源总量数据很难准确地估算出来，并且季节变化大，研究价值比较低。这种资源用海洋资源承载密度来表示，包括渔业资源和旅游资源。海洋矿产资源总量在理论上是固定值，很难获得准确值，就可以用理论上的储量值替代。

二、评价指标体系的选取及构建原则

由于海洋资源的自身属性存在着差异，因此当海洋资源用于特定的行业中时，其开发、利用、加工甚至销售和服务也会不同。因此，在选择指标时不仅仅要考虑海洋资源的禀赋、海洋资源的开发利用量，还要考虑各种海洋资源与特定产业之间的关系以及海洋资源对社会的影响。真诚遵守中国海洋绿色生态文明建设的要求，积极倡导国际公认的可持续发展理念。根据依法、科学、适度和有序的原则，海洋资源开发强度研究指标通过大量有效数据，不同的测量方法，灵活使用不同的研究模型以及全面考虑不同因素来选取。

现阶段我们要严格遵守的原则：

（1）系统性 海洋是涵盖矿产资源、可再生能源、化学资源以及其他各种资源存储和演化替代的系统。海洋存储了各种形式的可以开发的资源，无论是水面、水体、海床还是大陆架都存储着各种资源。在研究海洋资源时，来自地面、水体、海床或大陆架各种形式的可开发资源。因此，有必要考虑资源的属性和代表性。

（2）典型性 选取的评价指标体系要相辅相成，避免重复。指标选取的内容要具有公认性和代表性，不能基于主观假设或单方面的语言得出结论。同时，选取的指标要在横、纵向之间有较大差别，以利于分析研究。

（3）可比性 所选研究区域因资源、人口、区域规划、经济发展水平等有差异，因此，指标的选择应主要是相对指标，应尽可能避免选择绝对指标。例如，仅包含数据的指标。

（4）可操作性 不管是确定指标，还是结果的后续计算和分析，都需要有详细且有效的数据来支持。要确定海洋资源开发的强度，如果没有系统和详细的数据来支持它，研究将无法顺利进行。

（5）区域性和均衡性 选定的指标应修改为具有区域特征。这是因为资源丰富度、需求水平和规模因地区而异。所以在选取指标时，除了要考虑到普遍性的海洋资源开发的影响因素外，还要根据特定研究领域的不同特征，选择不同的度量标准来衡量海洋资源开发的强度，实现不同区域之间的比较和部署。

三、中国海洋资源开发强度水平测度

（一）海洋资源系统及分类

海洋资源通常是指海洋自然资源和生物材料。它通常包括海洋矿产资源、海洋生物（捕鱼）资源、海水化学资源、海洋空间资源和海洋旅游资源等。海洋矿产资源是指海洋大陆架和深海底的矿产资源，例如，石油、煤炭、天然气、锰结核、沿海沙岩以及近些年发现的易燃冰。它们通常分布在大陆架和深水区。具有巨大的开发潜力，是未来海洋资源开发的重要方向之一。同时，采矿非常困难，尤其是对于战略资源，例如深海石油和天然气、锰结核和可燃冰。在产量和研究价值上以海洋石油和天然气为主。海洋化学资源主要是指海水中丰富的氯、硫、钠、镁、碘等元素，最典型的产品是海盐。海洋化学资源和海洋矿产资源之间最明显的区别是，海洋化学资源可以溶解在水中并使用最新技术提取。这样，化工产业就形成了。因此，海洋化学资源的存在和产业形态，以及其开发利用的差异，形成了单独的分类。海洋生物资源指海洋动植物。海洋动物主要包括软体动物、鱼类、贝类和哺乳动物。海洋植物主要是藻类。自中华人民共和国成立以来，中国的近海渔业持续增长，但其渔业质量却持续下降。此后，随着我国加强了对近海渔业的控制并积极发展了近海养殖，过度捕捞得到了缓解。海洋旅游资源通常包括两种类型的海洋自然景观和人文景观。自然景观通常是指由独特的天气、地形、海洋或海边以及其他具有装饰价值的海洋旅游资源形成的海洋生物。人文景观主要与沿海人长期居住和生活所形成的海洋文化有关，例如独特的建筑，独特的居住区分布以及祖先传下来的独特的民间习俗、民间节日、宗教信仰和文学艺术。由于其独特性和趣味性，海洋文化景观受到许多内陆人的欢迎。例如，东南沿海地区以其独特的文化习俗和美丽的自然景观已成为我国最受欢迎的沿海旅游目的地之一。海洋空间资源通常是指近海陆架和沼泽地的转化以及转化所占据的空间资源。它们通常包括：第一种是海上运输所占用的空间资源，例如海上机场、海上和沿海道路、沿海码头和港口；第二种是海洋生产所占用的空间资源；第三种是海洋储存空间所占用的空间资源，例如日本在东京湾的浅水区有大量的煤矿；第四种是海洋生活空间所占用的海洋空间资源，包括娱乐、住房、旅游、基础设施以及绿地占用的空间。许多国家非常重视海洋空间资源的开发和利用。最典型的例子是荷兰熟练地从海上获取大量土地，这不仅解决了发展空间不足的问题，而且在能源领域利用先进的风能和潮汐发电技术提供了足够的动力来弥补资源短缺问题。

（二）研究区域与数据来源

本文以海南、广西、广东、福建、浙江、上海、江苏、山东、辽宁、河北、天津这11个沿海地区作为海洋资源开发强度研究的目标区域。我国海洋资源的开发主要是进入21世纪之后。无论开发的类型如何，开发的规模和深度都得到了明显改善。在此期间，海洋资源研究的重要性和价值较高。从21世纪开始，从国家的角度来看，中国对海洋经济和海洋资源的兴趣逐渐增加。主要反映在海洋发展战略计划和海洋工业建设项目的快速增长以及海洋数据的详细程度上，统计数据也大大改善。海洋科学研究主题和学术成就的数量也在迅速增加。因此，本文的研究阶段将主要侧重于进入21世纪以来的研究。同时，所有关键指标数据的统计数据，例如确定海洋工程中使用的海域面积和人工海岸线的长度，均始于2002年，是核心指标。因此，调查期定为2002—2015年。本文选择的指标数据主要选自2003—2016年《中国海洋统计年鉴》。该项目用海确认区域数据来自中国国家海洋局的官方网站。海洋空间资源指数所需的海岸线长度和人工海岸线长度数据是通过收集以前的以及审查各省海域使用管理公报汇总得到的。其他指标所需的海岸线长度，近海区域面积以及海洋石油和天然气储藏量数据均基于各地区的《海洋功能区2011—2020》。

（三）海洋资源开发强度评价指标体系构建

根据系统性、可比性、典型性、区域性、可操纵性和指标平衡的原则，海洋资源开发强度的定义和含义，从包括海洋空间资源在内的五种资源类别中选择指标。对于不同的海洋资源，使用两种不同的形式来描述海洋资源开发的强度：“区域内资源开发密度”或“资源开发量占总量的百分比”。结合海洋分布的属性特征，利用海域和海岸线的开发强度来表征近海区域海洋空间资源的开发强度。海域开发的强度以项目中使用的海确权面积和海域总面积的比率来表征。项目的海事确认权的面积是指中央政府和地方政府已获得使用海域权利的海域面积。使用类型包括工业、渔业、交通、旅游和娱乐，以及海底工程、污水、造地工程等。借鉴现有土地和沿海地区开发强度的成果，通过生产的盐田面积与盐田总面积之比来衡量海盐的开发利用强度。沿海地区（沿海县）的A级风景名胜区的数量所在单位海岸线的密度用来代表海洋旅游资源的开发强度大小；海洋生物资源主要以近海养殖和近海捕捞（近海捕捞）的形式（远洋捕捞海域主要在公海，暂时不包括在内）在资源开发区使用密度来衡量开发强度，不仅考虑了水产区的分布面积，而且还能进行区域的比较分析，这也更加具备合理性。

表5-4 海洋资源开发强度测度指标构成及权重[49]

系统层A	类别层B	指标层C	评估方法	D-S权重
海洋资源开发强度A	海洋空间资源B_1	海域开发强度C_1	项目用海确权面积	0. 1982
		岸线开发强度C_2	人工海岸线长度/	0. 1250
	海洋矿产资源B_2	石油资源开发强度C_3	石油开采量/石油	0. 1337
		天然气资源开发强度C_4	天然气开采量/天	0. 1087
	海洋化学	海盐资源开发强度C_5	生产用盐面积/盐	0. 0561
	海洋旅游	海洋旅游资源开发强度C_6	沿海地区A级景点	0. 1617
	海洋生物资源B_5	近海水产资源养殖强度C_7	近海水产资源养殖	0. 1163
		近海水产资源捕捞强度C_8	近海水产资源捕捞	0. 1004

四、我国海洋资源开发强度时空演化特征

（一）我国海洋资源开发强度结果分析

综合计算可得我国沿海11个省区海洋资源开发强度值（见表5-5）。

表5-5 我国2002—2015年沿海11省区海洋资源开发强度

年份	2002	2003	2004	2005	2006	2007	2008	2009	2010	2011	2012	2013	2014	2015
天津	0. 333	0. 409	0418.	0. 442	0. 458	0. 486	0. 496	0. 533	0. 593	0. 620	0. 698	0. 753	0. 771	0. 757
河北	0. 271	0. 297	0. 335	0. 400	0. 432	0. 423	0. 482	0. 509	0. 533	0. 596	0. 562	0. 627	0. 686	0. 683
辽宁	0. 199	0. 198	0. 203	0. 215	0. 219	0. 232	0. 245	0. 249	0. 242	0. 256	0. 264	0. 292	0. 303	0. 315
上海	0. 183	0. 201	0. 210	0. 220	0. 226	0. 207	0. 220	0. 249	0. 204	0. 229	0. 239	0. 246	0. 252	0. 67
江苏	0. 188	0. 204	0. 223	0. 251	0. 260	0. 341	0. 338	0. 374	0. 380	0. 430	0. 438	0. 473	0. 497	0. 512
浙江	0. 164	0. 161	0. 166	0. 170	0. 178	0. 206	0. 188	0. 193	0. 185	0. 200	0. 208	0. 211	0. 224	0. 228.
福建	0. 228	0. 235	0. 227	0. 239	0. 235	0. 254	0. 254	0. 257	0. 255	0. 261	0. 260	0. 272	0. 299	0. 300
山东	0. 259	0. 250	0. 258	0. 258	0. 262	0. 272	0. 277	0. 283	0. 291	0. 309	0. 320	0. 335	0. 357	0. 380
广东	0. 145	0. 141	0. 159	0. 157	0. 163	0. 193	0. 175	0. 178	0. 181	0. 189	0. 196	0. 205	0. 210	0. 228
广西	0. 131	0. 127	0. 139	0. 144	0. 149	0. 156	0. 175	0. 200	0. 175	0. 186	0. 198	0. 221	0. 235	0. 267
海南	0. 085	0. 083	0. 089	0. 100	0. 103	0. 135	0. 110	0. 111	0. 111	0. 114	0. 120	0. 127	0. 137	0. 138
全国	0. 199	0. 210	0. 221	0. 236	0. 244	0. 264	0. 269	0. 285	0. 286	0. 308	0. 318	0. 342	0. 361	0. 370

我国海洋资源开发强度的均值从2002年的0. 199逐渐增加到2015年的0. 370，增长了86%。同时，从2002年到2015年，我国海洋资源开发强度值保

持稳定持续增长水平，表明我国海洋资源开发的产业化进程在稳步快速发展和推进。海洋资源总体开发强度也在迅速提高。随着我国的海洋经济发展逐渐进入转型期，许多海洋第一、第二产业，无论是受到生态环境还是经济利益的影响，都不利于海洋产业的长期发展。因此，在未来，不仅要增强海洋资源的开发能力，还要增强海洋资源的转化效率和资源的利用能力。2002—2015年，我国各省市海洋资源开发强度的变化趋势和变化幅度存在非常明显的差别。从表5-4可以看出，天津市的海洋资源开发强度和河北省的开发强度增速最快并且变化幅度最大，分别从0. 333和0. 271增长到2015年的0. 757和0. 683。天津和河北拥有丰富的海洋油气资源和完善的海洋油气产业体系。他们依靠人口密集、市场需求大的京津冀都市圈。旅游景点的开发、近海渔业的养殖与捕捞以及交通运输等的需求量也很大，但两个地区的入海口单一且狭窄，沿海地区城市化与工业化的改善促进了海洋资源开发强度的增加。

在沿海地区的开发过程中江苏发展非常迅速，但是与天津和河北相比仍有差距。江苏有着十分丰富的渔业资源和油气资源，位于长江口和两翼地区。在港口建设、城市化建设、沿海旅游、沿海工业产业等方面已具备了规模。同时，由于江苏地势比较平坦，有许多湿地，很适合进行近海养殖。所以，江苏省已成为我国重要的海洋牧场建设基地之一。上海的海洋资源开发强度值从2009年的249迅速下降到2010年的0. 204，此后上海继续增长。上海海洋资源开发集中在海洋空间和沿海旅游业的开发，主要是在海上港口和航运以及新开发的深海油气开采。其余七个省和地区海洋资源开发的强度和增长率相对较低，部分年份还会出现下降的情况。其中，辽宁、福建和山东的强度稍微高于其余四个省。这三个省的沿海地区大多数在我国沿海优先开发区的范围内，在渔业和沿海旅游业中有广阔发展前景。然而，这三个省和自治区面临严重的陆上和海洋污染、过度捕捞、近海水产养殖业分散化，没有组成一个体系。海洋产业发展水平低下以及产业特征不明确的问题。广东、浙江、海南四个省和广西壮族自治区都拥有良好的港口码头和十分丰富的海洋资源，但也存在着明显的问题：第一海洋产业所占的比重过大，而新兴海洋产业的发展不足。这些问题的存在使得这些省区的海洋资源开发强度提升缓慢，没有明显改观。从具有民间文化特征的海洋特色旅游的角度来看，这四个省区可以发展具有热带气候、沙滩岛以及独居特色的热带景观和民族风俗的旅游业。此外，严格控制近海的捕捞量，增加近海网箱的养殖面积，完善水产养殖风险补偿制度，增强抗御自然灾害的能力，完善海洋海鲜产品的加工业，为渔民提供稳定有保障的收入。

（二）海洋资源开发强度时间演化特征分析

选取我国2002年、2008年和2015年11个沿海省份的海洋资源开发强度来分析我国海洋资源开发强度在时间演变上的一些特点。从形状上看，2002年核密度曲线从“尖峰对称”的分布特征逐渐变化为“宽锋长尾”的分布特征，覆盖区间也逐渐延长。表明在此期间，中国11个省的沿海地区海洋资源开发强度的总体水平已经大大提高，但是区域之间的两极分化趋势变得也愈加明显。从峰度的角度看，2002年的核密度曲线呈单峰分布，对称性较好，坡度也比较陡峭，这表明海洋资源开发强度总体呈现出较低的水平。2009年的核密度曲线由单峰变为双峰，波峰的峰度迅速放慢，我国海洋资源开发强度的区域差异化程度迅速扩大，集中化趋势得到了一定程度的缓解。2015年，波峰的峰度进一步下降，表明海洋资源开发强度总体水平偏低的情况得到了很大的改善，总体分布也更加均衡。从位置的角度来看，从2002年到2015年，主峰在不停地向右移动，峰尾移动的趋势也更加清晰明了。这些现象都表明了中国海洋资源的开发强度总体水平在不断提高，但增长率和初始规模之间存在着差异，这种差异正在拉大各省和地区之间的差距。

（三）海洋资源开发强度空间特征及类型划分

结合中国11个沿海地区2002年至2015年海洋资源开发强度的计算结果。2002年，我国11个沿海地区海洋资源开发强度值最高的省份是天津市，海洋资源开发强度达到0. 333，这11个省份中没有一个省份的开发强度达到高标准，而有8个省的开发强度在低标准的范围。在此期间，沿海地区的整体发展强度较低，区域差异较小。2006年，天津和河北省的海洋资源开发强度值显着高于其他省份，并被划分为开发强度高的区域。山东、江苏和福建也达到了总体发展强度的一般水平，低发展强度地区降到6个。2010年，总体开发强度明显提高。天津和河北省被划分为高开发强度地区，江苏省在此期间取得了长足的发展，3个省区都在0. 38以上，与其他省和地区相比开发强度的差距正在逐步扩大。2015年，广西、辽宁和上海在此期间的开发强度在显著增长，低强度开发区的数量减少到3个。总的来说，河北、天津、山东和江苏的开发强度要比其他地区高很多。主要是由于海洋空间资源和水产养殖业开发过度，河北和天津沿海油气的发展，使得其开发强度比其他地区高出很多，海洋的生态环境也变得十分脆弱。

（四）海洋空间资源

海域开发的类型有很多,其中包括：填海造田、开放式的开发以及围海等。2015年，开放式的开发占比为89. 25%，围海和填海造田占比为8. 08%。江苏、天津、河北和辽宁海域开发的强度比较高，2014年江苏海域开发的强度为0. 152，为四个省市中海域开发强度的最高值。同时，江苏也是海域开发强度增长速度最快的省，2002—2015年，海域开发强度由0. 019增加到0. 146，它主要体现在农业和渔业的发展、城市建设和工业化建设、自然保护区的建设。天津拥有海岸线开发强度最高的实力，其开发强度值为1。河北和上海继天津之后，该数值均高于0. 8，仅上海的开发强度值从0. 88下降至0. 82。 广西的增长速度是最快的，从0. 32上升到0. 6。北部地区海洋空间资源开发强度较高，南部地区增速较快。随着海洋空间资源开发的不断简化和区域之间日益严重的差异化，中国沿海省市有明显的利用区域和资源的优势，他们须加快发展重点企业和一些特色产业，扩大产业链以及增强产业自身的驱动力和影响力。同时，应加强中国大陆相关产业之间的密切联系，促进交流与合作。最大限度地利用沿海技术和人才，使海洋产业得到更好的发展。充分发挥海洋产业的带动作用，为其产业结构的发展和转移提供良好的机会。

（五）海洋矿产资源

海洋矿产资源主要是指：深海的矿产资源、海洋的油气资源、沿海砂矿资源，等等。由于区域资源共享和开发利用存在差异，在已开发的省区中，天津和河北拥有丰富的油气资源，较容易开发，因此两个省的开发强度比其他省区高很多。2006年发展强度已提高到0. 1%以上。其他地区的开发强度低并且波动幅度大。目前，广东和海南两个省的油气资源开发正在慢慢地向深海扩展，拥有巨大的开发潜力，未来会成为中国重要的海上油气资源产地。但由于当前世界石油价格的大幅波动，油气开发也存在较大的波动。对此，地方政府应采取一些相关的政策措施，来支持海洋矿产资源的开发。还应通过阐明矿产资源的所有权来改变海洋资源无偿开发和不受管制的发展现状。优化布局并加强相关项目的环境风险评估和生态破坏补偿机制，更好地起到监督和控制的作用。重视环境保护和生态保护理念，逐步加强绿色、可持续发展的海洋生态文明发展理念。加强对高硫煤脱硫等能源清洁技术等的研究。增加用于海洋矿产资源开发的资金和技术投入，提高海洋资源的综合利用率，充分利用矿产资源。

（六）海洋化学资源

除上海外，各省海洋资源开发强度都较高。海南、福建、浙江、辽宁、河北、天津均处在在0. 75之上。广东、山东和江苏呈现逐年递减的趋势。海洋化工产业是中国海洋产业中的一个新兴产业，发展迅速且资源需求低，产品附加值高，有着非常好的市场前景。总体经济活动对海洋化工产品的生产和消费有着极大影响。因此，在我国沿海地区海洋化学工业发展过程中，海盐与纯碱等化工产品的原料、制造工艺、管理部门与资源进行了适当的整合，各种生产要素得到合理分配。化工产品产生的废水、废料进行合理的利用，以实现材料的最佳利用，这样既可以增加产品种类、减少资源的过度浪费，还可以减少对环境的治理成本。在海洋化学工业的研究过程中，还可以促进我国海洋制药工业的发展。特别是海洋中有许多未知的微生物和动植物有待研究和利用。这是医学界克服人类疾病的一种新的思维方式和新途径。

（七）海洋旅游资源

以2002年为节点，在这个节点之前，我国的海上旅游资源开发存在很多不足。之后，海洋旅游业随着其他海洋产业的发展和沿海地区的经济发展而迅速发展起来。江苏、上海、河北和天津的海洋旅游资源开发强度的增长速度明显快于其他省。2015年，这四个省区的开发强度达到每千米0. 55A级的景区。但是，除了上海之外的其他三省的发展强度非常有限，在0. 09以下。这些省区的海岸线漫长曲折，由于实施环境保护措施使得许多地区的开发受到限制，在某种程度上阻碍了海上旅游的发展。海洋旅游资源分为两部分：海洋自然旅游资源和人文主义旅游资源。当前，人们除了越来越关注海洋自然风光之外，也有很多人开始关注当地风俗、节日、文化和饮食等旅游景点的文化风光。因此，我们将着力于提升海洋文化的地域特色，阐明独特旅游的优势，打造整个地区乃至世界范围内具有独特魅力和鲜明特色的海洋旅游产业。更加明确政府与企业之间的双向关系，使地方政府成为海洋旅游业的推动者、监督者，实施海洋生态文明建设、加强监督管理、推进海洋生态系统发展的协调可持续。

（八）海洋生物资源

近海水产养殖、近海捕捞等海洋生物资源在中国海洋资源的开发中一直占有重要的地位。福建、广东、广西、海南的海上水产养殖实力相对较高。除了环渤海地区和上海，其余省份和地区的近海养殖强度均在逐渐上升。2007年后，上海慢慢从近海水产养殖业转向了其他产业。福建、浙江、江苏、山东、河北五省的近海捕捞开发强度均较高，而广西壮族自治区、广东以及海南三省相对较低，海南省的近海捕捞开发强度是最低的，14年的时间里，海南省近海捕捞的开发强度一直在0.6以下。海洋水生资源的总体分布特征呈现较高的趋势，北部普遍高于南部，尤其是渔业方面这种差距越来越明显。在陆地污染源的影响下，各沿海地区均受到不同程度的污染。许多捕鱼资源丰富的地区都面临着捕捞资源的枯竭问题。所以，我们要更加重视海洋渔业的过度捕捞，加强环境保护基础设施建设，控制向海洋排放的陆地污染物总量，使沿海地区的农业和城市污水对海洋的污染程度降到最小。在沿海地区水质保护和沿海水产养殖区水资源的保护与改善方面，中国沿海地区需要制定海洋生态环境保护的长期规划，完善监测体系，还要建立重大海洋污染事故的应急机制以及海洋灾害防御决策系统和预警机制。

五、海洋资源开发强度影响因素分析

（一）影响因素指标选取

开发和利用海洋资源需要人类的参与才能进行，进入现代社会以来，人类工业和社会科学技术得到迅猛发展，有利的工业发展环境以及人类素质的普遍提高，对人类的发展都起到了非常巨大的促进作用。实际上，它反映在经济发展、劳动力、产业特征、资本、土地和政府政策等各个方面。这些也是每个行业发展的关键因素。结合海洋资源的特征和开发利用的特征，结合现有的一些研究成果（王泽宇，2015；赵琳，2016），海上运输对海洋资源开发的影响增加了，土地对海洋资源的影响也被消除。将根据海洋资源的特征对某些指标进行更全面的修改。

本文总结了六个影响因素来探究我国海洋资源开发强度的演变，包括：海洋产业结构水平、经济发展水平、社会投资水平、人力科研水平、开放水平以及政府水平。海洋资源开发强度的时空格局演变是各种因素综合作用的结果。海洋经济发展水平反映了整个海洋产业发展的质量和效率，人均海洋生产总值是反映当地海洋产业发展水平最恰当的指标。海洋产业发展水平反映了海洋资源利用的结构特征。海洋固体资源是海洋资源开发的主要资源，矿产资源和生物资源也在资源开采中占很大比例。当资源开采成为主导，第二产业的产出和生产效率通常会高于第一产业的产值和生产效率。在第二产业占比较大时，海洋资源产业的发展水平也会比较大。社会投资水平反映了对当地海洋产业的注资情况，也是海洋产业活力最具代表性的指标。它改善了产业体系的上下游产业链，完善产业发展相关的配套设施，也提高了产业的抗风险能力。整个社会固定资产投资额反映了当地固定资产的置换情况，是促进当地产业以及促进整个社会发展的重要指标。对海洋产业结构调整具有非常大的参考价值。人类科学研究的水平是反映该地区海洋产业劳动力整体素质的指标。海洋从业人员中科学研究人员的比例表明了该地区海洋产业发展的整体水平，表明与海洋资源开发有密切联系的高新技术产业发展的状况。对外部世界的开放程度反映了区域海洋产业对外部和周边地区的紧密程度。在一定程度上可以体现海洋运输的发展水平、海洋经济的区域化水平和全球化。大型港口城市的码头数量反映了该地区大型港口城市的平均规模和运输能力。具有较高指标的地区，该地区的港口城市具有更大的与外部产业进行贸易和联系的能力。政府扶持力度是地方政府机构、单位、海洋产业有关的科学研究机构等为促进海洋工业产业的发展提供的帮助。它一方面源于政府部门的法律、法规和发展计划，另一方面源于地方工业和资源开发的研究。海洋科学研究所研究的项目收入占GOP的比重，反映了海洋产业的研究投入和产出对中国海洋产业的影响程度。同时，也反映了政府对海洋产业发展的关注。

综上，本文选择人均海洋经济总产值（X_1）、海洋第二产业在GOP中的比例（X_2）、全社会固定资产的投资额（X_3）、科研人员占海洋产业人员比重（X_4）、单位港口城市码头数量（X_5）、海洋科研机构课题项目资金收入占GOP比重（X_6），从6个指标对应6个方面分析我国海洋资源开发强度的影响因素。指标数据均来源于《中国海洋经济统计年鉴2003—2016》。

本文将面板数据的固定效应模型作为我们所要用的计量模型，进行了回归分析来研究我国海洋资源开发强度的影响因素。公式为：

$$Y_{it} = \beta_0 + Z_i\gamma + \beta_1 X_{1it} + \beta_2 X_{2it} + \cdots + \beta_j X_{jit} + \vartheta_{it}$$

$$\vartheta_{it} = \alpha_i + \mu_{it}$$

i表示省；t表示年；j是指标因子项；y_{it}表示海洋资源开发强度系数；α_i指常数项。代表各省区之间没有被考虑、观察到且不随时间而变化的差异性；Z_i是不随海洋资源开发时间而变化的常数项，但能体现各地区之间海洋资源差异性因素；γ是Z_i的常数项；X_{it}是随时间和海洋资源开发过程而变化的解释变量；β_i是解释变量的系数；μ_{it}是随机扰动项。

（二）面板数据结果分析

用2002年至2015年影响我国海洋资源开发强度指标的面板数据，使用EVIEWS 8. 0软件并用STATA来进行Hausman检验，最后得出检验结果为98. 26。并通过了1%的显著性检验，表明这个面板数据模型可作为参考方法。将指标数据用EVIEWS软件进行回归分析，结果如表5-6所示。

表5-6 基于面板数据模型的海洋资源开发强度时空演化的影响因素分析

Var	Coef	Std	t-Sta	Prob
LN（JJSP）	0. 047	0. 017	2. 713	0. 008**
LN（CYJG）	0. 838	0. 105	8. 000	0. 000***
LN（SHTZ）	2. 28E-06	1. 02E-06	2. 242	0. 027***
LN（RLKY）	109. 764	27. 807	3. 947	0. 000**
LN（DWKF）	-0. 0003	8. 41E-05	-4. 122	0. 000***
LN（ZFFC）	-2. 097	0. 765	-2. 741	0. 007***
C	-0. 141	0. 043	-3. 240	0. 002***
调整后的R^2	0. 721			
F-sta	39. 52			
Prob（F-sta）	0. 000***			

（1）对模型因变量的影响调整后的R^2为0. 721，从结果可以看出模型的拟

合度良好。所有变量都通过了5%的显著性检验，表明结果较为科学合理且拟合程度良好。具体影响因素分析的结果如下。

海洋经济发展水平对开发强度的影响系数为0.047，这表明海洋经济的发展水平对促进海洋资源开发具有非常重要的推动作用，也显示出海洋工业发展对海洋资源开发具有积极的作用。海洋发展水平比较高的地区，海洋空间、旅游资源的开发强度也会比较高。所以，我们要以“发展与保护并举”为原则，有效利用海洋资源，优化空间布局，增加海洋产业中高科技产业所占的比重。江苏、浙江、福建、山东、河北和辽宁6个省的海洋资源开发强度相对较高。海洋经济发展水平和全省GDP占比较高的省区，要更注重开发和利用海洋资源的潜力，尽可能地保护生态环境，减少污染和生态环境的破坏，实现“陆海共联，绿色发展”，在传统模式中去发现新突破和新经济增长点。广东、广西和海南都是海洋经济发展水平较低或所占比例较小的省区。今后，要加强生态建设，坚持绿色发展，走中国特色产业发展道路。

（2）产业结构对海洋资源开发强度影响系数为0.838。主要产业和分支机构在海洋资源开发类型中占主导。为使海洋资源附加值增加，加快产业结构转型，改变发展方式是我国海洋资源开发和可持续发展重要方法。特别是海南、广西、广东、山东和辽宁五省的海洋产业中第一产业占比很大，要注重提高科技含量和专业化水平以及海洋产业的知名度。一方面，天津、河北、上海三省市应注重陆地和海洋产业的污染程度和生态修复，减少过度开发和利用，提高清洁度和管理效率。浙江、江苏和福建要把握好生态经济、加强管理，制定海洋产业发展的总体规划。

（3）社会固定资产投资对海洋资源开发的影响系数为2.28E-06，有一定的积极影响但影响很小。在目前重视市场效应和投资环境以及经济进入质量持续稳定增长的大背景下，这既提高了社会资本进入海洋产业的门槛，又使得海洋产业的利益与科学技术水平更加紧密相关，对人才的需求更加迫切，市场竞争愈发激烈。天津和上海需要加强对海上投资项目的监督，控制近海水产养殖的规模和范围。广东、浙江、江苏、山东、河北和辽宁等六个省已在环境保护的基础上筹集资金，鼓励海洋高科技企业以及旅游业的发展。同时，高度重视渔业产品的深加工和品牌建设，以确保渔民的收入。福建、广西和海南需要加强民族文化交流，发展具有民族特色的产业，吸引外国游客。同时，向渔民提供技术和市场政策支持，鼓励当地自营职业者，促进品牌建设和养殖的共同发展。

（4）人类科学研究水平对海洋资源开发强度的影响系数为109.764，反映出劳动力素质起着重要作用。广东、上海、山东和天津等人才优势比较充足的地区，应充分发挥人才的技术优势，发展高新技术产业，提升开发新技术的能力。广西壮族自治区、海南等省缺乏人才，缺乏吸引力。因此应积极吸引投资和人才，使经济产业更快地发展。

（5）对外开放度的影响系数为-0.000 3，由于海洋资源开发方面对外开放度越高的区位优势，使得国外资源的进口数量增加。这将在某种程度上减少对本地资源的需求。同时，我国开发的产品可以出口海外，扩大了市场的范围。便利的陆地和海洋运输是区域发展的关键，使得各种行业能够灵活运作。天津、上海和广东拥有国际大型运输港口，使得这些城市的海洋产业在港口和运输业中得到了发展，扩大了辐射范围，并促进了陆海共同发展。福建、浙江、山东、河北、辽宁等拥有大型港口的地区，应充分发挥这一优势，积极与国际市场合作，促进外部市场的交流，促进产业结构转移。

（6）政府扶持力度对海洋资源开发强度的影响系数为-2.097，反映了政府的协调作用。加强政府对科技企业和产业的支持，将产能落后和设施陈旧的小企业淘汰出局。政府、学校以及科研院所等之间的合作有助于促进海洋产业的绿色发展，减少资源的损耗和提高资源利用率等方面有着巨大的积极意义。海洋资源开发强度的结果反映：天津、河北和上海的海岸线较短，开发强度高。因此，政府要加强对沿海陆地、海洋区域集约利用的监督检查工作，加强海洋生态环境的监测、治理与恢复。广东、浙江、江苏、山东和辽宁五个省的开发强度都不高。政府要加强管控，减少渔民的数量，促进渔民进入城市，并提供一定的就业援助以及住房补贴。同时，还应加强对沿海地区污染方面的监督，尽快修复原始湿地以及防护林，培养深海钻探等高端公司和团队，弥补资源开发潜力的不足。福建省和广西壮族自治区和海南省属于海洋资源开发、产业基础和人力资本均不占海洋产业发展优势的省份和地区。应改善渔场管理，科学养殖，和市场交流，提升渔民对科学、绿色、规模化养殖的了解。同时，加强对景区的审查监督，提升景区的形象，树立区域品牌。

第六章　我国海洋经济发展的政策演进及对海洋经济发展的影响

四十多年的改革开放，使中国经济取得了长足的进步，但在同时也出现了很多问题。当前，隐性的通胀压力和经济下滑风险并存,总量和速度问题只是次要原因，就深层次而言，是结构性矛盾。因此，利用供给侧改革和“一带一路”倡议这些重要措施来缓解国内经济问题迫在眉睫。同时，随着陆地空间和资源的日益贫乏，拥有巨大经济价值的海洋空间和资源有着巨大的吸引力，在缓解陆地空间和资源的众多方案中，发展海洋经济和产业成了首选。进入21世纪，开发利用海洋陆续成了海洋国家发展的重要组成部分，一是在各方面的资金投入得到强化，二是在海洋政策上作出适度变化。由于海洋产业具有战略新兴的特性，现已成为世界各国产业角逐中的焦点。

一、供给侧结构性改革

（一）为什么要进行供给侧结构性改革

当今中国经济，要素供给成本的递增和投资回报的递减，使得市场经济配置资源的成效有所减少，这意味着依赖数量扩张型的经济模式的增长潜力逐渐耗尽，30年的高速增长已成为过往云烟，“中等收入陷阱”也还未跨越。2008年的金融危机，将这些年的许多问题暴露出来。政府在刺激消费和出口需求时表现得无能为力，那么这时，扩大投资成了力所能及的选择。但这也不是万能的，其对经济的副作用巨大，产能过剩、负债过高和投资回报递减等现象开始困扰中国经济（吴敬琏，2016）。实际上，中国经济迎来了一个新时期——新常态，经济增长速度明显放缓。当前，虽然中国隐藏着着巨大的需求潜能，但实际需求依然不足，经济结构落后和有效供给不足是本质上的原因，这是由供需结构失衡造成的（张茉楠，2016）。也只有从结构以及体制等方面着手改革，才能解决这些问题（刘世锦，2016）。因此，结构性改革是新常态时期的根本举措，不仅可以维持中高速增长，也能向着中高端水平迈进。

（二）供给侧结构性改革是什么

供给侧改革的本质是改变原来的市场激励，重新建立新的市场激励，这便改善了供给的质量和效率，最终推动经济的可持续发展。本质上这是一次体制改革，制度、要素以及结构是改革的主要着手点。宏观经济调控可从需求和供给两端入手，其中经济政策是调控需求的主要手段，它对总需求有刺激或抑制的作用，而供给的调控则难得多，需要从发展方式、部门结构和技术水平等方面下一番功夫，从而增加有效供给。曾经调控需求是重点，因为其见效快，现在讲究两者并重（厉以宁，2015）。尤其是侧重于微观层面的供给端改革，随着改革的进行，要素市场和资源配置能力更为完善，则会对要素生产率产生提升作用（刘世锦，2015）。供给侧改革的内涵集中于要素和结构方面，它们分别为：一是参与主体的能力即积极性和创造性的提升，参与主体主要涉及产业工人、企业主、股东以及政府行政人员等；二是产业的优化和成长，主要涉及产业结构和新兴产业等；三是从区域创新、结构和增长等方面促进区域的发展。要素投入、产业及区域发展、消费及收入分配、污染排放等方面是结构性问题的主要组成部分。

二、“一带一路”倡议

（一）“一带一路”启动的必要性

因为在要素和区位等方面的差异，中国对外开放总体格局体现为东部快、中西部慢，出现了较为严重的区域发展失衡现象。而“一带一路”倡议能有效避免这一现象，东北地区产能过剩问题会随着产能向中西部地区转移而化险为夷。而中西部陆路运输通道的扩大，会产生多元化的资源渠道。同时随着中西部与邻国之间积极性的提高，也能带动中亚间的次区域合作。

（二）"一带一路"概况及实质

"一带一路"是一项中国方案，旨在加强沿线国家的经济合作。"丝绸之路经济带"作用于中西部地区，随着向中亚和欧洲地区的开放，西部大开发的作用也会得到强化。"21世纪海上丝绸之路"作用于东部地区，随着向东南亚和欧洲地区的开放，东部地区的转型会得到加速（崔功豪，2018）。"一带一路"的作用不仅局限于此，就其根本目的而言：一是解决产能过剩和区域失衡等国内问题；二是利用资本输出和外交拓展等手段解决国际收支失衡等对外问题。曾经我们只注重与发达国家的开放和合作而忽视发展中国家，现在需要两者兼顾，尤其是周边邻国，与他们的合作有待强化。

三、供给侧结构性改革、"一带一路"与发展海洋经济的关系

供给侧改革的理念也体现在海洋经济的发展上，这是改革的必然要求；"一带一路"战略的理念也体现在海洋经济的发展上，这也是"一带一路"倡议推进的必然要求。

供给侧改革的核心与海洋经济的特点有着不谋而合的切合点。新常态下，海洋经济是我国经济新的增长点，因为就其增长速度而言，更优于同期GDP增速，对经济的拉动作用更为明显；在沿海各省市的劳动效率和对就业拉动作用等方面看，陆域经济的作用远不及海洋经济的作用，可见海洋经济对于经济发展效益和质量而言有着不可言喻的作用。同时，就当前我国海洋经济发展来看，供给侧结构性问题很大，一方面，目前的供给和需求结构已出现失衡，双方不相匹配，海洋第二产业进展不尽如人意，在海洋生物医药、海洋工程装备制造等产业上技术水平依旧不足，海洋第一、第三产业供给质量不尽如人意，高品质海洋水产品、旅游服务等产品依旧稀缺。另一方面，低端海洋产业发展过于旺盛，出现了大量的重复建设，导致原本就稀缺的海岸线和海域资源被大量浪费。因此，要想实现海洋产业的健康发展就离不开供给侧改革。海洋产业的发展意味和其对经济的较大拉动作用，关系到我国能否顺利实现"21世纪海上丝绸之路"，也关系到我国能否顺利推进海洋强国发展。"一带一路"倡议对海上航线和贸易十分重视，通过加强与沿线国家的紧

密联系，来促进海洋经济的发展。由于海洋经济在全球合作上要求较高，需要密切的国际合作才能进行资源的开发和高新技术产业的发展等。只有更高的开放和国际合作水平，才能满足海洋经济增长空间拓展的需要。因此，对中国而言，在海洋经济的国际合作上，需要抓住“一带一路”这个机遇，在结构和效益提升上推动中国经济转型。

新常态下，隐性的通胀压力和经济下滑风险并存，只有在对内即供给侧改革和对外即“一带一路”倡议上双管齐下，新的增长极才会出现。这两大措施便是本文论述海洋经济发展的两大背景。由于海洋产业具有战略新兴的特性，早已成为世界各国产业角逐中的焦点。然而，当前中国海洋经济面临着消耗大和污染重等公共问题，而海洋经济政策对海洋经济具有理论指导和实践协调意义。对于那些连续实施的政策，研究政策的演进很有必要。

第一节　基本概念与理论阐释

一、海洋经济政策

（一）公共政策与法律的关系

由于中国独特的历史和社会背景，我们需要将两者结合起来探讨政策和法律的关系。一般而言，对于那些暂未成型但又有待于解决的社会关系，政策先行更为合适，因为没有成熟的经验，待成熟后通过立法将经验固定下来。同时，政策有着独一无二的特点，它在处理问题的灵活独立性上，就连成熟的法律也无法与之相提并论，尤其是在法律不完善或者相关法律不存在时，政策便上升到同法律一样高的地位。但在适用范围和时效性上，法律显然要稳定于政策，且相对独立。在实践中，政策变为法律、介于两者之间的政策法、在法律内的法律政策以及公共政策法制化这四种形式表现了法律与政策的关系。虽然二者随着形态、方式和效力的差异而表现得不同，但它们都在社会规范和规则之内，很好地体现了人民的意志，而国家制度和秩序的保障正是需要这两者通过相辅相成的规范体系来提供。现今看来，在政治决策（含政策）中，法律的地位至关重要，因为政治决策对错不一，若出现错误，需要利用法律程序来制约错误，并且政策的施行也能得到法律的保障。“理性化治理”于1978年提出，在20年后的1997年，“依法治国”成了其最终确立形式；又经历15年的探索实践后，在2013年终于被落实，成了改革的依据，“依法治国”越来越得到强化。因此，政策对于全面深化改革而言，其重要性依然不言自明。

（二）海洋经济政策的内涵

海洋经济活动是通过海洋产业这一基本载体具体表现出来的，“海洋产业”（不包括海洋相关产业）是本文论述“海洋经济”的范畴。海洋经济政策是公共政策的一部分。在国外，公共行政学的创始人W. 威尔逊认为，政策主体有两个，分别是政治家和行政者，其中公共政策的制定由政治家来完成并由行政者来执行。在国内，陈振明通过从两个角度——政策主体和目标进行研究，认为政策是国家机关（政党及其他政治团体）所采取的政治行为（规定的行为准则），为了在特定时期实现或服务于一定社会政治、经济、文化目标，而组成政策的正是那些条例、规定和办法等。根据公共政策的一般定义，姜旭朝通过从两个角度——政策主体和客体进行研究，认为海洋经济政策是由一批特定的条例、规定和办法等组成，目的是强化对海洋经济发展的指导。

本文通过对海洋经济研究范畴和公共政策内涵的分析，认为海洋经济政策是由一批特定的条例、规定和办法等文件组成，目标是实现海洋产业的发展。

二、海洋经济发展

（一）经济发展

经济发展是经济增长到一定量，从而产生质变而出现的，其内涵十分广泛，经济结构优化、收入分配合理以及资源环境利用状况变好等也在其中。换言之，两者之间发展方式差异导致了它们的本质区别。在新发展理念下，我们要做的不仅仅是从注重数量到注重质量的改变，更应该要看到知识的创新作用，完成向创新型发展模式的转变，只有做到由落后向先进的发展模式转变，才能更好地完成优化经济、富裕人民和节约资源等发展任务。

（二）海洋经济发展

海洋经济发展，对于其概念尚在研究阶段，现并无相关定义。首先声明，海洋经济的“发展”并不等同于“可持续发展”，这是两个不同的概念。可持续发展理论是发展理论不可或缺的一部分，原本的经济发展理论强调发展中国家的经济发展，但可持续发展理论对其作了改进。若想实现海洋经济的“可持续发展”，就必须做到永续发展，可见永续发展非常关键。海洋经济的“发展”主要在于“发展”和“协调”，而海洋经济的“可持续发展”，注重研究“长期合理性”。洪银兴（2017）的研究涉及现代区域经济发展和经济发展理论的不同方面，本文将其研究作为参照，提出中国海洋经济在新常态下的发展内涵：第一，海洋经济发展可看作是区域经济发展，那么协调在经济、社会和环境上的发展就显得很有必要；第二，“海洋经济可持续发展”需要在时间和空间上区别对待；第三，在海洋经济取得增长的同时，也要注重其对社会和环境的影响。

三、主要理论

（一）海洋经济学

海洋经济学研究海洋经济活动的运行原理和规律，其研究的基本问题围绕着与海洋相关的生产要素、产业、区域和生态经济以及经济的合作管理等方面展开，海洋资源的有效配置和可持续发展是其研究条件，而海洋经济增长是其研究核心。由于海洋经济学的特点，它大多被当作应用经济学中的一种，研究海洋经济，是为了对海洋经济的发展和海洋资源的配置有更好的推动作用。世界各国在发展海洋经济时或多或少都遇到了问题，绿色经济和生态经济成了各国的共识。因此，研究海洋经济学，也是为各国在海洋经济发展中遇到的问题提供理论上的解决方案。

（二）新制度经济学

新制度经济学的革新在于在经济分析中引入了制度因素，对一些研究假定进行了放宽，并引入“交易成本”的概念。交易成本的存在，使得经济主体不但要考虑需求和供给，还得考虑选择合适的交易制度来确保交易的有效进行。

该流派的重要代表人物诺斯认为，制度具有两面性：一面是看得着的制度——显性制度，例如法律和政策等；另一面是看不着的制度——隐性制度，例如惯例和习俗等。其中，显性制度作为经济生活的保障，其存在十分普遍。当然，隐性制度也十分普遍，它扩充了显性制度的作用，对重复的人类互动有着很好的调节作用。不过，它也受到社会规范的约束，也是社会内部的一项行动标准。制度是通过建立稳定（但不一定有效）的社会结构减少不确定性来发挥其在社会中的主要作用。虽然，制度是以从隐性制度向着显性制度为路径进行演进，但是这个演进过程不太会导致边际变迁的发生，若真发生边际变迁，那么需要从历史的角度去研究。由于可能是那些规则、非正式约束及实施形式的变迁导致了制度边际变迁，所以制度变迁是一个繁杂的过程。同时，受到社会中非正式约束（习俗和行为准则）的嵌入，制度变迁通常是渐进的；过去、现在与未来在这些约束的作用下被连接起来，而且也可用这些约束来解释历史变迁的路径。从现代西方经济的发展中可以看出：市场是有效的，而且甚至能达到新古典学派所规定的完美状态。但这种特例对制度的要求十分严格。制度是通过影响交易成本与生产成本来影响经济绩效。制度和技术决定了交易和生产成本，而这些成本又构成了总成本。对此，诺斯认为"司法、法律以及政府的管制和税收都会影响到厂商和工会等组织的决策，从而影响了经济绩效"。综上所述，制度变迁理论可用来研究海洋经济政策的演进；经济绩效理论可用来演进海洋经济发展的有效性。因此，新制度经济学的理论对研究海洋经济意义重大。

（三）产业经济学

产业经济学研究的基本方向是探究各产业以及企业的运行规律和机制，在有关于产业的组织、结构、布局、政策以及安全这五个方面，形成了一套具有自主特色的理论体系。在对产业结构的研究上，形成了有关于不同产业的发展演进以及它们之间的相互关系的理论；在对产业政策的研究上，形成了有关于合理规划产业结构目标的理论，并且利用经济政策等扶植战略产业成长。

海洋产业是海洋经济的基本载体和具体表现形式，官方通过《海洋经济统计分类与代码》这一文件对海洋经济进行了定义与分类，认为"海洋产业是一项特殊的经济活动，具有涉海性的特点"。所以，产业结构和政策理论是研究制定海洋产业结构和政策的理论基础。因此，产业经济学也是研究海洋经济不可或缺的一环。

（四）区域经济学

区域经济学，顾名思义是研究不同区域经济特点的学科，其理论具有明显的区域性，这是因为不同区域间的要素禀赋与生产方式都有所差异，该学科在区域经济的增长、发展以及经济模型上都有着独特的理论体系。实现一个区域内的经济、社会和资源环境的同步推进，是现代区域经济所追求的。海洋不是一个独立的单元，海洋作为一个特殊的区域，那么，把区域经济增长理论用在海洋经济增长的研究上就显得合情合理，拿区域发展理论来研究海洋经济的发展也是理所当然。作为区域经济学研究的基本方向，理论和模型也对海洋经济研究具有借鉴意义。

（五）其他经济学

不同经济学科的发展理论的目标是不同的。从发展经济学的角度，主要通过经济总量上的增长来实现经济发展，是指导中国从低收入向中等收入迈进的重要理论。而估测经济活动和资源环境两者间的相互作用，以及对加入环境资源因素的新指标——绿色GDP的测算，是环境经济学的主要任务。当然，从更为宏观的角度讲，马克思政治经济学中对生产力与生产关系的研究，也可以作为研究海洋经济的理论基础。众所周知的是，我国人均GDP已达到世界公认的中等收入水平。由于新问题已经开始逐步显现，所以，随着历史的前进和发展，经济理论也需要适当作出调整。因此，经济发展理论要匹配与经济的现代化，主要涉及三个方面：一是在发展目标上，尤其是在经济和社会这两类目标上，要做出适当调节，需要做到两者并重；二是在发展方式上，这就涉及到了产业结构还有竞争力的改变上，当然，绿色发展也不能被忽视；三是在收入和分配上，不仅要提高还要注重公平，尤其是在城乡基本公共服务上，做到城乡平等是必然要求。

第二节　我国海洋经济政策演进的过程

一、1978—2017年中国海洋经济政策演变总体分析

由于受历史国情以及数据可获得性等因素影响，本书对我国海洋经济政策的统计只能局限于1978—2017这段时间内，并将这247项政策分门别类后做成一张统计表（表6-1）。

表6-1 1978—2017年中国海洋经济政策法规分类统计表[50]

等级	海洋渔业政策	海洋矿业政策	海洋交通运输政策	海洋油气业政策	海洋船舶工业政策	海洋工程建筑政策	海洋电力业政策	海水利用业政策	海洋科技政策	海洋资源环境保护政策	海域管理政策	综合海洋经济政策	合计
A	2	1	3							3	2	2	13
B	2		12	4		3			1	10			32
C	15	1	38	6	3	8				11	3		85
D	16	4	23	5	6	2	5	6	12	13	16	9	117
总数	35	6	76	15	9	13	5	6	13	37	21	11	247

由表6-1可知，在海洋产业方面，我国的政策主要集中在海洋运输领域，当然，海洋渔业、油气业和工程建筑业也有涉及，但总体上不如海运政策；在海洋科技管理上，主要是对海洋资源环境的保护政策，在海域管理和海洋科技方面也有涉及。作为一个贸易大国，海洋运输是我国进出口贸易的主要交通形式，比重约为85%以上，而对表6-1的分析中，海运政策数量更是独占鳌头，可见其政策效果好，对我国海运事业的发展发挥出了巨大的作用。海洋绿色经济意识已是人们的共识，发展海洋经济也要考虑到海洋资源环境的承受能力；海洋渔业作为我国海洋产业中主要的一环，关乎数千万渔民的就业生活问题。从表6-1中，我们也可以看到，海洋资源环境政策和渔业政策，两者在数量上差不多，都位居第二，可见它们较为重要。而在海域管理以及综合海洋经济上，政策涉及得不是很多，可见它们的重要性一般；也有一些领域基本没有颁布相关法律政策，例如海洋油气业和工程建筑业，说明它们的重要性较弱；除上述

内容之外的几类政策，其重要性最弱。

由于海运行业的重要性，其对经济发展和海洋产业的冲击作用很大。因此，需要在国家层面出台法律政策来调节海运行业的发展。在我国，也有多部涉及海运行业的法律相继得到颁布，例如《海上交通安全法》《海商法》《国际海运条例》《港口法》等。但是我们从两个不同的角度来看，这些政策的总体层级不够高，一是在政策效力文件数量方面，高效力与低效力政策数量不平衡，高少低多，导致强制力缺失。统计的76项海运政策中，有61项只是低效力的部门规章和规范文件，而正式的法律文件只有3项。这就导致了目前我国海洋执法仍旧需要依靠那些低效力的部门规章和规范文件，各部门之间的协同性又差，发出的文件数目又多，显得十分混乱；而在船舶、船员、通航环境以及航行秩序等方面，作为正式法律的《海上交通安全法》对上述内容作出的规定又很原始，所以政策效力文件数量失衡使得我国海洋执法权威性大大下降。二是在政策效力文件层级方面，许多不同层级的文件内容交叉重叠，重复规定或多次规定的现象十分普遍，显得十分混乱。因此，提升海洋政策文件的效力层级和加强各层级效力文件之间的协调性是完善我国海运政策体系工作的重点。由于我国教育事业的法律体系建设十分完善，所以，其对我国海运政策体系的改进工作有着重要的借鉴意义。

发展海洋经济的同时也要考虑到海洋资源环境，考虑它们的承受能力，这样才能实现可持续发展。显而易见，海洋资源环境是根本，其对海洋经济的重要性不言而喻，而且，对海洋资源环境的保护和检测反过来也能推动海洋经济的发展。所以，在政策数量上，海洋资源环境政策是仅次于海运政策的。从统计结果看，与海运政策的缺点相类似，海洋资源环境政策在效力文件数量和层级方面，同样也存在着高效力与低效力文件数量失衡和各层级文件内容混乱协调性差的问题。当前，在我国海洋资源环境法律体系中，大多都是在某一领域某一方面内作出规定，而在各领域各方面之间如何协调，则没有相应的法律作出规定；而且宏观上也缺乏一个全面的海洋纲要法，微观上系统化的特定法规也不存在。虽然我国对此类法律法规颁布数量较多，但是没有系统化的体系，效用合力不明显。因此，一个全面的《海洋纲要法》对我国海洋资源环境法律体系建设至关重要，全国人大应该尽快起草制定我国的《海洋纲要法》。

由于海洋渔业事关海洋产业发展和庞大的就业人群，也需要相应的法律来调节，我国于1986年正式出台了《渔业法》。从统计结果看，海洋渔业政策数量确实不少，排在第三，但是同上文所述一致，海洋渔业政策也存在相似的问题——效力低、协调差。当然，通过更加细致的上下位对比研究发现，海洋渔业政策在某些方面还是要优于上述的两种政策。例如，在协调性和可操作性上，海洋渔业政策明显做得更好。

在海域管理方面，部门规章占到了75%以上，也缺乏高层次体系的效力等级，第十届全国人大第五次会议在2007年3月16日审议通过的《物权法》，显著提升了海域管理政策的效力等级（本书研究的样本文件中，只有《物权法》是经全国人大通过的，其意义可见一斑）。海域管理体系是一项重要标志，它说明我国海域管理进入了一个新阶段。

在海洋油气业和工程建筑业领域，根本没有相关法律措施，国家无法对这些产业进行调节，对于它们将来的发展也几乎无保障可言。不过在海洋科技领域倒是有一部法规，那就是1996年的《涉外海洋科学研究管理规定》，但是该规定的内容过于狭隘，大都涉及行政审批，不管是在政策体系上，还是在促进政策目标上，作用十分有限。

海洋矿业领域，只有《矿产资源法》对海域采矿许可方面做出过规定；海洋船舶工业没有任何法律政策可言；而海洋电力和海水利用领域由于发展程度低，也只有部门规章。因此，不难发现产业发展与政策法规是息息相关的。

综上，通过对不同几类海洋产业的政策研究发现，都存在着相似的问题，政策文件的数量和效力等级不匹配，没有完善的政策体系，这便导致了在执行过程中，操作困难，约束力差。因此，对于海洋经济政策，上述关键问题亟待解决。

二、1949—2017年中国海洋经济政策历史演变

经济政策与发展存在着一种相互决定的机制，政策能影响经济发展，反过来，经济发展也会改变政策。通过利用统计方法并结合我国历史国情对我国海洋经济政策进行研究，充分考虑国家海洋局的成立和四个重要文件的影响，本

文总结出了6个重要发展阶段，这些阶段的时间分别是1949—1963年、1964—1977年、1978—1992年、1993—2002年、2003—2010年和2011至今。1964年，国家海洋局正式成立，作为一个管理海洋的专业政府机关，其对我国海洋经济政策的制定意义非凡，让我国的海洋经济政策更加有序统一；14年后的1978年，十一届三中全会的召开又意味着改革开放提上日程；从1993年起，我国对海洋经济开始了综合化管理，其依据是《国家海域使用管理暂行规定》；到了2003年，《全国海洋经济发展规划纲要》出台，这也是我国史上首次对海洋经济进行宏观规划；而2011年的我国十二五规划中，也出现了“推进海洋经济发展”的字眼。本文在统计我国海洋经济政策时，将政策等级划分为ABCD四个等级，通过统计不同等级政策的数量，让分析显得更加清晰。

（一）1949—1963年：中国海洋经济政策的恢复和确立时期

这段时期，中华人民共和国刚成立不久，国内外问题繁多，政府精力也有限。因此，这是一个相对稳定的时期，主要任务是恢复原来受战乱影响的传统海洋产业（海渔、海运和海盐），政府也就颁布了一些行业管理条例。新中国成立之初实行计划经济体制，海洋产业也不例外，一些重要的海洋产业，如海洋矿业和电力，由国家控制。在海洋渔业上，政策约束逐年松绑，为渔业合作社制度铺路。而对海洋盐业的管理并不集中，是多种所有制。海运行业的重要性使得国企占了主要地位，但也部分向私企放开，资助国家航运。为了发展海洋科技，对我国近海资源进行了调查，摸清了我国近海资源分布特征，海洋化工和矿业正是受益于此。另外，这一时期也开始注重对海洋资源缓解的保护，一些海域实现了禁渔政策。这一时期，我国海洋产业可以说是受到国家高度控制，因为当时我国面对国际封锁，所有的政策都要与我国的体制相适应。

（二）1964—1977年：中国海洋经济政策的曲折过渡时期

1964年，国家海洋局正式成立，虽然有了专业的管理机构，但面对当时复杂的国情，海洋经济政策还是不尽如人意。这一时期，由于“十年动乱”，经济停滞不前，政策上能做的是开始保护海洋环境。“十年动乱”间的错误思想，导致在此期间海洋经济政策毫无连续性可言。

（三）1978—1992年：中国海洋经济政策的快速发展时期

十一届三中全会后，我国正式决定改革开放，海洋经济的发展也开始出现了不平衡。东部沿海地区，由于地理位置好，海洋经济率先开始快速发展。随着开放的速度加快，一些管制政策也开始被放松，鼓励对外合作。这一时期，为了满足产业的发展，海运和海洋渔业上的政策数量快速增加，在海洋油气业和资源环境上，1978—1981年还没有相应政策，1981后才有相应政策出现。对于海洋船舶和海洋工程建筑，1978—1984年也没有任何政策出台，直到1984年才有；而在海洋矿业、电力、海水利用和海域管理上，在这一阶段还是没有得到重视，没有任何政策。可以看到，这一时期的海洋经济政策在行业上出现了不均，有些行业有，有些行业没有，还没有出现政策系统化的影子，简要总结为以下几个特征：

第一，在政策上，海洋经济有了开放的特点。这也是改革开放要求的体现，对外贸易的快速增长，使得我国的海洋经济政策的需要更加国际化。在国际化的背景下，一些老政策被取消，一些新政策开始颁布，例如“货载保留”政策被取消、允许外资进入航运领域等。为了能更好地调节完善各主体间的民事关系，尤其是在海运领域的关系，国家于1992年出台了《海商法》，海运领域的法律体系开始逐步完善。此外，政府也先后出台了相关政策法规，以扩大在海洋石油和海洋工程建筑方面的国际经济技术合作，同时也将这两方面的建设提上日程。

第二，在政策调节中，更加依赖于市场的作用，对于参与主体的监管放松，以便激发它们的积极性。比如在集装箱码头的管理上，依照1985年的《港口国际集装箱码头管理暂行规则》，对其经营实行专业化的公司制，政企分离。对于外资的准入，也有了放松，依照1982年的《对外合作开采海洋石油资源条例》，外资可以从事中国境内海洋石油的开采，之后的一些政策，也是从市场角度制定，例如对外企减税和资源开采费用作了相应规定。

第三，在海洋资源环境领域，政策越发多样灵活。除上述政策法规外，由于海洋船舶的拆解会对环境有一定副作用，因此，1990年，《拆船安全生产与环境保护工作的规定》和《拆船工作管理办法》出台，对船只拆解活动进行监管，加强对海洋环境的保护；海洋科技管理长期被忽视的局面终于在1989年得到改变，《中长期海洋科学技术发展纲要》成功印发。而在海洋盐业上，由于其特殊的重要性，1990年的《盐业管理条例》中，仍旧强调国家的所有权，盐业也由国家统一管理。这一时期，越来越多的政策指向海洋资源环境领域。以1983年的《海洋环境保护法》为起点，之后还有相当数量的法律法规出台，对海洋环境保护深入到各个具体海事领域。1986年颁布的《渔业法》，开始对渔业资源管理程序合法化，对各个方面都有细致的规定，比如在渔业工具的使用以及捕捞的许可方面。

（四）1993—2002年：中国海洋经济政策的体系化建设时期

海洋经济的分量越来越重，作用也越来越凸显。在1993年之前，我国的海洋经济政策虽然在各方面都开始逐渐完善，但还是一个个分散的个体，协调性不强。1993年后，我国开始整合之前的各项政策，进行综合管理，尤其是在海域和海洋功能区划分上，其中，在各个沿海城市中实行的海岸带综合管理，其作用深远。很明显，这一时期的政策数量早就多于上一时期，不过政策的集中度较高，大多政策还是集中在少数几个领域，至于海洋矿业政策，在1995年后才略有涉及，之前并没有。政策的天平也开始倾向海洋科技领域，海洋船舶和工程建筑领域有所忽视。值得一提的是海域管理方面，国家重视程度空前，各种政策层出不穷，而1993年的《国家海域使用管理暂行规定》，更是把其推入了新的历程。与此相反的是，海洋电力和海水利用行业还未出现相应政策导向。这一时期海洋经济政策的特点主要体现在以下三方面。

第一，由于国家对海域管理极其重视，因此，海域管理制度开始系统化推进。这个过程被分为了三个阶段：第一阶段始于上文提及的1993年的《国家海域使用管理暂行规定》，这个规定的出现填补了原来的制度空白，海域管理开始按规章办事。该规定在我国国情基础上，明确海域所有权的公有性，创造性地提出了海域使用权和付费使用机制，并且作了详细规定，初步规范了海域使用秩序。为了协调海域使用管理，相继颁布了一系列政策法规。第二阶段以2001年的《海域使用管理法》为起点，这是我国第一次把海域管理作为专门对象进行立法的法律，它的出现表明我国在海域管理上开始了依法律办事。上文中提及的《国家海域使用管理暂行规定》，从名字后缀中就能得知这是一个部门规章，在法律层级上不如正式法律；而《海域使用管理法》作为一项正式法律，其不但法律层级高，而且在许多方面有着更为细致的规定，例如在海洋综合管理和法制化建设上，内容更加完善，并且该法在明确海域所有权的公有性上，对海域付费使用、管理归属以及功能区划都做了详细规定，建立了相应的制度，此法对我国海洋经济走向市场化有着重大意义。此后，出台的一系列配套政策法规中，着重强调强制执行的执法效力，2002年的《全国海洋功能区划》便是如此，它对海洋功能区划在全国范围内执行作了强制规定，而且在海域管理和海洋资源环境方面也有所涉及。在此基础上，其他一些办法规定也陆陆续续地出现，例如2003年的《省级海洋功能区划审批办法》、2012年的《全国海洋功能区划（2011—2020）》等，从此，我国有关海洋的法律变得越来越完善。第三阶段以2007年的《物权法》为标志，该法对物权归属作了详细规定，这意味着我国海洋管理进入了物权管理时代。

第二，随着不同政策的陆续出台，系统化水平得以加强。在海洋渔业上，1978年之后就有过3次大的改革，这些改革让渔业政策愈发系统化。首先，我国渔业体制进行了调整，曾经的“自由入渔”被废除，“投入控制”得以确立。其依据便是1979年的《渔业许可证若干问题的暂行规定》。其次，在渔业资源上，利用1986年的《渔业法》，将渔业资源纳入法律管理。再次，渔业体制从注重投入变为注重产出，“产出控制”成为了主流，这是因为我国1996年加入了《联合国海洋法公约》。对于渔业投入的控制，是一个漫长的过程，先是在1997年对渔业捕捞作出新规，更新了许可证，再者开始涉及远洋渔业，通过1998～1999年的《远洋渔业企业资格管理规定》《远洋渔船检验管理办法》《远洋渔业管理暂行规定》这三项规定，将远洋渔业项目和企业都纳入管理范围。最后，依靠2002年的《渔业捕捞许可管理规定》，该制度便被稳固下来。此外，在对渔业产出的控制上，1995年起开始陆续在国内各大海域实行伏季休渔制度，在该海域处于休渔期时，任何捕捞活动都是违法的。之后出台的《关于在东海、黄海实施新伏季休渔制度的通知》和《关于在南海海域实行伏季休渔制度的通知》，强化了此前实行的伏季休渔制度。还有，在对渔业资源的保护上，开始在全国各地为水生动植物划分保护区，并且以《水生野生动物保护实施条例》《自然保护区条例》《水生动植物自然保护区管理办法》等依法进行保护。值得一提的是，进入21世纪，我国开始重视养殖业的发展，2000年《渔业法》的修改，养殖业得到了扶持，再加上此前对渔业捕捞和资源保护上的规定，我国开始在这三方面建立起相应制度。

第三，意识到海洋环境的突出作用，重视对其的保护。国家海洋局1995年5月颁布《海洋自然保护区管理办法》，规定了海洋保护区的各大注意事项；海洋科技也可以从技术手段的角度来强化对海洋环境的保护，1996年的《中国海洋21世纪议程行动计划》，正是基于这个原理而出台的。在总结完之前的成功与失败经验后，2000年对《海洋环境保护法》的修改，使得污染的治理更加市场化，对排污行为进行了收费。此后，一系列有关的法规接踵而至，它们的目的也都相似，都是为了海洋资源环境的健康发展。

（五）2003—2010年：中国海洋经济政策的全面发展时期

《全国海洋经济发展规划纲要》于2003年5月9日正式发布，它是国务院颁布的首份纲领性文件，旨在统筹发展主要海洋产业，标志着海洋经济进入全面发展时期。从这时开始，曾经那些被忽视的领域开始得到重视，像在海洋电力和海水利用上，均有政策出台，但是从数量上来说还是不及其他几类政策。总的来说，该时期的政策有以下几个特征。

第一，国家规划开始渗透进海洋经济之中。政府通过政策对海洋经济进行宏观经济调控。与此同时，这一时期的政策更加贴合实际，因为对海洋经济的统计调查得到了加强，政策的依据更加准确。不仅如此，随着2008年《国家海洋事业发展规划纲要》的横空出世，我国终于在海洋领域有了第一个整体规划，与《全国海洋经济发展规划纲要》相比，它的内容涉及度更大，不仅仅涉及海洋经济，还包括其他海洋领域。2006年发布的《海洋及相关产业分类》（GB/T 20794—2006）为国家对海洋产业的分类统计标准，以其为参考制定的政策和决策实现了海洋经济理性增长和有效管理。

第二，在海运和渔业等领域，法制化进程明显加快。为了进一步加强海运行业的合规性，2002—2003年相继出台了《国际海运条例》和《国际海运条例实施细则》。2003年6月颁布的《港口法》是中国港口管理的里程碑，确立了地方政府直接管理制和政企分开运行制。在港口运营上，也明确了运营主体的多元化，这些措施使得港口的运营并不与我国体制相冲突。之后又从一些具体方面对港口经营作了规定，《港口经营管理规定》于2004年施行，它对《港口法》起到了具体补充作用。同时，通过《外商投资国际海运业管理规定》（《国际海运条例》的配套规章）这份文件，对外资在我国的海运业务及其辅助业务作出了规范，保护了外商的权益，也履行了加入WTO后的承诺。此外，渔业领域的养殖权和捕鱼权，也通过2007年的《物权法》得以确立。不仅如此，海域使用权问题也得到解决，此法也成了海域物权制度的依据。最后，我国在海岛保护领域长期缺乏法律依据，而2009年《海岛保护法》的出世，结束了这一历史。

第三，新兴产业的发展，使得政策向这些产业靠拢。在海水利用方面，2005年出台了我国第一个此领域的规划——《海水利用专项规划》，其中规定了大连、天津和青岛这三个城市为产业示范基地；而海上风电产业也于2010年有了相关文件的指导——《海上风电开发建设管理暂行办法》；同年发布的《海洋可再生能源专项资金管理暂行办法》，也在资金管理上对海洋可再生能源产业有了新的规定。

（六）2011年至今：中国海洋经济政策的国家战略时期

由于海洋经济的重要性愈发显著，国家对其态度也越来越重视，成为国家战略的一员。2010年的党中央对“十二五规划”的建议中，“发展海洋经济”的字眼就出现在其中。而全国人大在制定十二五规划时，更是将海洋经济单独作为一章内容，可见，海洋经济的地位已十分靠前。这一时期海洋经济政策主要体现出以下三个方面特点。

第一，强调各海洋产业多方位发展，尤其是海洋新兴产业。这一时期，随着供应链协调性的增强，海洋新兴产业逐步扩张。上文提到2012年的“十二五规划”中，被单列一章的海洋经济，有着新一轮的任务调整，其中在海洋经济布局、传统产业以及新兴产业的优化升级等会成为我国在海洋经济方面的主要任务。当然，此规划也涉及其他产业方面，例如对海洋工程装备制造和海水淡化产业的规划，这些规划对相应产业的发展有着推动作用。海洋生物产业也是国务院《生物产业发展”十二五”规划》中的重点发展领域之一。2010年，国家又在《海洋可再生能源专项资金管理暂行办法》这份文件中，对海洋可再生能源进行专项资金项目管理，旨在通过有效的资金管理，来提高资金使用效率，将资金的投入更好地转化为技术的进步。另外，2013的《国家海洋事业发展”十二五”规划》及2017年的《全国海洋经济发展”十三五”规划》这两份综合规划，对海洋经济事业的全面发展有着巨大的促进意义。

第二，更加注重海洋经济政策的体系化制定和协同实施。如前所述，“十二五”期间，多部门联合发布了一系列有关于海洋工程装备制造业和海水利用业的规划。可见，政策不再是以前那种各制定各的政策，而是开始在多部门间实行协调机制。这还不够，专业领域需要专业的研究组织，2013年成立的国家海洋委员会，就是这样一个专门研究国家海洋发展的组织，它的成立让我国海洋经济与其他海洋事业的有了更好的协调性。

第三，化解海洋环境与经济发展间的矛盾，实现绿色健康发展。在十八大对生态文明作强调的背景下，2015—2016年，《环境保护法》和《海洋环境保护法》又加入了新的规定，主要体现出三方面亮点：一是借鉴其他领域的经验，将保护红线和补偿机制纳入对海洋环境的保护中；二是在海洋功能区划上，利用法律形式明确其地位和作用；三是对海洋环境违法行为加重处罚力度并不设上限。

第三节　我国海洋经济政策演进的特征

自1978年改革开放以来，融入了人的主观能动性和创新性的斯密—奥尔森—熊彼特这个增长模式很好地契合了我国制度经济学的发展。1949—2017年这69年来，我国在关于海洋经济政策制定和实施过程中，经过了一系列的演变后，呈现出的基本特征如下。

一、海洋经济政策的适应性增强

经过通盘考虑的制度结构决定了一个国家或相互联系的经济体之间在实验或创新能力方面获得多大效率上的提升，这种效率就被称为适应性效率。以我国在改革进程中所经历的“政策先行，法律跟进”的格局演变规律为例，这种规律通过对正式制度的变革产生影响的方式，不断渗入到制度框架内，实现实干中求知，也就是持续地补充缄默知识进而大幅度提升适应性效率。分散化决策能够自行的探索社会中存在的问题并寻求解决的道路，而适应性效率的提高恰好为实现分散化的决策过程提供了条件。改革开放以来，我国在更大效率上提高了海洋经济政策的适应性。

从政策内容角度进行解读来说，十一届三中全会以后，我国建立了越来越多的试验区，鼓励企业自负盈亏，成为独立的市场主体；积极转变价格体系，扩大交易量，持续完善由市场决定价格的体制；放松对经济主体的行政约束从而实现更高水平的供需平衡；为了不断完善市场制度，坚持以法治国。对海运政策法进行剖析后发现，海关总署为了发展进出口集装箱运输业务以及规范相关业务，先后出台了一系列相应的政策法规。原交通部先后颁布了适应对外经贸和国际航运发展的系列法规，分别通过条例的制定与颁布规定了国际船舶代理、国际班轮客货运输和集装箱运输业务，并进一步保证和维护了海运市场的公平性、秩序性。对海运价格开放政策进行剖析后发现，早在1978年10月，原交通部就颁布了《航行国际航线船舶及国外进出口货物港口费收规则》，该规则详细阐述了对条例中涉及的有关船舶和进出口货物的港口费用的计收原则。1980年9月，在原规则施行两年后，我国又发布了补充文件——《交通部关于国外进出口货物装卸费计收办法的补充规定的通知》。这是因为我国在改革的初期阶段时价格结构面临着严重的问题，这种扭曲的结构无法承受由于定价权的全面转移而导致的利益关系剧烈变动所带来的冲击，所以价格的调整迫在眉睫。虽然国务院上调了相关船舶的代理费、理货费等的收费标准，但由于价格的调整对其形成机制并不构成影响，所以价格关系反而会在新的供求关系影响下出现不同于以往的扭曲趋势。1992年的十四大考虑到市场经济的运行规律后，确立了相应的改革目标以完善价格的形成机制和调节机制。1994年3月，为了进一步实现市场的发展目标，原交通部出台了《关于废止900件交通规章和规范性文件的决定》，该决定取消了之前很大一部分的收费标准。市场经济的运行需要靠法制的保障，而不是简单地放开价格，还要依法规范实施。1998年5月1日开始正式施行《中华人民共和国价格法》，该法作为最根本的法律直接决定了价格定标及调整行为的巩固效果和深化程度。

从政策工具如何使用的角度上来看，我国在改革开放初期使用的主要行政性工具包括行政命令、指示规定等，通过一段时期的发展与演变后，我国的行政性工具开始侧重于经济性，例如财政、税收和利润工具等，逐渐形成了多元政策工具系统。从政策如何从形式上体现来看，改革初期，我国主要通过制定行政法规、规定和命令来表现，后期则主要通过基于法律法规的约束上来颁布规划、意见和办法去体现。

二、海洋经济政策是逐步、渐进的进行演变

制度的变迁包括制度体系对于现有的规则、规范、计划等进行的微小增量调整，这种过程不是一蹴而就，通常是循序渐进的。当社会结构面临重大的问题时，例如“大危机”时期，就会导致原有利益关系的冲突和不可调和的矛盾，无法继续维持。中国开始不断深化对内改革，扩大对外开放，海洋经济政策的变迁虽然呈现出断断续续的离散型，但总体来看，这种演变是逐步推进的。

就海洋运输而言，原有的计划体制逐渐转变为市场体制，以及对应的制度框架在经过重构后转变为以市场为主导的制度框架。在党的十四大召开之前，中国一直处于计划经济时代，水运部门长期以来支配着海运业的发展。国务院于1984年出台了《关于改革我国国际海洋运输管理工作的通知》，该通知极大地便利了远洋运输企业的经营与发展，使其能够实现自主化独立经营，自负盈亏。此文件的实施使得中国远洋运输公司参与到市场竞争中去，在实现商业企业化的同时进一步制约了交通运输部的垄断经营，自此，越来越多的海运企业被允许参与到远洋运输行业中来。1984年，原交通部颁布了《港口国际集装箱码头管理暂行规则》，该规则明确了“分离政府和企业，成立集装箱公司”的原则。由于在国家政企分离政策的保护下，远洋运输部的垄断能力被一定程度的削弱了。20世纪80年代，我国在管理体制的改革方面开始放宽限制，逐渐把权力下放到海洋运输企业，形成了包括集体和个体多部门经营的良性竞争局面。航区经营中，由于个体企业之间有各自的分工内容，即使存在小幅度的竞争，也被限制在交叉经营范围里，因此纵观整个80年代，交通部直属船队还是承担了主要的运输工作。

海运政策于20世纪80年代的中后期做了重大调整。为了使得更多的企业参与到水运行业中来，同时也为了通过刺激国内企业竞争意识的形成，从而提高运力，我国放宽了对社会企业的经营许可，鼓励社会各界兴办水运。基于此局面，交通部于1992年下半年出台了《深化改革、扩大开放、加快交通发展的若干意见》，该意见使得国内航运企业掌握了更多的自主经营权，从而占据市场

竞争的主动地位并使自身发展处于优势高地。国务院于1992年11月颁布的《关于进一步改革国际海洋运输管理工作的通知》进一步放宽了国际海运业务的参与限制条件，该通知指出：凡有意愿参与的企业只要符合所要求的开业条件，并合法经营，就可以获得成立船运公司的批准，实现对国际海洋运输业务的控制与管理。同时，由于我国全面开放的政策引导，外资企业的约束逐渐减少，在国际惯例的要求下也都获得了很多的审批许可项目。国务院口岸领导小组又于6年后颁布了有关政策规定，除了在与7国签订的双边海运协定中有关于含载份额分配的规定外，决定取消“货载保留”。而交通部后于1995年彻底取消了这7份双边海运协定的“货载保留”政策。除此之外，早在1990年我国交通部就授权外国航运公司可以在国际班轮运输中停靠中国港口，并在2年后批准了中外合资企业依法享有我国境内水上运输业务的经营权。

在此期间，随着时间的推移，无论是实施正式制度还是非正式制度，都与实施效果产生了一定的内部联系。交通部直属船队作为水运部门的主体，占据了远洋运输竞争市场中的绝对优势地位，但同时由于其发展质量的高低直接取决于国家的财政拨款，一旦专门的拨款资金发生问题，就不可避免地会导致快速增长的运输需求无法得到满足的弊病。并且随着经济形势的改变，国际海运市场的竞争不会是一成不变的，水运部门再想凭借原有的优势地位垄断市场是不现实的。除此之外，这不仅改变了原计划体制在经过长时间的多种变迁后又与技术以及管理理念等方面的革新混杂糅合的局面，更促进了“有水大家行船”趋势的形成，市场上也出现了越来越多的独立经营航运企业，稀释了关于单位在传统意义上的理解，农业户口与非农业户口的二元户籍区分也被模糊。正式制度跟随市场形势的日新月异也发生了不同程度的改变，例如公有制经济的多样化、市场经济作用的主导化、企业法体系结构的科学化等。促成诸如以上变化的因素主要是由于政府与市场一直在为了不断地适应彼此而进行一系列微小的调整，最终使得正式制度发生了根本性的变迁。

三、海洋经济政策变迁存在一定的路径依赖

我国之所以形成了适合于当下发展的海洋经济政策，是由于制度在不断

的演变过程中发生着渐进性的变化。制度变迁的方式有很多种，其中效率不高的方式也可能有其长期存在的合理性。不难看出，海运政策的渐进性演变表明计划体制的转变在短期内是很难实现的。因此我国的海运领域基于路径依赖理论可推断出同时存在着两种体制，即计划体制与市场体制。此外海运政策的路径依赖还呈现出地区差异。钱颖一指出在制度变迁过程中的事业部制组织结构更能变通地处理公司的生产经营活动。与此相对应的一元组织结构依赖于地区的分布，其垂直管理系统越成熟，公司管理的灵活性就会越低下。基于此，U形结构的固化会显著增强其计划体制的路径依赖性，导致制度变迁的效率不升反降。

我国沿海区域拥有着丰富的自然资源和迤逦的自然环境，但由于其不同地区存在不同的差异性，会使得海洋经济问题解决方法呈现出因地制宜性的特征。相关政策的制定与实施并不是普适于所有地区的发展的，但是制度矩阵显示出报酬递增的规律，而参与者的辅助性主观模型得出如下结论——制度的总方向是可预见的，但一旦形成之后便难以逆转。

第四节　我国海洋经济政策演进的趋势

我国海洋经济政策在上述的演进历程中，同时受两个方面的影响：不同时期呈现出不同的海洋经济现状特点，以及随着社会发展海洋综合管理理念的转变。因此，对自改革开放到2018年这40年来的政策演变趋势进行整合与分析，得出的结论如下。

一、中国海洋经济政策的主要海洋产业政策与海洋科技管理服务业政策协同发展

这种转变的前一个阶段主要是通过出台单个主要海洋产业政策来体现，而后三个阶段则主要通过海洋产业、海洋科技管理服务业政策相互配合的出台来体现。

我国的海洋经济管理实现这种转变的过程也是循序渐进的，最开始实行的是分散管理，到后期转变为综合管理，体现在管理体制上来说的话，分散管理也就是分部门管理，后者的综合管理也就是由国家海洋委员会所进行的统筹管理。由于在过去是依据海洋自然资源的归属性划分海洋管理权限的，这就导致了各管理部门只考虑自身的利益，而出现了各扫门前雪的现象，忽略海洋环境保护的重要性以及由此带来的一系列有利于海洋经济发展的整体效应。当下，对海洋资源的开发与利用虽然一定程度上满足了生产生活的需要，但却造成了海洋生态环境遭受严重破坏的问题，因此无论是海洋经济的管理方式还是海域经济的政策实施均有所转变。要实现海洋经济统筹管理，就要把在保护中开发的理念摆在首位，在此基础上再对海洋科技管理服务业和海洋产业制定协调合理的政策。保护了环境从某种程度上来说也就是发展了经济。经济可持续发展的能力在不同的历史阶段对于经济增长的贡献率有所不同，所以要根据国家在环境上的保护诉求来制定相应的政策。通过环境库兹涅兹曲线可以发现海洋经济发展水平与其环境污染程度正向相关，政府可以在经济增长初期通过激励特定海洋产业发展的方式，在保证环境承载能力不被破坏的同时，又促进规定海洋产业的发展。但当经济增长到一定水平时，会进一步使得海洋环境发生恶化，从而反向影响经济的发展。这种情况下的政策就要倒向环境保护方面，带动经济可持续发展。以上的发展方式可看出，海洋经济发展和海洋环境保护在相互协调的过程中实现了政策结构上的转变。

二、中国海洋经济政策的市场调节与政府调控协同发展

我国海洋经济的政策工具经历了从单纯的行政工具转变为与经济工具相互协调发展的过程，这种治理新理念和新方式，不仅体现了政府调控逐渐转变为与市场调节相互结合的发展轨迹，更显示出了政府简政放权的决心。

首先，这种转变从内容上看是一种新的突破，更是一种新的海域治理理念和方式。通常情况下，行政工具依赖于政府的使用，我国政府通过制定政策等行政工具来对海洋经济与相关生产关系进行宏观调控。不同于行政工具，经济政策的实施是基于价格、利息、税收的调整，以及经济责任的明确、经济合同

的履行等方面的，从而调节政策实施主体和政策实施客体之间的生产经营活动。目前，市场调节和政府调控在经济性工具与行政性工具相互配合的过程中初步实现了协同发展。

其次，一种混合新体制的潮流催生了这种转变。长期以来，无论是学术研究领域还是企业层面对于政府和市场的关系都非常重视，也是其关注的要点，但其实历史在演变过程中早已回答了这个问题：目前，在所有经济社会中，市场与政府的界限已经逐渐模糊，慢慢形成了市场与政府同时能够影响经济活动的混合经济形势。政府与市场的失灵问题在所难免，如何实现政府和市场的良性分工，发挥出混合经济的优势成为关键。随着海洋经济管理体制中逐渐渗入了这种市场和计划并行的混合新体制，我国的海洋经济政策也相应地做出了适应这一变化的新调整。其中，中央于1978年肯定了市场的决定性作用更是说明，未来经济工具的灵活运用应是制定海洋经济政策时所需重点考虑的。

最后，这种转变是随着我国经济体制改革的过程中所必然发生的，侧面反映了政府的职能转变。海运政策使用行政工具的主要阶段是在20世纪七八十年代，例如《对外国籍船舶管理规则》《海关对进出口集装箱和所装货物监管办法》《海上交通安全法》以及与之相应的一系列政策法规的施行；随后80年代末的《港口国际集装箱码头管理暂行规则》将政府和企业的权责相分离，尤其对于港口集装箱公司来说，其主要业务范围得以明确。此案例在体现了公共服务部门对公司实行市场化改造的同时，也反映出了针对港务问题的市场机制化解决方式。1990年，交通部出台的《国际船舶代理管理规定》对于公司的管制部门要求中，国家的权力仍然占据着主体，企业被允许参与到国内市场的要求也较为严格，并进一步明确了船舶代理公司的代理业务。除此之外，还存在另一个问题，政府的价格管理体系仍然需要继续完善。不过2003年出台的《国际海运条例实施细则》删除了此项规章的内容。国务院于2002年施行了《国际海运条例》，该条例对 “市场”的概念加以界定，强化了独立经营的公司在市场中发挥的作用。计划经济时代，政府的职能体现在对经济活动的干涉上，主要方式是资源所有权的归属以及经济政策的实施。随着市场在经济发展中的作用逐步加深，原有经济体制的束缚性不再适应现行经济的发展，因此政府职能开始发生转变，也相应地调整了政策工具和手段。

三、中国海洋经济政策的政策组合转变发展

中国海洋经济政策的发展趋势是由单项政策制定逐步转变为政策体系的建立与完善，主要表现为三个方面，分别是政策类型的改变、政策内部体系的关联性以及综合海洋经济政策协同性。1978年至1992年，海洋渔业政策、海运政策在制定上都受到了很多关注，具体来说就是规定哪些渔业的发展、进行什么样的交通运输活动等政策，而政策与政策之间的关联不大。1993年至2002年，在上一阶段政策制定的基础上，还侧重于海洋资源环境保护政策以及海域管理政策的制定。此外，还加入了关于海洋的矿业、油气、船舶和工程建筑的相关规定，我国的政策类型表现出组合化的特征。2003年至2010年，政策的组合发展进一步深化，尤其是综合海洋经济政策的施行。此后，政策的制定主要以海洋战略新兴产业的内容为主，尤其是海洋经济发展五年规划的出台更把政策类型之间的关联性、协同性摆在了突出位置，政策组合阶段全面开启。

上述的这种转变加速联合了不同作用和效力的等级政策。1993年至2002年，《渔业法》作为一部效力较高的法律成为了渔业政策转变的开篇，内部制度化逐渐发展和完善。海运领域中，1993年至2002年，《海上交通安全法》以及《海商法》的出台并未表现出与已出台的政策法规之间较强的关联性。《海上交通安全法》涉及的范围较广，但具体规定却并不全面，因此，在后面的两个阶段中，优先该法效力的同时也施行了一系列具有较强可行性的政策法规，使海运政策的内部制度更为详细与完善。1993年至2002年，政府将《海洋环境保护法》定为具有较高效力的法律，对于海洋资源环境的保护初步实现制度内部化。海域管理政策颁布以来，高度重视内部制度化的建设，政策法规的关联度很高。2012年，国务院颁布了《全国海洋经济发展”十二五”规划》，2017年，国家发展改革委员会颁布了《全国海洋经济发展”十三五”规划》，这些规划以一种组合的方式体现了政策体系构建的新趋势，要么是政策类型虽多样但协调，要么是单项政策的体系化。除此之外，有关部门还要严格而灵活地依据现有规划逐步完善海洋经济政策体系。

第五节　海洋经济政策演进对海洋经济发展的影响

中国沿海地区海洋经济发生着深刻变化的同时，也面临着一些主要问题，本节对海洋经济规模总量、发展结构以及分布情况等做出了简要分析与探讨。

一、海洋经济总量演变

2000年至2017年，11个沿海省市的海洋生产总值增长瞩目，2000年我国的海洋生产总值是4133. 5亿元，2017年该数字升高了18. 77倍，达到了77 611亿元，按现价折算，即年均增长率约为13. 4%。从地区生产总值的角度来看，2000年，这11个省市的地区生产总值为134 802. 4亿元，2017年该数字升高了2. 93倍，约为395 440亿元，按现价折算即年均增长率同样约为12. 7%。海洋经济与经济总体的发展现状可从三个层面来考察，分别是总量规模、增长速度以及产业产值占比。首先，无论是海洋经济还是区域整体经济在总量上均表现出迅猛增长的特征；其次，区域整体经济的年均增长率要低于海洋经济的增长率；最后，这11个省市在18年间的海洋生产总值整体上占比地区生产总值的比例基本在15. 5%到16. 5%左右，要高于全国视角下此类数据的占比情况（9. 2%～9. 8%），这些数据都表明沿海地区的海洋经济的影响作用在上升，对于其经济的贡献率也在逐步提高。

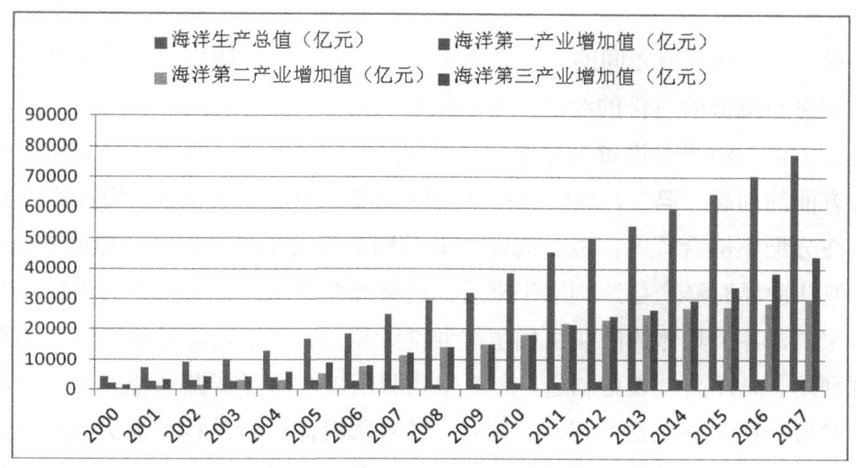

图6-1 2000—2017年中国海洋经济发展情况

二、海洋产业结构变迁

通过对沿海11省市2000—2017年的海洋三次产业结构（见图6-1）的分析，结合海洋产业结构，得出的结论如下：首先，海洋的产业结构实现了初步的优化。2000年，全国海洋第一产业比重5. 7%，第二产业比重47. 3%，第三产业比重47. 0%，2017年，三次产业的比重分别为5. 1%、42. 2%以及52. 7%，第三产业持续上升，与第二产业均占有相当比例的份额。其中，海洋生物医药、海洋电力和海水利用等高新技术新兴海洋产业在海洋第二产业中的占比持续上升，海洋船舶工业比重上下波动；作为海洋第三产业的重要组成部分的滨海旅游业，在这一时期发展迅速，其比重逐年上升。近年来，全球经济表现疲软，以及由于运力过剩而导致了国际海运市场低迷，这些均构成了海洋交通运输业占比海洋产业的比重逐年下降的原因。其次，我国的海洋产业结构仍然不够合理，需进一步调整和优化。海洋产业结构中的第二产业与第三产业虽占据了绝大部分的比重，但两者的差距过小，“三、二、一”的产业格局并不稳定，因此，除了加强对海洋第二产业实现高质量可持续发展的鼓励外，还应重视第三产业的优化升级问题，实现与第二产业的融合发展。

三、海洋经济发展存在的主要问题

第一，不同区域之间的海洋经济增长差距过大。例如由于海洋生产总值最高的省份与最低的省份的经济水平差值较大而表现出发展的倾斜；广西壮族自治区等省份与沿海先进省市相比，其存在海洋开发水平、海洋经济总量以及生产力方面的问题。第二，战略新兴产业的发展未引起足够重视，海洋产业结构也存在分配不够合理的问题。海洋产业结构的演变虽然顺应了一般的变化规律，但从世界海洋产业结构水平来看，这种改变还未达标。将五大类海洋产业剖开来看，各个具体的产业结构也需要继续调整，特别是海洋新能源应用与水资源利用、海洋高端装备制造、海洋生物医药以及海洋资源环境开发等新兴产业的发展有待更深层次的提高。同时，各省市海洋产业结构差异无法避免，一些地区间的海洋产业又出现趋同的特征。因此，全国海洋产业结构需要分类规划、因地制宜地改善和调整。第三，海洋资源的开发与利用较为低效。由于科技水平不足，高附加值产业的产值占比很低，例如，制盐仍然是海洋资源提取的主要用途，而较少提取其他高附加值产品。与世界先进国家相比，海洋科技水平存在一定差距。第四，我国海洋环境的污染问题日益严峻。近年来，由于我国经济增长方式较为粗放、资源环境承载力不高以及海洋自然生态灾害等原因，部分沿海省市的海洋环境遭到不同程度的破坏。例如我国部分地区的大型入海河口和海湾环境遭到了严重破坏，其主要原因是陆地的污染物排入了该海域，从而造成了海域的富营养化现象。第五，海洋管理体制不适应于海洋经济的发展，主要表现为海洋经济政策的施行效果并不及时。一些针对性和可操作性不强的问题也存在与部分已出台的海洋经济政策中，对海洋经济发展的指导协调也存在一定的滞后性。

第六节　我国海洋经济政策制定与实施的建议

一、中国海洋经济政策的缺陷与探讨

寻求以财税政策为代表的经济政策的积极转变，是一种影响深远的做法，惠及海洋产业的转型与升级。整体来看，中国海洋经济政策的历史演变揭示了政策转变的规律，尤其是十一届三中全会后的主要政策取向。一是海洋经济政策的制定以我国国情为基本出发点，不断地除旧布新；二是政策的制定遵循海洋经济发展中市场发挥主体作用的规律；三是坚持企业的主导地位；四是施行政策试点先于立法的创新模式。此外，海洋经济政策的格局演变中也面临着一些问题，例如，首先海洋经济政策法规没有形成完善的系统体系；其次不同类型的政策之间相互矛盾，导致其效力被削弱；再者是政策工具的运用较为单一，不够灵活；最后对海洋科技的发展缺乏制度鼓励机制。只有在坚持法制统一的前提下，才能根据现有法律对“规范性文件”的性质和地位进行界定，确定其效力水平。例如，从行政机关所遵循的法律层次角度来看，行政法规的效力位于第二层次，国务院发布的规范性文件效力位于第三层次，地方立法主体制定

的规范性文件效力属于地方层次。但是，这三种层次效力的具体界定尚为模糊，还需要法律进一步明确其效力范围。所以本文将“规范性文件”的效力列为第四等级，这不仅因为目前的法律界定尚不明确，还因为本文中的“规范性文件”大多来自部门的制定。我国目前正处于转型的关键时期，制度变迁，也就是政策变迁是社会变迁的一大体现，其内涵的刻画仍需要时间来补充。本文关于政策演变的研究包括了一部分海洋经济政策的体系建设，但并未对海洋经济不同类型政策之间的协同性以及其带来的经济绩效做出定量分析，有待学者进一步考量与探究。

二、中国海洋经济政策制定与实施的建议

《全国海洋经济发展”十三五”规划》对我国海洋经济政策的制定与实施来说意义重大，本文结合政策变迁史提出了以下四点建议来更好地落实此规划。

（1）以国家海洋经济体系为出发点，完善并健全海洋经济政策体系。海洋经济的可持续发展要靠政策体系的顶层设计与建设，例如将“海洋基本法”落实以及“海洋条款”入宪等，以宪法保障海权等。可以看出，强有力的政策措施和实施细则对于《规划》的落实起到一定的保障作用，这其中涉及了两个方面，既包括海洋政策体系的具体组织与施行，也包括了对现存的各类政策协调问题的解决方法讨论。所以，海洋经济政策的建立与完善应把目光聚焦于全国海洋经济体系的发展现状上来。例如，我国涉海法律体系的要求是内容涵盖全面、结构分配合理、各类法律之间协调统一，从这个方面来看，我国的海洋经济政策还远远达不到体系形成的要求。但站在综合性立法的视角来看，我国的涉海法律体系要求以某一涉海综合法为中心，并形成与之配套的具体的单项条例、行政法规以及部门规章等。我国国家海洋委员会于2013年正式成立，海洋管理体制的变革以及各部门利益关系的冲突都使得涉海综合法的制定成为一种必然，倒逼现行法律的修改。所以，《海洋基本法》的制定迫在眉睫，通过全面规范涉海战略、政策和法制等来进一步加强对海洋的综合管理，促进海洋经济协同发展。涉海法律的体系化不仅要通过制定或完善某一海商法，而且要创新海商综合法的内容，并全面改革现行海商法立法来实现。过去，我国的

涉海法律基本分类两大类，分别是海洋法、海商法。考虑到以上的传统战略规划和现下涉海立法的进展情况，我们在重视《海洋基本法》制定的同时也要对《海商法》统筹变革，把握好以政策体系化倒逼综合性涉海法律改革的关键机遇，建立起涉海法律体系的基本框架，并以此为基础，依据“海洋入宪”的原则，加强海权的宪法保障。

（2）政府各部门之间应进一步加强沟通与联系，实现政策制定的高效性以及实施过程的协同性，海洋经济的全面协调可持续发展是中国经济结构调整的关键。因此，海洋经济政策体系建设的重点是加强政府各部门间的协调和衔接，形成政策协同。一是中央政府各部门之间的工作要协调好，加强衔接性。国家海洋局的主要职责包括综合管理海洋资源、切实保护好生态环境，此外，还要协同国家海洋委员会把具体工作落实好。二是中央政府与地方政府之间的工作要协调好，加强联动性。全国的海洋经济规划离不开地方政府的配合，例如，国务院于2011年批准了一大批海洋经济发展试点区的规划，山东省、浙江省和广东省进一步推动和落实了这一规划，先后建立了试验区。这也推动中央与地方政府之间的政策衔接连贯，关系实现了更深层次的协调，积极影响着全国海洋经济体系的建立与完善。

（3）在全面了解各类政策工具的优劣性后加以灵活运用，让各类政策工具在不同阶段和领域发挥出相应的积极作用。20世纪七八十年代，管理海洋经济的政策工具大多是行政性质的，主要目的是为了维持秩序稳定。后来，中国开放的大门越开越大，中央政府越来越重视海洋经济的地位，也认识到其支撑作用日益显著。随着国家海洋经济体系的不断完善以及出于对政策协调性的考虑，我国运用到的政策工具也更加丰富和灵活，例如系统管理、人本管理和信息管理等的管理性工具，还有社区治理、志愿者服务等的社会性工具，这些工具的配合使用更有利于综合治理我国多样化的海洋活动。

（4）加强对海洋科技政策的创新，创建新型海洋人才机制。海洋经济发展的实践需要日益升高，这是海洋科技政策演进的直接动力。如何更好地平衡海洋经济实践需要，关键在于打破行业、部门的界限，制定综合全面的海洋科技政策。同时，海洋相关产业的科技政策上为国家海洋科技战略的具体体现，下为海洋科技创新主体所要遵循的发展准则。这一类型的政策除了能够为海洋科技的创新指明道路外，也鼓励海洋产业技术的不断革新，实现一定的政策倾斜。因此，《规划》中对于海洋人才引进的鼓励机制是需要继续坚持的，沿海的省市应继续推进和落实高层次海洋人才的引进并出台相关人才政策；培育创新型海洋人才，引进高层次海洋人才，选拔综合性海洋人才，并建立相应的评价和奖励机制；鼓励海洋研究人员参与到市场企业中来，用实干和创业营造良好的区域营商氛围；坚持人才资源的市场化配置，实现人才的自由流动。

第七章　沿海地区海洋产业集聚与区域经济联动发展关系研究

随着人口增长，进而带来陆地资源短缺和陆域开发空间日益饱和的问题，而有效缓解这些问题的措施就是合理开发和利用海洋资源，重视海洋经济的发展。近些年，海洋这一广泛分布的资源在我国经济社会的发展中占据着越来越重要的地位，因此也就受到了人们的高度关注。高效利用海洋资源的同时，也要注重与陆地资源的统筹规划与安排，这是我国社会在未来实现可持续发展的必经之路。2011年，我国颁布了“十二五”规划纲要，开启了海洋经济发展模式的新纪元。2013年，我国又在全国上下开展了全面落实党的十八大精神的活动，沿海各省市不再盲目关心海洋经济增长的数字有多少，而是更加注重海洋的开发质量和经济效益如何，这种新的政策变化不仅可以更好地促进海洋产业结构调整，还可以以创新带动海洋经济的转型升级。

长江三角洲城市群和珠江三角洲城市群位于我国的东南沿海，其经济发展活跃，创新能力高，这两个区位的特殊性决定了海洋经济在其综合经济中发挥的关键作用。因此，这两个地区海洋经济增长极的形成也推动了我国海洋经济的整体发展。长三角地区位靠东海，珠三角地区毗邻黄海，拥有辽阔的海域以及丰富的自然资源。长三角区域的旅游资源优于内陆地区，例如松软的滩涂、清凉的浅海以及数量众多的港口等；珠三角区域除了拥有上述自然资源和景观的同时，还因与香港和台湾仅一海之隔而享有合作发展的优势机会。从经济的总量规模来看，2012年，长三角地区以及珠三角地区的海洋生产总值分别约为1. 54万亿元、1万亿元，而全国的此项数据指标约为5万亿元。由此可见，这两个地区的海洋生产总值分别占比全国的30. 8%和20%，合计起来已超过全国的一半。由此看来，以长三角和珠三角城市群作为海洋经济区域发展增长极，联动周围经济区域共同形成了沿海地区“3+N”的产业布局模式。但是，海洋经济迅速发展所伴随的一系列问题也是不容忽视的。由于拥挤、资源不足等现象的存在，长三角和珠三角的海洋产业也出现了不良的竞争模式、低效的资源利用、中央政府与地方政府规划不相协调等方面的问题，这对海洋经济的结构调整来说是不利的，甚至还会使得海洋污染进一步恶化。因此，合理配置海洋经济要素的流动以保证生产要素流向各自适应的区域，加速海洋产业集聚从而促进海洋经济发展进程，这些都值得进一步的研究。

目前，我国逐渐走入了新时代，我国的海洋经济在面临转型升级的挑战同时，具体采用何种经济发展模式还尚未明确。为了加快区域经济快速发展要大力推动海洋产业集聚。并要尝试了解相关的作用机制。因此，查阅产业集聚与区域经济发展关系相关文献是必不可少的步骤。

第一节　海洋产业集聚与区域经济增长关系的理论框架

一、产业集聚与区域经济增长的基本模型及一般理论

在与产业集聚和区域经济增长的有关理论中，新古典经济学将其分为了三大类，分别是产业区理论、产业集聚最佳规模理论以及区域经济增长自我强化模型。马歇尔强调产业集聚带来的地方化的外部规模经济，即地方化经济，并基于此提出了规模经济带来的有利于经济发展的诸多好处和机会。此外，他认为劳动力市场共享、中间产品投入和技术外溢这三种因素共同决定了地方化的经济。具体来说，中间产品投入是克鲁格曼建立新经济地理学的基础，其体现了产业集聚的关系，而技术外溢由经济学家Romer做了进一步的补充，这一概念成为了其建立新经济增长理论的逻辑起点。

马歇尔在对产业区的概念和空间特点进行阐述时，突出了产业集聚区内的企业的分工逐渐趋于专业化，进行专业差异化生产的企业之间则可以通过合作继续获取效益，且其中的中小企业间的合作关系是柔性的、动态的。此外，他还很重视技术外溢性的特点，新的研究思路的涌现、技术的培育与应用、产业

区的合作氛围等并不受地域的桎梏，能够通过企业实现空间上的自由流动。但关于产业集聚和区域经济的发展这两者的关系是马歇尔的研究盲点，后续也有更多的学者对此作了进一步的研究。经济学家胡佛指出，产业集聚的成因有三种，分别是内在规模经济、本地化经济以及城市化经济。他认为，经济效益随产业规模的变化而变化，当产业规模达到最优点时，经济效益也能够实现最大化。换句话来说，产业区内的企业数量不能超过最优点时的数量，也不能过少，否则都不能达到最大的效益。此外，他还对马歇尔未探讨的产业集聚和区域经济增长的关系进行研究并得到了相应的结论，认为区域经济增长的自我强化机制通过产业结构和空间结构相互影响、相互依存的关系来体现。不同于新古典理论，极化理论很大一部分上是基于产业集聚和区域经济增长之间的相互关系上而形成的。

与新古典理论不同，极化理论并不强调均衡趋势和趋同倾向，相反，它更倾向于经济发展的非均衡性以及趋异性的论点。他们认为，生产要素不是均匀流动的，市场也不处于完全竞争的理想化状态下，而且信息在传输过程中不是自由获取的。缪尔达尔指出，一个地区由于自身所具备的优势资源或所处的某产业的优势地位获得了初期的经济增长后，由于市场结构的非均衡性（例如规模收益递减规律以及垄断、寡头企业的存在）以及集聚作用产生的外部化影响，将这种初期的经济增长趋势延续下来并进一步加强，反之也成立，即经济发展的滞后性越来越严重。这就是循环累计因果理论。

法国经济学家帕鲁首次提出的增长及理论在后续又被法国和比利时经济学家们补充和完善。布代维尔对增长极的概念结合了空间特征加以界定，使其不再作为一个纯经济学的概念，而是包含了地理学在内的双重含义。他研究的起点同样也是集聚经济与规模经济，认为增长极就是城市中的某种产业实现了由周边地区向中心城市区域逐渐集聚所形成的结果，能够促进城市的经济增长。美国经济学家保罗·克鲁格曼等人创立了新经济地理学派，该学派研究了产业是如何集聚的、产业集聚通过怎样的方式影响区域经济发展，并结合一系列科学严谨的实证分析、规范分析提出了一种模型，即中心—外围的模型。这个模型很好地将本地市场的集聚效应和要素资源的流动性结合起来，通过收益递增和运输成本的交互作用来进一步决定产业的地理格局。克鲁格曼认为，导致产业发生集聚的主要原因有二：一是收益递增的影响，二是与运输成本的制约。例如，假如随着规模经济不断扩大，制造业的厂商为了维持更大的收益以及节约更多的成本，都会选择聚集到一个主要的地区进行生产，从而形成产业集聚。一旦产业在某个地区集聚起来，就会逐步实现自我强化并不断循环集聚的过程，这就是制造业的中心一外围模型。

二、海洋产业集聚与区域经济增长关系的理论框架

根据以上对海洋产业特殊性的分析，不难看出海洋产业只存在于沿海地区，所以脱开海洋产业也根本无法对沿海地区的经济发展进行探讨，生产要素通过聚集到沿海城市产业区的同时，也会通过辐射作用大面积的影响到周围内陆地区的经济发展。虽然两者相互依存，但产生影响的方式并不相同，所以本文基于两者差异化关系将其区分开来并提出两个理论假说，且通过理论和实证分析来加以验证。

假说一：海洋产业集聚与沿海地区经济发展能够实现耦合的发展，且这种趋势日益突显，也就是说，海洋产业集聚区和沿海地区经济发展间存在着一定的系统耦合关系。内陆经济的壮大为沿海地区开发海洋经济奠定了基础，如何在资源稀缺的背景条件下实现海洋产业的集聚发展成为了国家战略部署的重点。沿海地区作为自然资源丰富区，合理利用其海洋资源能够推动区域经济快速发展。同时，海洋产业集聚的发展也同样有赖于沿海地区的经济发展，而海洋产业集聚是经济发展过程中相伴而生的。海洋产业在某个地区实现集聚离不开该区域的经济发展现状，需要靠区域经济的总体情况来拉动产业的集聚。产业在沿海地区和内陆地区之间会有一定的关联性，所以海洋产业并不独立于内陆产业而存在。同样的，海洋产业的集聚过程也与区域经济发展相协调。只重视海洋产业集聚，或是只关注经济发展都是不可取的，增强海洋产业集聚是目的，同时也是推动海洋经济发展的动力。海洋产业集聚在带来诸多好处的同时也会造成一些问题，如人口密度过高、交通状况恶化、环境破坏严重等，这些都会增加企业进行生产的负担，成本升高，反过来制约经济的发展。但这并不意味着我们应只重视区域经济的增长，因为如果不对海洋资源进行探索和利

用，就是一种对资源极大浪费的做法。因此，应把海洋产业的集聚、区域经济的发展放到同一战略高度，提高相互之间的协调性。首先，海洋产业集聚势必会吸引人才资源这一生产要素，使得更多的农村剩余劳动力转移到产业区来。其次，集聚能实现海洋资源的最优化配置，形成规模经济。此外，集聚还可以带动临海临港产业的发展，促进陆域产业于沿海地区产业的协同发展。反过来看，区域经济增长能够反哺高端海洋产业的深入研究和发展，优化产业结构的同时也能够使海洋产业集聚的趋势逐渐向好。

假说二：海洋产业集聚中心的外溢性体现在空间上，其存在一个影响范围边界。海洋产业的这种外溢性和辐射性不仅能够影响到沿海本土地区的经济，也能够拉动或阻碍周边地区的经济发展。迈入新世纪以来，上海地区的海洋产业集聚度一直处于较高水平，又结合海洋产业的特点，所以周边地区的经济发展也相对较好。从国民生产总值的角度来说，长三角地区GDP在2001年约为2万亿元，2011年则迅速增长为10万亿元，短短10年的时间，其GDP总量就增加了4倍，这与上海地区所处经济主导区的地位密切相关。关于产业集聚，克鲁格曼等人提出了“制造中心——农业外围”模型，这个区域经济增长模型是我们建立“海洋产业集聚中心——制造业外围”的基础。沿海地区中的经济规模一旦扩大，就会形成一种向心力来吸引各种资源，降低生产成本，上下游的厂商们也自然都愿意在此区域聚集起来形成海洋产业集聚。大港口的形成与发展正是基于上述的过程，在给周围区域带来方便低价的交通同时，也使得周边地区的特色产业形成了自我强化的机制。接近中心的外围区域可以凭借其地理位置上的优势强化自身的产业发展，随着与中心区距离的增大，运输成本不断提高，厂商不愿意继续在此范围内生产的距离阈值就构成了相应的辐射范围。

基于假说一、假说二，我们将海洋产业集聚与区域经济发展之间的关系定义为某个地区经济发展与围绕这个中心区域的周围地区的经济发展关系，建立起合适的模型进行分析。海洋产业集聚和该地区经济发展之间具有耦合性，这一点体现为海洋产业集聚的提高会进一部带动当地经济的发展，经济的健康发展要依靠这两者的协同。本文通过建立耦合模型来分析这种耦合关系，验证假说一进而对海洋产业集聚和当地地区经济发展展开详细的论述。对于假说二，我们将海洋产业集聚和周边地区经济发展的关系定义为海洋产业的集聚性会形成产业中心区，通过有限的影响范围，这种外溢性的特征会促进周边地区的经济增长。因此我们建立计量模型来检验海洋产业的集聚对周边地区经济发展的影响，如果定量分析显示这种影响显著，则假说二被验证。这两个假说的建立与证明可以完整的分析海洋产业集聚与区域经济发展之间的关系。

第二节　沿海地区海洋产业与区域经济发展现状

基于我国目前经济水平的实际发展状况，发现我国国民经济的快速增长离不开东部沿海地区经济的拉动。而东部沿海地区的经济发展主要依靠环渤海、长三角和珠三角经济区的推动，由于三大经济区在地理位置、资源优势、政策扶持以及社会背景等方面存在差异，使各经济区的产业经济发展分布具有明显差异。以海洋产业为例，得到三大经济区地理位置图见图7-1。

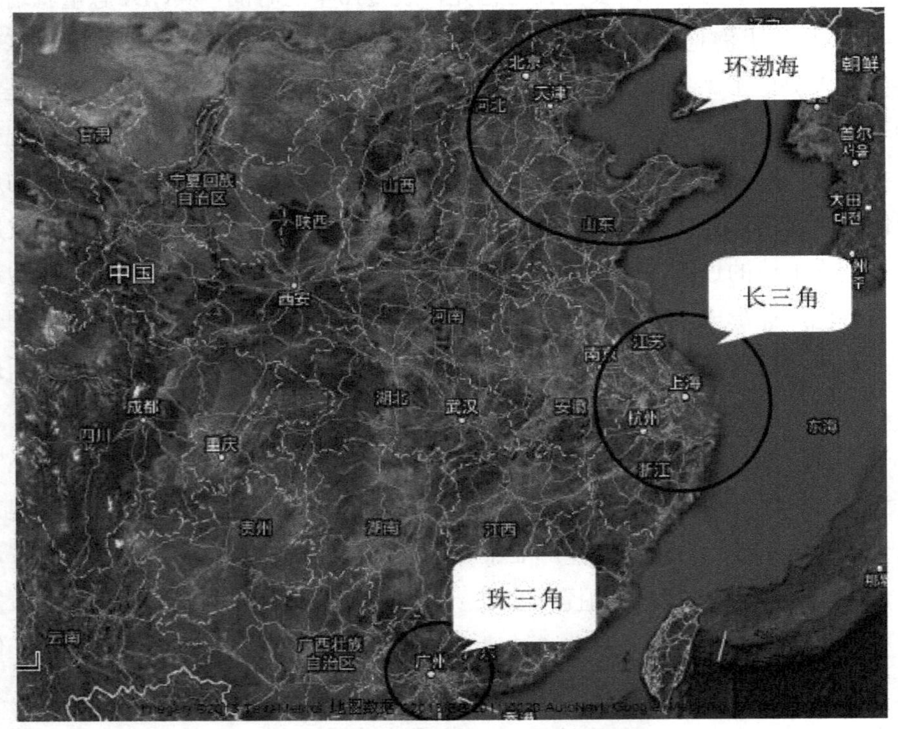

图7-1　我国三大经济区地理位置图示

一、沿海三大经济区海洋产业的发展现状

本文主要从海洋产业的年度总产值、产业结构、技术进步以及劳动力从业水平等方面对三大经济区的海洋产业发展状况进行对比分析，进而能够准确指出各个经济区海洋产业的发展特征，并且也能判断该产业的未来短期的发展趋势，从而为实证研究提供有效的参考。

（一）环渤海经济区海洋产业发展现状

1.海洋产业年度总产值

1996—2015年，环渤海经济区海洋产业的发展得到了空前的进步，该产业年度总产值从仅有的887. 16亿美元增长到18 078亿美元，平均增长率为21. 63%。其中，海洋产业对该经济区的区域经济总产值的贡献率也从6. 5%增长到15. 8%。

2.海洋产业结构

2006—2015年，从整体上看，环渤海经济区的海洋产业结构并没有得到明显的变化，但可以明显看出海洋第一、第二和第三产业在海洋产业总生产值中的比重分别呈现下滑，基本不变和上升的发展趋势。其中，海洋第一、第二和第三产业在2015年所占的比重分别为5. 8%，52. 8%和41. 4%，海洋第二产业所占比重最高，第一产业所占比重最小，且两者差距较大，说明该经济区的海洋产业结构需要加强优化。由于环渤海经济区的各省市在资源优势和发展水平上存在一定的差距，使各省市针对海洋产业的发展具有不同的侧重点，从而导致各省市在推进海洋发展的过程中所依靠的主导产业也不同。

3.海洋科技与海洋产业的从业劳动力水平

到2015年，环渤海地区所拥有的海洋相关科研机构共计58个，且其从业人员有8614人，其相关科研经费高达446亿元，申请的海洋相关课题和专利数目共计3000余项。同时，涉及海洋产业的就业人员高达1081. 6万人，占整个经济区就业人员的7. 19%。

4.海洋产业的发展环境

环渤海地区的各省市为推动海洋产业的发展都制定了相关的政策以及制度。其中，辽宁省为了加快从海洋经济大省过渡到强省，倡导各个相关部门高

度重视海洋科技的创新，从而提高海洋资源的有效利用率，并通过调整海洋产业的比重来优化海洋产业结构，利用海洋优势发展海洋主导产业和新兴产业；河北省的相关部门提出在保护环境的基础上，不断推进海水利用工程的建设以及技术的创新，加快水利基础设施的建设，从而提高海水的利用率；由于天津市一直处于严重缺水的困境，可能会制约该市相关海洋产业的发展，因此该市明确提出了不仅要对海洋经济的发展方式进行转变，还要高度重视科技创新，积极倡导推进海水淡化工程的实施；山东省政府为推动海洋产业能够实现可持续发展，相继出台了相关政策，其中高度强调的是积极创建海洋产业集群，利用其产业优势促进新兴产业的发展，使海洋产业实现均衡发展。

（二）长三角经济区海洋产业发展现状

1.海洋产业产值变化

1996—2015年，长三角海洋产业总产值从749. 62亿元增长到1. 544万亿元，增长倍数为20倍，平均年增长率达到21. 9%，此外，海洋产业的产值对区域总产值的贡献率也从5. 7%增长到14. 2%，说明对区域经济的重要性明显增强。其中，2000—2004年，海洋产业总产值增长速度变化的幅度较大，自2004年之后，变化幅度逐渐缩小，并趋于14%的平衡水平。

2.海洋产业结构

近年来，长三角地区的海洋产业结构不断得到了优化。2010年，其海洋三次产业比重分别为3. 6%、45. 4%和51. 0%，其中第三产业的占比超过了整体的一半，高效地实现了三、二、一产业结构优化格局。但是具体到长三角下辖三个省市，其海洋支柱产业则各有不同。

3.海洋科技与海洋产业从业劳动力水平

2010年，长三角地区所拥有的海洋科研机构数目为44个，其从业人员共计7856人，其中高技术人员和高知识分子人数就达到5654人，据统计该地区的海洋科研经费高达444亿元，申请的海洋相关课题和申请专利共计4000个。此外，涉及的海洋产业的就业人数占该地区整体从业人员的8. 54%。

4.海洋产业发展环境

由于长三角地区的各省市在海洋产业上一直有其自身的发展特点，因此相关部门制定的发展政策也是由各个地市的实际发展状况决定的。其中，江苏省相关部门正在积极倡导创建现代化海洋产业体系，并且在提高创新能力的基础上，加强保护海洋环境的力度，并且通过不断优化海洋产业结构，尽快实现将江苏省建设成为海洋经济强省；而上海市相关部门提出要不断完善海洋综合管理的相关措施，在保护海洋生态系统的基础上推动海洋经济实现高速增长，从而加强该地区海洋产业之间的合作，并推动海洋产业可持续性发展；浙江省为了能够成功构建现代海洋产业体系，在“一核两翼三圈九区多岛”的规划格局基础上，又提出了400多个海洋经济相关项目，且投资总额超过万亿元。

（三）珠三角经济区海洋产业发展现状

1.海洋产业产值

1996—2012年，珠三角地区的海洋产业总产值从748. 8亿元增长到10 028亿元，增长倍数为13倍，平均增长速率为18. 2%。此外，该地区的海洋产业产值对其区域生产总值的贡献率的变化幅度也较小，其贡献率在1996年为17%，2000年下降到12%，且近年来一直保持在20%的水平。

2.海洋产业结构

珠三角经济区海洋产业设涉及的主导产业分别是海洋交通运输业、油气业、船舶工业以及渔业等。依据2006—2010年该地区海洋第一、第二和第三产业的比重变化，发现海洋第一和第三产业的比重处于下滑的趋势，而第二产业的比重不断上升，但是海洋第三产业的比重基本维持在50%以上。2010年海洋三次产业的比重分别为2. 4%、47. 5%和50. 1%，说明该地区重点发展海洋的第二和第三产业，其产业结构比较合理。

3.海洋科技与海洋产业从业劳动力水平

2010年，珠三角地区拥有24个海洋科研机构，其机构相关从业人员共计2655人，涉及的研究生和资深人员共计1369人，相关科研经费超过145亿元，且申请的海洋相关课题和专利项目共计1812个。除此之外，该经济区涉及海洋产业的就业人数占地区从业人员的7. 19%。

4.海洋产业发展环境

2011年，国务院批复了《广东海洋经济综合试验区发展规划》，并提出了把广东省建设成海洋经济强省的目标。为了加快发展本省的海洋经济，广东省在一些相关政策和制度的基础上，倡导相关部门和企业有效利用广东省的海洋优势，不断推动海洋优势产业的发展，进而积极挖掘海洋新兴产业，在提高临海工业比重的基础上，促进海洋产业实现多元化发展，从而推进区域间海洋产业的合作与交流。此外，广东省各地市针对海洋经济与海洋产业之间的联系与发展也提出了相应的政策和建议。2012年，广东省政府针对临海工业、滨海旅游业和海洋新兴产业的发展，相继又出台了大量的实施方案，总共规划了177个海洋项目，其投资金额超过万亿元。

（四）沿海三大经济区海洋产业发展现状比较

为了能够全面地对三大经济区进行比较分析，在对三大经济区海洋产业的发展趋势进行了纵向比较的基础上，又从以下三个方面进行了横向比较。

1.海洋产业产值变化比较

在2001年之前，三大经济区的海洋产业总产值差距较小，且海洋产值的增长速度都比较缓慢。2001—2005年，其增长速率都得到了明显的提高，但是珠三角经济区海洋产业产值的增长速率明显比其他两个经济区低。到2006年，环渤海经济区仍然以较高的速率增长，但另外两个经济区海洋产业产值的增长速率发生分歧，其中长三角经济区则相对落后。2012年，环渤海、长三角和珠三角经济区的海洋总产值比重依次分别为42%，35%和23%。

2.海洋产业结构比较

由于三大经济区在区位、资源以及经济等方面存在差异，使其在海洋产业生产能力方面的差别较明显。从三次产业比重来看，2015年环渤海经济区的海洋三次产业比重分别为5. 8%、52. 8%和41. 4%，2010年长三角经济区比重分别为为3. 6%、45. 4%和51. 0%，2010年珠三角经济区比重分别为2. 4%、47. 5%和50. 1%，通过对比发现，只有环渤海经济区没有实现三、二、一的海洋产业格局。其中，珠三角地区的海洋产业结构优化程度较高，通过比较发现，该地区的海洋第一产业比重最低，仅为2. 4%，海洋第三产业比重最高。而环渤海地区的海洋第一产业最高，这说明渤海区的海洋渔业在海洋产业发展过程中起到了推动作用。

3.海洋科技水平比较

由于三大经济区在地域范围以及经济总量存在一定的差距，使各个地区在人才吸引方面具有一定的偏差，从而导致三大经济区的人才科技创新能力方面呈现不平衡的局面。其中，环渤海地区与长三角地区在海洋相关科技创新能力水平的相关指标上具有一定的互补联系，即此消彼长。由于珠三角地区受地域范围和经济总量的限制，使其在海洋科技创新能力层次上与其他两个经济区相比存在一定的差距。

二、沿海三大经济区区域经济发展现状

对沿海三大经济区区域经济发展现状的分析及比较研究，能够反映各个地区的经济发展实际状态，进而挖掘产业的发展优势。本文在研究三大地区经济水平的发展时，主要采用的相关指标有地区经济产值、地区产业结构和居民收入。

（一）环渤海经济区经济发展现状分析

环渤海地区的经济发展主要受山东省、河北省、辽宁省以及天津市发展状况的影响，现在分别对该经济区的地区经济产值、产业结构和居民收入进行如下分析。

1.地区经济产值

1996—2015年，环渤海地区经济总产值不断增长，即从13 673.48亿元增长到114 273.38亿元，增长倍数超过7倍，平均增长率为14.28%，在国内生产总值中所占的比重为22.0%。其中，2003—2015年的增长速度较快，而2003年之前的增长速度较慢。

2.地区产业结构

2003—2011年，环渤海经济区的海洋三次产业结构发生了显著的变化，即海洋第一、第二和第三产业的比重分别呈现不断下降，基本稳定和不断上升的发展趋势，且第二产业比重依然较大，并且第二、第三产业之间的比重存在较大的差距。因此，仍需要当地相关部门和企业制定相关的政策和制度以推动海洋产业的发展，有利于加快实现三、二、一的优化产业结构。

3.地区居民收入

2002—2011年，环渤海地区的农村和城镇居民可支配收入均不断增长，其中前者由2853.27元增长到7977.05元，后者由7262.09增长到21 397.98元，且后者基本保持为前者的2.7倍。

（二）长三角经济区经济发展现状

长三角地区的经济发展主要受浙苏沪三个省市经济发展的影响，现对该经济区的地区经济产值、产业结构和居民收入分别进行如下分析。

1.地区经济产值

1996—2015年，长三角和环渤海两大地区的经济产值几乎呈现相同的的变化趋势。且经过20年的快速发展，长三角地区的经济产值从1. 30万亿元增长到10. 87万亿元，增长倍数超过7倍，平均增长率为14. 25%，在国内生产总值中所占的比重为20. 9%。

2.地区产业结构

2003—2011年，长三角地区海洋第一、第二产业比重下降，而第三产业比重明显上升。2003年的海洋三次产业比重分别为7%、53%和40%。到了2011年，该比重分别为5%、49%和46%。可以看出海洋第二产业的比重在下降，第三产业的比重在上升，距离实现海洋三、二、一产业结构又进一步。因此，长三角地区的产业结构的优化程度明显比渤海区要高。

3.地区居民收入

2002年，长三角地区的农村和城镇的居民可支配收入分别为0. 446万元和1. 036万元。到2012年，两者分别增长到1193万元和2. 985万元。可以发现两者之间具有长期的相关关系，即后者几乎一直是前者的2. 5倍。

（三）珠三角经济区经济发展现状

分别对珠三角经济区的地区经济产值、产业结构和居民收入进行如下分析。

1.地区经济产值

1996—2012年，珠三角地区的经济总值从4383. 75亿元增长到47 897. 25亿元，增长倍数超过9倍，平均增长率为16. 22%，占国内生产总值的9. 2%，且在2003年之后持续保持较高的增长速率。

2.地区产业结构

2003年，珠三角地区的海洋三次产业比重分别为8%、54%和38%。到2011年，该比重为5%、50%和46%，可以看出海洋第一和第二产业的比重在下降，第三产业的比重在上升，说明海洋产业结构在不断优化，且优化程度比环渤海经济区高。

3.地区居民收入

2002—2011年，珠三角地区农村和城镇居民可支配收入均呈现增长的趋势，前者从3911. 9元增长到9371. 73元，后者从11 137. 2元增长到26 897. 48元，且两者的差距基本维持在3倍的水平上。但是与另外两个经济区相比，珠三角地区的城镇与农村之间的收入差距最大。

（四）沿海三大经济区区域经济发展现状比较

分别对三大经济区的地区经济产值、产业结构以及居民收入进行横向比较。

1.经济产值现状比较

1996—2015年，三大经济区的GDP值不断增长，其中环渤海和长三角两大经济区的GDP曲线具有相同的变化趋势，即两条曲线的斜率基本一致，说明两大经济区在总产值水平上势力相当，而珠三角经济区的GDP曲线斜率比另外两个经济区要平缓，说明珠三角地区的经济产值增长速度比较缓慢。然而，从各地的人口因素和人均GDP变化来看，三大经济区之间的经济发展存在明显的差距，其中长三角地区的人均GDP一直处于领先的位置，珠三角处于其次的位置，且远远高于环渤海地区。

2.产业结构现状比较

通过比较三大经济区在各个区域内的海洋产业结构中的比重，发现第一产业比重最高的和第三产业比重最低的都是渤海地区，说明该地区的海洋产业结构优化程度最低；长三角地区的海洋第一产业比重高于珠三角地区的那一部分，相当于补在了珠三角的海洋第二产业比重上，虽然两个地区的的海洋产业结构都呈现了三、二、一的格局，但是长三角的海洋第三产业比重最高，说明该经济区的海洋产业结构优化程度最高。此外，还发现环渤海地区的海洋第三产业不仅在数值比重上较低，而且在增长速率方面也一直保持着较低的水平，甚至出现过短期下降的情况，因此实现该地区的产业结构最优化仍然需要较长的时间。

3.居民收入现状比较

三大经济区居民收入水平都呈现上升趋势，其中环渤海地区的居民收入水平最低，长三角经济区的居民收入水平较高，且增长速率较大。

第三节　沿海地区海洋产业与区域经济关联性实证分析

目前，针对产业与经济之间的关联度的研究方法有很多，而本文则在传统分析方法的基础上，通过对比各个区域经济的贡献度、拉动度以及相对增长率，直观地反映出海洋产业产值与区域经济总产值之间的相关关系，然后再采用计量经济法分析它们之间的联动作用以达成研究目的。

一、评价方法

（一）传统分析方法

传统的分析方法主要是对海洋产业的贡献度、拉动度、相对增长率进行比较分析，从而能够直观反映海洋产业与区域经济发展之间的联动作用关系。

1.贡献度

在海洋产业核算体系中，海洋生产总值占国内生产总值的比重表示海洋产业对国民经济的贡献度。该贡献度又分为直接贡献度和间接贡献度，且直接贡献度+间接贡献度=贡献度。其中，直接贡献度=海洋产业增加值/国内生产总值；而间接贡献度表示海洋产业发展带动的其他产业发展对国民经济的贡献，计算公式为：间接贡献度=（海洋生产总值-海洋产业增加值）/国内生产总值。

2.拉动度

拉动度指的是海洋产业总产值贡献度与国内生产总值增长率之间的乘积关系，计算公式为：拉动度=海洋产业贡献度×国内生产总值增长率。

3.相对增长率

相对增长率指的是海洋产业产值增长率与区域生产总值增长率之间的比例关系，其计算公式为：相对增长率=海洋产业产值增长率/区域生产总值增长率。

（二）计量经济学分析方法

为了能够充分揭示两个变量间的关系，本书采用计量分析法对数据进行实证分析，而完整的计量分析方法主要包括以下四个步骤。

1.平稳性检验

进行平稳性检验是回归分析的必要前提，它也叫单位根检验，其目的是使数据序列保持平稳性，从而使回归分析的结果较准确。而采用传统的分析方法对数据进行回归时，会容易导致序列形成伪回归，也就是说回归的结果不准确，存在偏差。然而对于非平稳序列要通过差分以形成平稳序列。例如本文研究的各个经济区总产值与海洋产业产值都是逐渐上升的，也都是非平稳序列，为了解决这一问题，需要采用ADF方法运用Eviews软件对数据进行单位根检验，再进行差分分析，并对数据序列选择1～3阶滞后项数，最后验证数据序列是平稳的且单阶同整。

2.协整检验

对两个变量进行协整检验的目的是判断它们之间是否具有长期的均衡关系，而进行协整检验还应具备相关的前提条件，即变量是同阶单整，也就是说经过差分后的平稳序列具有相同的差分阶数。此外，为了使变量的回归分析具有一定的意义，要求两个变量之间存在实际的影响与被影响关系，即存在长期均衡的协整关系。本文基于Eviews软件对变量进行协整检验，首先作出原假设，即假设变量间不协整，而系统中提供了五种选择模型，根据模型的限制条件，对不同的模型进行尝试，直到出现协整结果，并且选择同阶单整的阶数作为滞后阶数，从而可以进行回归分析。

3.Granger因果检验

运用Eviews软件对数据进行Granger因果检验中的目的是从计量的角度分析两个变量之间的影响和被影响的关系，即验证一个变量的前期变化是否会影响另一个变量的后期变化。同时，在本文中还会存在两个零假设，即“海洋产业产值增加不是区域经济增长的Granger原因”以及“区域经济增长不是海洋产业产值增加的Granger原因”，其实际意义是分析两个变量之间究竟是哪个变量的变化对另一个变量的变化产生了影响，从而能够有效分析两个变量之间的关系。

4.回归分析

在进行回归分析之前，还要注意以下几个问题的检验：首先，采用White法验证变量是否存在异方差；其次，运用D-W检验法分析序列是否存在自相关；然后，通过T统计值以及P值的大小判断回归结果是否显著；最后，在消除异方差、自相关以及回归结果显著的基础上，利用可决系数R2值判断方程的拟合度，从而可以根据回归方程式来表示变量间的关系。

二、数据来源

本书研究数据主要来源于2013—2017年的《中国海洋经济统计公报》（三大经济区海洋经济产值的来源）、《中国海洋统计年鉴》（广东省海洋经济产值的来源）、《中国海洋经济发展状况（或中国海洋经济发展综述）》、《中国统计年鉴》以及部分省市年鉴。为保证上述数据的可靠性，需要对数据进行标准化处理。本文分析的各经济区的海洋总产值，第一、第二和第三产业产值等数据均来源于《中国统计年鉴》以及相关省市年鉴。

三、沿海三大经济区海洋产业与区域经济联动关系传统分析

由于海洋产业数据的限制以及数据统计方式的不同，本部分的研究数据主要选取了是2013—2017年的三大经济区相关年鉴中的海洋产业相关数据，并用传统的分析方法研究海洋产业与区域经济之间的关系。

（一）环渤海经济区海洋产业与区域经济联动关系的传统分析

基于2013—2017年环渤海经济区海洋产业规模的扩大，以及该经济区的经济发展，得到其相关指标的变化如表7-1所示。

表7-1 环渤海经济区域经济与海洋产业规模变化[51]

年份	海洋产业总产值	海洋产业增加值	海洋产业中间投入总值	地区生产总值
2013	6018	4386. 6	1631. 4	47 151. 6
2014	9542	5210. 3	4331. 7	55 749. 3
2015	10 706	6084	4622	67 076. 62
2016	12 015	6292. 6	5722. 4	73 866. 47
2017	13 271	7925. 4	5345. 6	87 245. 91

由表7-1可知，在直观的角度上发现2013—2017年各个指标的产值都在不断上升，海洋产业总产值和地区总产值基本翻了一倍，而海洋产业中间投入总值的年增长率最大，说明近几年海洋产业发展前景较好，能够吸引其他企业对海洋中间相关产业的投入。为了能够对该经济区的海洋产业与区域经济进行整

体直观性的分析，根据上述相关计算公式，可得出环渤海经济区的贡献度、拉动度以及相对增长率等指标的计算结果如表7-2所示。

表7-2 环渤海经济区海洋产业与区域经济联动关系直观分析[51]

年份	贡献度	直接贡献度	间接贡献度	海洋产业产值增长率	地区生产总值增长率	拉动度	相对增长率
2013	0. 127	0. 093	0. 035	—	—	—	—
2014	0. 171	0. 093	0. 078	0. 585	0. 182	0. 031	3. 211
2015	0. 159	0. 091	0. 069	0. 122	0. 203	0. 032	0. 600
2016	0. 162	0. 085	0. 077	0. 122	0. 101	0. 016	1. 207
2017	0. 152	0. 091	0. 061	0. 104	0. 181	0. 027	0. 577
平均值	0. 154	0. 091	0. 064	0. 233	0. 167	0. 026	1. 399

由表7-2可以看出，2013—2017年环渤海海洋产业对区域经济的贡献度变化不稳定，而直接贡献度的变化幅度较小，基本处于稳定的状态，对2013—2017年的数据取平均值，可以得出平均贡献度为15. 4%，而直接贡献度和间接贡献度的均值分别为9. 07%和6. 4%。除此之外，还可以看出海洋产业对区域经济的拉动度的平均值为2. 6%。从平均相对速率来看，其比值为139. 9%大于1，说明该地区的海洋产业产值增长速率明显大于区域经济产值增速。

（二）长三角经济区海洋产业与区域经济联动关系的传统分析

随着2013—2017年长三角经济区海洋产业规模的扩大，以及该经济区经济发展水平不断提升，得到其相关指标的变化如表7-3所示。

表7-3 长三角经济区海洋产业与区域经济联动关系直观分析[51]

年份	海洋产业总产值	海洋产业增加值	海洋产业中间投入总值	地区生产总值
2013	6174	3992. 7	2181. 3	47 753. 96
2014	7748	4826. 6	2921. 4	56 710. 44
2015	9584	5503. 7	4080. 3	65 497. 68
2016	9466	5964. 4	3501. 6	7249. 41
2017	12 059	7172. 1	4886. 9	86 313. 77

由表7-3可知，在直观的角度上发现2013—2017年长三角地区各个指标的产值都在不断上升，基本都翻了一倍。为了能够对该经济区的海洋产业与区域经济进行整体直观性的分析，根据上述相关计算公式，可得出长三角相关指标

的计算结果见表7-4。

表7-4 长三角经济区海洋产业与区域经济联动关系直观分析[51]

年份	贡献度	直接贡献度	间接贡献度	海洋产业产值增长率	地区生产总值增长率	拉动度	相对增长率
2013	0. 129	0. 083	0. 045	—	—	—	—
2014	0. 136	0. 085	0. 051	0. 254	0. 187	0. 025	1. 359
2015	0. 146	0. 084	0. 062	0. 236	0. 154	0. 022	1. 529
2016	0. 130	0. 082	0. 048	-0. 012	0. 106	0. 013	-0. 115
2017	0. 139	0. 083	0. 056	0. 273	0. 190	0. 026	1. 436
平均值	0. 136	0. 083	0. 052	0. 188	0. 159	0. 022	1. 052

由表7-4可知，2013—2017年，长三角地区的海洋产业对区域经济的贡献度一直在13%的水平上下小幅度波动，且平均贡献度为13. 7%。而间接贡献度一直比直接贡献度小，说明海洋产业相关的中间投入产值一直比海洋产业的增加值少。除此之外，还可以看出海洋产业对区域经济的拉动度较小，其平均拉动度仅为2. 22%。但是从相对速率来看，除了2016年，该经济区的相对增长率均大于1，且平均相对速率比值为105. 26%，说明该地区的海洋产业产值增速明显比地区经济产值增速快。。

（三）珠三角经济区海洋产业与区域经济联动关系的传统分析

2013—2017年，珠三角经济区海洋产业规模不断扩大，以及该经济区经济发展水平不断提升，从而得到其相关指标的变化如表7-5所示。

表7-5 珠三角经济区海洋产业与区域经济联动关系直观分析[51]

年份	海洋产业总产值	海洋产业增加值	海洋产业中间投入总值	地区生产总值
2013	4145	2589. 41	1555. 58	21 609
2014	4755	2874. 60	1880. 39	25 607
2015	5825	3444. 51	2380. 49	29 745. 58
2016	6614	4014. 89	2599. 11	32 105. 88
2017	8291	4812. 7	3478. 3	37 388. 21

由表7-5可知，在直观的角度上可以发现2013—2017年珠三角地区各个指标的产值都在不断上升，与长三角经济区的变化趋势基本一致，即各个指标基

本都实现了翻一倍。为了能够对该经济区的海洋产业与区域经济进行整体直观性的分析，根据上述相关计算公式，可得出珠三角相关指标的计算结果如表7-6所示。

表7-6 珠三角经济区海洋产业与区域经济联动关系直观分析[51]

年份	贡献度	直接贡献度	间接贡献度	海洋产业产值增长率	地区生产总值增长率	拉动度	相对增长率
2013	0.191	0.119	0.071	—	—	—	—
2014	0.185	0.112	0.073	0.147	0.185	0.034	0.795
2015	0.195	0.115	0.080	0.225	0.161	0.031	1.392
2016	0.206	0.125	0.080	0.135	0.079	0.016	0.707
2017	0.221	0.128	0.093	0.253	0.164	0.036	1.541
平均值	0.200	0.120	0.079	0.190	0.147	0.029	1.358

由表7-6可知，2013—2017年，珠三角地区的海洋产业产值对区域经济产值的贡献度不断增长，其平均贡献度为20.02%。针对近几年的上述指标变化，除2016年，该地区的海洋产业对区域经济的拉动度在其他年份均达到3%以上。从相对增长率的分析结果来看，该经济区的相对增长率变化幅度较大，最低值和最高值之间相差了一倍，但其平均相对速率仍然大于1，说明该地区的海洋产业产值增长率仍然比区域经济增长速率大。

（四）沿海三大经济区海洋产业与区域经济联动关系计量分析

为了对海洋产业产值与区域经济发展之间的联系进行计量分析，本文选取了2001—2017年各个经济区的产值原始数据如表7-7所示。

表7-7 三大经济区海洋产业与区域经济联动关系计量分析[51]

年份	海洋产业产值X（亿元）			区域生产总值Y（亿元）		
	环渤海	长三角	珠三角	环渤海	长三角	珠三角
2001	887.16	749.62	748.77	13 673.48	13 052.47	4383.74
2002	1008.97	831.45	805.28	15 421.54	14 678.79	5040.65
2003	1104.91	901.48	749.88	16 636.32	15 875.65	5625.09
2004	1173.01	1034.84	849.15	17 853.04	17 097.67	6438.89
2005	1266.16	1146.95	1056.23	19 939.82	19 170.21	8421
2006	1587.35	1400.23	1461.94	21 889.27	21 210.9	9559

（续表7-7）

年份	海洋产业产值X（亿元）			区域生产总值Y（亿元）		
	环渤海	长三角	环渤海	长三角	环渤海	长三角
2007	1998	2027	1694	3991. 41	23 836. 50	10 954
2008	2779	3399	2112	27 984. 69	28 106. 64	12 957
2009	4116	4169	2417	33 282. 44	34 725. 13	15 485
2010	5510	5860	3000	40 319. 61	40 897. 69	18 244
2011	6018	6174	4145	47 151. 6	47 753. 96	21 609
2012	9542	7748	4755	55 749. 3	56 710. 44	25 607
2013	10 706	9584	5825	67 076. 6	65 497. 68	29 745. 58
2014	12 015	9466	6614	73 866. 4	72 494. 1	32 105. 88
2015	13 271	12 059	8291	87 245. 9	86 313. 77	37 388. 21
2016	16 442	13 721	9807	103 411. 5	100 624. 8	43 966. 18
2017	18 078	15 440	10 028	114 273. 3	108 707. 3	47 897. 25

为了方便分析两个指标之间的联动作用，分别以Ln*x*、Ln*y*表示各区域的海洋产业产值和经济生产总值，具体实证研究结果如下。

1.环渤海地区海洋产业与区域经济联动关系的计量分析

结合环渤海地区2001—2017年海洋产业产值与区域生产总值，利用Eviews软件对变量进行如下分析。

（1）对变量进行平稳性检验的结果如表7-8所示。

表7-8 环渤海地区变量平稳性检验[51]

变量	检验方程式（*t*, *c*, *k*）	ADF统计值	5%置信水平下临界值	10%置信水平下临界值	是否平稳
Ln*y*	（*t*, *c*, 1）	−2. 825 6	−3. 759 7	−3. 324 9	否
Ln*x*	（*t*, *c*, 1）	−1. 929 1	−3. 759 7	−3. 324 9	否
D（Ln*y*, 2）	（0, *c*, 1）	−4. 470 7	−3. 119 9	−2. 701 1	是
D（Ln*x*, 2）	（0, *c*, 1）	−3. 691 4	−3. 119 9	−2. 701 1	是

由表7-8可知，在不同置信水平下，Ln*y*和Ln*x*的ADF统计值都大于临界值，说明这两个序列都不平稳。为了保证序列的平稳性，分别对其进行二阶差分，结果表明二阶差分序列都平稳。因此，可以对两个变量进行协整检验以验证它

们之间的关系。

（2）协整检验和因果检验

采用Johansen检验方法通过Eviews软件对Ln*y*与Ln*x*进行协整检验，分析结果见表7-9。

表7-9 环渤海地区变量协整关系检验[51]

变量	模型选择	滞后项数	统计值	5%置信水平下临界值	是否协整
Ln*y*、Ln*x*	模型2	（2，2）	28. 345 3	20. 261 84	是

由表7-9可知，Ln*x*和Ln*y*这两个变量的统计值为28. 345 34，且大于5%置信水平下的临界值，说明拒绝原假设，即可以认为上述两变量之间具有协整关系，也就是说这两个变量之间存在长期的相关关系。为了验证Ln*x*和Ln*y*之间是否存在明显的因果关系，下面通过Eviews软件对其进行Granger因果检验，得到的结果见表7-10。

表7-10 环渤海地区变量格兰杰因果检验[51]

零假设	滞后期	*F*统计值	概率*P*值
Ln*x*不是Ln*y*的格兰杰原因	1	8. 763 2	0. 011 1
Ln*y*不是Ln*x*的格兰杰原因	1	0. 050 3	0. 826
Ln*x*不是Ln*y*的格兰杰原因	2	3. 641 3	0. 064 9
Ln*y*不是Ln*x*的格兰杰原因	2	0. 193 1	0. 827 4
Ln*x*不是Ln*y*的格兰杰原因	3	2. 649 8	0. 130 1
Ln*y*不是Ln*x*的格兰杰原因	3	0. 141 0	0. 932 2

表7-10结果表明，在滞后1期时，得到的概率*P*值为0. 011 1，小于5%的置信水平，说明拒绝原假设，即环渤海地区的海洋产业产值对区域经济产值仅存在单向的Granger因果关系；在滞后2、3期时，得到的概率*P*值为均大于5%的置信水平，说明接受原假设，即环渤海地区的海洋产业与区域经济产值之间不存在Granger因果关系。

（3）回归分析与结果

基于对数据进行了协整检验和Granger因果检验，接下来利用Eviews软件对变量Ln*x*和Ln*y*进行回归分析的结果见表7-11。

表7-11 环渤海地区变量直接回归结果[51]

变量	系数	标准差	*T*统计值	概率值	可决系数	DW值
C	5. 192 7	0. 175 4	29. 593 9	0. 000 0	0. 984 1	0. 587 8
Ln*x*	0. 643 0	0. 021 0	30. 492 1	0. 000 0		

由表7-11可知，在5%的显著性水平下，DW统计值为0. 587 833。而当n=17, k=1时，查表得知DW临界值分别为：DL=1. 13、DU=1. 38， 由于DW统计值<临界值DL，说明存在自相关。且对变量进行White检验的结果显示不存在异方差。因而只需要消除自相关即可，即采用广义差分法通过Eviews软件对回归分析进行调整，得到调整后的结果见表7-12。

表7-12 环渤海地区变量广义差分回归结果[51]

变量	系数	标准差	*T*统计值	概率值	可决系数	DW值
C	5. 445 4	0. 138 3	11. 571 5	0. 000 0	0. 906 3	1. 694 9
Ln*x*	0. 617 7	0. 053 0	11. 366 8	0. 000 0		

由表7-12可知，调整后的回归结果中DW值为1. 6949，且DU<DW<4-DU，说明调整后的数据序列已经不存在自相关。且常数项和解释变量Lnx的T统计值均大于临界值，同时概率*P*值也小于0. 05，说明在5%的置信水平下，回归结果是显著的。此外，可决系数超过0. 9，说明该回归方程的拟合优度较好。因此，可以说明调整后的回归结果具有较强的可靠性，可以适用于实证结果分析。其中Ln*x*的系数为0. 617 704，表明在环渤海地区的海洋产业产值Ln*x*每增长1个百分点单位，区域经济Ln*y*也就增长0. 617 704个百分点单位。

2.长三角地区海洋产业与区域经济联动关系的计量分析

结合长三角地区2001—2017年海洋产业产值与区域生产总值，基于Eviews软件采用计量分析法得到相关实证研究结果，具体的分析过程如下：首先，对变量进行单位根检验，结果发现在5%和10%不同的置信水平下，两个序列Ln*y*和Ln*x*的ADF统计值都大于临界值，说明这两个序列都是不平稳的；其次，分别对其进行二阶差分后再进行单位根检验，结果表明调整后的序列是平稳的，即Ln*y*和Ln*x*符合同阶单整；然后，对Ln*x*和Ln*y*进行协整检验，结果表明其极大似然比为32. 823 73，且大于5%置信水平下的临界值20. 261 84，说明拒绝原假设，即有95%的可能性证明两者之间存在协整关系，即变量间存在一定的长期关系，从而能够对变量进行回归分析；最后，对变量进行Granger检验，结果显示在滞后1、2、3期时，海洋产业产值对区域经济产值存在明显的影响关系，而这种影响关系仅仅是单向的，即反过来不成立。由于两者之间存在长期均衡的关系，现在直接对Ln*x*和Ln*y*进行回归，发现两个变量之间存在自相关，为了消除自相关，基于广义差分法得到的回归结果见表7-13。

表7-13　环渤海地区变量广义差分回归结果[51]

变量	系数	标准差	*T*统计值	概率值	可决系数	DW值
C	5. 805 2	0. 152 9	8. 672 4	0. 000 0	0. 813 2	1. 329 9
Ln*x*	0. 583 1	0. 074 6	7. 809 0	0. 000 0		

由表7-13可知，调整后的回归结果中DW值为1. 3299，且DU<DW<4-DU，说明调整后的数据序列已经不存在自相关。且常数项和解释变量Ln*x*的*T*统计值均大于临界值，同时概率*P*值也小于0. 05，说明在5%的置信水平下，回归结果是显著的。此外，可决系数超过0. 8，说明该回归方程的拟合优度良好。因此，可以说明调整后的回归结果具有很好的可信度，可以适用于实证结果分析。其中Ln*x*的系数为0. 583 177，说明长三角地区的海洋产业产值每增长1单位，区域经济就增长0. 583 177单位。

3.珠三角地区海洋产业与区域经济联动关系的计量分析

结合珠三角地区2001—2017年海洋产业产值与区域生产总值，基于Eviews软件利用计量分析法得到相关的实证研究结果，具体的分析过程如下：首先，对变量进行平稳性检验，发现在5%和10%的置信水平下，Ln*y*和Ln*x*序列的ADF统计值都大于临界值，说明这两个序列都是不平稳的；其次，分别对其进行一阶差分后再进行单位根检验，结果表明调整后的序列是平稳的，即Ln*y*和Ln*x*符合同阶单整；然后，对Ln*x*和Ln*y*进行协整检验，结果表明其统计值为34. 855 56，且大于5%置信水平下的临界值20. 261 84，说明拒绝原假设，可以说明两变量间具有长期的相关关系；最后，Granger检验结果显示，在滞后1、2、3期时，发现珠三角地区的海洋产业对区域经济促进作用不明显，而区域经济发展对海洋产业促进作用却十分明显，这与其他两个经济区的实证研究结果不同，具体结果见表7-14。

表7-14 珠三角地区变量格兰杰因果检验[51]

零假设	滞后期	F统计值	概率值
Ln*x*不是Ln*y*的格兰杰原因	1	1. 329 7	0. 269 6
Ln*y*不是Ln*x*的格兰杰原因	1	16. 932 5	0. 001 2
Ln*x*不是Ln*y*的格兰杰原因	2	1. 305 6	0. 313 5
Ln*y*不是Ln*x*的格兰杰原因	2	15. 517 2	0. 000 9
Ln*x*不是Ln*y*的格兰杰原因	3	1. 378 9	0. 325 9
Ln*y*不是Ln*x*的格兰杰原因	3	7. 714 8	0. 012 7

由表7-14可知，珠三角地区的Ln*x*和Ln*y*存在协整关系，海洋产业产值和区域经济产值之间存在长期均衡的关系，直接对以上两个变量Ln*x*和Ln*y*进行回归，结果表明在5%的显著性水平下，基于White检验方法，得到的卡方统计值大于临界值，说明存在异方差。为了消除异方差，采用加权最小二乘法对回归结果进行修正，得到的回归结果见表7-15。

表7-15 珠三角地区变量加权最小二乘回归结果[51]

变量	系数	标准差	*T*统计值	概率值	可决系数	DW值
C	0. 015 8	0. 009 1	1. 729 6	0. 000 0	0. 997 2	0. 743 8
Ln*x*	0. 779 8	0. 010 5	74. 123 0	0. 000 0		

由表7-15可知，在5%的显著性水平下，其概率值小于0. 05，说明异方差现象已消除。但是DW统计值为0. 743 887不在（DU，4-DU）范围内，所以存在自相关。因此，需要采用广义差分法来消除自相关，得到调整后的结果如表7-16所示。

表7-16 珠三角地区变量加权与广义差分回归结果[51]

变量	系数	标准差	*T*统计值	概率值	可决系数	DW值
C	0. 011 25	0. 004 7	0. 877 7	0. 000 0	0. 998 0	1. 403 4
Lny	0. 791 4	0. 008 8	89. 389 6	0. 000 0		

由表7-16可知，在5%的显著性水平下，其DW统计值为1. 4034，且DU<DW<4-DU，说明调整后的数据序列已经不存在自相关。此外，可决系数超过0. 9且接近1，说明该回归方程的拟合优度良好。因此，可以说明调整后的回归结果具有很好的可信度，可以适用于实证结果分析。其中Ln*y*的系数为

0. 791 425，表明在珠三角地区内，区域经济产值Ln*y*每增长1个单位，海洋产业产值Ln*x*就增长0. 791 425个单位。

第四节　沿海地区海洋产业与区域经济关联性比较分析

由于沿海三大经济区在海洋产业与区域经济联动方面上存在差异，因此有必要对各地区进行横向研究以提高本文研究结论的可靠性。

一、海洋产业与区域经济联动关系实证研究结果比较

（一）贡献度

2013—2017年，珠三角地区的海洋产业产值对区域经济的贡献度最高，并且一直保持着不断增长的稳定趋势；而其他两个经济区的贡献度在2014年和2015年之间呈现先升后降的变化趋势。但是从整体上来看，环渤海地区的海洋产值贡献度高于长三角地区。此外，环渤海、长三角和珠三角三大经济区贡献度的平均值分别为15. 5%，13. 7%和20. 0%。结合三大经济区海洋产值的平均直接贡献度与平均间接贡献度，发现珠三角地区海洋产业产值对区域经济增长的贡献度最高，且在海洋产业发展过程中的中间投入对区域经济的贡献度也最高，说明该经济区的海洋产业发展对区域经济发展起到重要的拉动作用。

（二）拉动度与相对增长率

拉动度可以直观地说明某个产业发展对区域经济的带动作用的大小。2013—2017年，三大经济区的海洋产业发展对区域经济拉动度的变化趋势基本一致，且环渤海、长三角和珠三角三大经济区拉动度的平均值分别为2. 7%，2. 2%和3. 0%。由于相对增长率反映的是海洋产业产值增长与地区产业产值平均增长速率之间的比较速率。2004—2017年，在三大经济区的近四年相对增长率中有8个数据大于1，说明在多数情况下海洋产业产值增长速率比地区平均增长速率高，同时也暗示海洋产业在地区经济发展中存在持久的发展潜力。但是除2014年外，环渤海经济区的海洋产业产值相对增长速率都较低，并且可能保持

持续下降的趋势；而其他两个经济区的相对增长速率都大于1，且保持相对稳定的增长状态。

二、计量分析结果比较

仅仅对指标进行直观分析是不能有效地增加本文的可靠性，为了深入研究海洋产业与区域经济发展之间的关系，需要运用计量分析法挖掘指标间的深层规律，以增加本次研究结果的可信度。基于前面运用Eviews软件进行的部分检验，进一步说明了三大经济区的海洋产业和区域经济发展之间存在显著的相关关系以及因果关系，但是不同的区域得到的指标间的因果方向不同，间接反映了各经济区的海洋产业和区域经济发展之间的作用机制不同。

三、比较结果的综合评价

结合传统分析与计量经济学分析的结果，发现各经济区的海洋产业发展与区域经济发展是相互联系的，即两者之间具有相互促进的作用。一方面，海洋产业作为地区产业系统中的一部分，其增长与发展必然对区域经济的发展具有一定的积极推动作用。另一方面，海洋产业的发展离不开地区经济这个外部环境，原因是地区经济在各个产业中都起到明显的拉动作用，从而促进海洋产业能够持续性运转。并且能够有效配置海洋资源，进行发挥海洋产业与区域经济之间的双向促进作用。综合以上的分析结果，发现珠三角地区的海洋产业与区域经济之间的关联度最强，即该经济区的区域经济增长1单位将带动海洋产业产值增长0. 791单位。此外，该地区的海洋产业对区域经济的推动程度也最高，为3. 0%。因此，珠三角地区的海洋产业和区域经济两者之间存在相互促进的良性关系。反观另外两个经济区，其产业运作机制明显相对落后，且Granger因果关系只存在于海洋产业对区域经济的单向促进作用上，并没有体现出双向作用。根据贡献度、拉动度、相对增长率的指标数据以及相关回归结果，可以看出环渤海地区海洋产业对区域经济的推动作用相对其他两个经济区较明显。

四、海洋产业与区域经济关联差异内在因素分析

不同经济区的海洋产业与区域经济之间的关联度必然会存在一定的差异，但是造成这种差异的内在因素有很多，而本文主要从以下四个方面进行分析。

（一）海洋资源与经济发展环境差异

海洋资源与经济发展环境的差异主要体现在两点：第一是海洋资源总量与区域经济发展水平的不同。一个地区的海洋产业发展离不开对该地区海洋资源的有效配置，而一个地区同样可以根据该地区的海洋资源总量的多少决定它的主导产业是否与海洋产业相关，以及海洋关联产业是否可以稳定发展。根据2001—2017年三大经济区海洋产业产值的变动，发现珠三角地区的海洋产业产值的贡献度一直呈现较高的水平。而另外两个地区的经济总量虽然不相上下，但就海洋产业对地区经济的贡献度来说，在2011年以后，环渤海地区一直高于长三角地区。第二是不同区域经济实施的相关政策对发展海洋产业的保护力度不同。区域经济的稳定增长会为海洋产业带来有利的发展优势，它主要是从供求两个方面为海洋产业提供环境优势，基于区域经济政策以及相关因素的影响，可能会使地区经济对海洋产业没有发挥促进作用。例如，本文基于Eviews软件研究发现环渤海地区的区域产值增长并不是海洋产业产值增长的格兰杰原因，从海洋产业投融资力度来看，环渤海地区的经济活力明显比其他两个经济区要弱，且该地区经济增长对海洋产业产值增长的促进作用也较小，甚至可能被忽略。

（二）海洋产业关联陆域产业差异

基于三大经济区海洋产业结构特征的差异，可以得出不同地区海洋产业的辐射力度不同，其对区域经济产值发挥的促进作用也不同。例如，海洋产业中的滨海旅游业之间的关联度较高，因此，推动旅游业发展有助于提高区域消费，进而推动区域经济向可持续性发展迈进。而海洋产业中的海洋渔业之间的关联度较低，其对区域经济发展的推动作用较小。此外，由于涉及海洋第二产业的关联产业种类较多，如海洋矿业的上下游产业较多，因此大力发展海洋矿业有利于带动其他关联产业的发展，而影响一个地区的海洋主导产业和新兴产业选择的因素主要有两个，即资源优势和经济发展背景。结合三大经济区的各个省

市，可以得知各省市的海洋资源优势必然存在差异。例如山东省和辽宁省在海洋渔业资源上具有明显的比较优势，其中山东省还在海盐业、化工业以及海洋交通运输业方面存在资源优势。此外，天津市在海洋油气资源储量方面上充当着不可忽视的角色；上海市只在海洋交通运输产业上存在资源优势，浙江省和江苏省分别在海洋矿业资源和造船业资源优势最明显；而广东省在海洋交通运输资源方面具有明显的优势。

综上，可以得出以下结论：首先，可以发现各个经济区不同的资源优势会影响海洋支柱产业的选择。其次，涉及海洋产业的相关劳动力和科技水平也会影响主导产业的选择。特别是技术设备和创新人才的影响作用最明显，例如推动海洋新能源产业发展需要的关键因素有两点：一是拥有大量的海洋能源，二是掌握相关的核心技术。只有掌握了关键的因素才能有效地利用海洋能源。然而，不同的地区所拥有的产业结构也不同，从而可能导致海洋产业的发展对区域经济的带动作用存在差异。

（三）海洋产业与区域经济匹配度差异

基于以上讨论可以明确得出海洋经济与区域经济之间具有较强的关联作用，两者之间相互促进，但是产业系统的不平衡发展将对区域经济发展形成“木桶短板效应”，也就是说海洋产业与区域经济之间的匹配度较低时，会阻碍区域的经济发展。随着区域经济一体化的发展，各省市之间的物流产业迎来了新的发展空间和发展机遇。此外，海洋产业的“区域化”程度也在不断加强，进而深化了海洋产业与区域经济之间的关联作用。例如，陆上加工业的劳动力水平和技术水平在很大程度上影响着海水养殖业的发展。而随着水产品区域化发展，海水产品通过物流产业这一中间环节的运输，以及在陆上的一些列加工处理，从而为各个区域的制造加工业提供了原材料。且海洋产业与区域经济发展之间也能够形成良性循环运作机制。滨海旅游业借助独特的海洋景观也推动了地域旅游业的发展。

（四）区域间海洋产业政策协调度差异

区域间海洋产业政策协调度差异主要体现在两个方面：一是各地实施的经济政策不同。即同类的海洋资源可能会存在于同一地区的不同省市，然而由于各省市实施的各项经济政策不同，在一定程度上可能形成海洋资源之间的竞争。在此种情况下，需要进一步协调区域间的海洋产业发展水平，即通过有效的竞争促进各区域间的经济合作，并且充分对海洋资源进行有效配置，结合资源特征优先推动海洋优势产业的发展。在三大经济区中，珠三角地区属于广东省内部，相关海洋资源政策在两者之间协调度比较高。然而其他两个经济区分别都包含多个不同的省市，因此在政策实施方面容易出现冲突，从而不能有效地开发并利用海洋资源。二是区域内各省市间的海洋经济规模不同。例如，环渤海地区的海洋经济主要依靠山东省，因为山东省的海洋产业规模较大，该省又在多种海洋资源上存在一定的优势。长三角地区的海洋经济没有主要依靠个别省份，它是依赖于三个省市海洋经济的共同发展，虽然各省市之间的海洋产业规模存在较小的差距，但是这种差距是相对稳定的，不会大幅度地阻碍区域经济发展。此外，珠三角地区属于广东省内，可以排除区域发展不均衡的现象出现。

第五节　沿海地区海洋产业与区域经济联动发展的对策建议

根据前文所述，基于对影响因素的分析，推动三大经济区海洋产业与区域经济联动发展的关键是区域之间的合作、产业带动发展，以及海陆一体化进程的加快，从以上的三个层面分别展开对策建议分析。

一、区域合作层面的对策建议

区域之间相互帮助、协调合作、共同发展，将优势发挥到最大。互相扶持、互通有无、协商共享制定的发展计划，在共同方针的基础上实现共同目标是沿海经济海洋产业稳定发展的前提。各个区域之间的海洋经济的合作以在共同开发利用海洋物质资源的基础上，实现整理利益与个体利益均衡。

（一）集合资源共同推进基础设施建设

将大区域作为区域经济发展的导向，通过聚集物资实现共同开发基础设施建设，是各经济区省市应遵循的首要前提。在物流方面，一方面，对内强化高速公路等主运输干道，对外严格保证港口为连接枢纽，努力打造良好的现代集疏运物流体系。另一方面，建设完备的现代化信息网络，以实现信息的及时共享的目标。首先，基于各个省市内海洋数据现代化信息网络，实现安全有保障的海洋经济区统一的现代化官方海洋信息网站，实现在各个省市之间建立起有效快速的链接效果，达到真正的海洋信息共享。其次，在海洋信息网站的基础之上，构建内部专属的信息网络，便于加速区域内海洋资源开发的企业之间的信息共享、执行效率。最后，建立海洋经济区域信息网络也有助于政府及时得到企业的反馈信息，有利于及时对政策加以完善，强化政策的落实力度。

（二）区域互补实现海洋产业联合发展

在开发海洋产业的方面，各个经济区域应联合各旅行社、旅行协会等。努力打造区域滨海旅游品牌。同时，对内拉动内需，各经济区内部省市间可以通过对加大区域内提供优惠等措施的力度以完善市场互换。从产品开发方面，各经济区应通过联合开发旅游资源，充分利用本身的资源特色优势，构建贯通上述四省市的旅游路线，可克服由于区域范围较大，景观资源、民俗风情等差距较大开展差异化竞争的缺陷，也适用于相邻较近的滨海城市，这样才可能避免资源不利竞争与浪费。为了促进国际贸易和运输技术的发展，优化港口的效率，增强港口合作，每一个经济区都应当对其内部的端口结构进行调整，以整合港口资源，实现网络端口突出港口功能，促进各地区之间共同发展。各经济区应把核心放在本地区实力最强的一两个港口上，在此基础上形成集疏运网络。此外，港口操作的特点应建立信息共享平台，港口的运作效率应该通过数字化管理系统来提高，建立一个公共管理平台，使航运信息系统和交易系统逐步发展和完善。

二、海洋产业发展层面的对策建议

海洋产业是海洋资源开发产业的总称，包括多种海洋资源。促进海洋产业与区域经济的联动离不开海洋产业自身的发展。同时，海洋产业的加速高质量发展也将对区域经济协调发展起到更大的推动作用，形成良性的循环。

（一）针对薄弱环节优化海洋产业结构

优化海洋产业结构，重点发展环渤海经济圈。大力发展海洋经济第三产业。在海洋运输方面，要协调发展区域港口之间的分工与合作，构建以青岛港为核心的现代化物流体系。在滨海旅游方面，要更加充分发挥以环渤海地区海岛为主的优势，推进构建海岛旅游体系，建设有海洋特色的多功能旅游区。应着力调整海洋第二产业的高质量发展。海洋油气产业的快速发展不仅要着眼于近海的区域，更要向公海和其他偏远地区迈进。因此，应更加大力发展海上油气勘探技术和落实海上钻井平台建设。大力发展第一产业，有必要在海洋渔业的可持续发展的基础上更加保护海洋渔业资源，促进落实渔业产品的深加工程度，增加海洋产品的附加值，促进建立海洋牧场，打造一个完整的海洋渔业系统。同时，将三个经济区域作为一个整体。应该着手大力发展战略性新兴产业同时也专注于新兴的高科技海洋产业的可持续发展，推动海洋产业的技术转化率，并应用海洋科学和技术的成就在该地区通过海洋科学和技术的研究和开发，以推动该地区的全面发展。“十二五计划”提出了海洋层面的战略性新兴产业，包括了海洋工程装备制造业、海洋生物医药、海洋新能源行业，等等。区域省份必须为促进海洋高科技产业的发展而提供资源、人力和物质资源支持，创造一个良好的外部发展环境。

（二）充分利用民营资本加大海洋投资

技术的飞速发展进步对海洋资源的合理有效开发起到关键作用。然而，我国海洋产业起步较晚，海洋科学技术在某些方面上的水平和能力仍然落后于国外。仍需从国外进口大量精密核心技术，海洋经济可持续开发的成本仍然很高。为了最大限度地利用海洋经济资源，增大海洋经济的效益，开展海洋经济资源的合理研究与开发，合理可持续地发展海洋技术已经成为海洋经济发展的首要任务。因此，针对海洋科技研发的海洋投资项目应该更加重视和支持。

一方面，由政府主导进行财政扶持。在整个海洋资源合理有效开发过程中，政府的投资能够更加推动海洋经济发展。财政资金拨款作为中国海洋经济发展背后的最庞大坚强的力量，主要通过以下三种途径：第一，设立海洋产业投资基金，以政府为中心，适当吸收资金的风险投资，投资回报为利润分成，该资金的一部分是对高等学校的支持，加强对产业自主研发的经费投入，以实现企业产出最大化的目标;第二，银行应降低企业贷款门槛，政府出台相应政策扶持企业创新发展，积极承担企业开发过程中的风险和损失。三是，建立完善的投资机制，更加充分的利用基金，完善监督管理机构，打造合理的监督平台，以实现资金使用透明化、规范化。

另一方面，合理地拓宽直接融资以及间接融资的渠道，最大限度的合理吸收民间的资本来投资海洋产业。伴随着中国市场经济的不断发展，私人资本在全社会融资总量的比重逐渐增加，不仅展示了私人资本强大的力量，也反映了在经济市场中，私人资本比政府资金灵活性更强，加大吸收私人资本的力度，能够更好地实现资金的合理配置。因此，政府应该加大鼓励民营资本投资海洋产业的力度。除了政策方面的引入，政府更应该做的是加强监督政策的执行。政府应该设立专门的管理和监督部门，在等到新资本流入触及既得利益者垄断权力时及时地协调利益分配。此外，加大对民营资本投资的海洋产业的投资力度，我们应该合理地为民营企业提供廉价的海洋土地，包括放松权力使用海洋陆地，简化海洋土地使用的审批程序，以提高民营企业更加合理的利用海洋土地的效率。除了拓宽融资渠道外，还应完善投资收益分配和投资退出机制方面。首先，传统的投资融资活动，投资过程中的风险，享受投资产生收益的主体往往是一致的。但在海洋产业投资领域，特别是在当前处于海洋开发水平较低的条件下，促进海洋经济的发展，对风险和收益可以适当错位，具体表现在两类：一是政府承担风险，企业获取利润；第二，社会承担风险，政府受益。一般来说，存在于这两类主体中的风险承受能力较大的主体应该承担风险，以保证投资活动能够顺利有效的开展。其次，要更大程度地激发投资者的热情，以降低投资活动的阻力，需要进一步完善投资退出的机制。具体的实施措施包括开放区域股权之间的交易市场和海洋创业板市场，以通过股权交易来能够实现海洋产业融资投资资金的新陈代谢。同时，沿海经济区更应该在加大海洋投资的过程中发挥其区域优势。环渤海经济区和长三角经济区应扩大招商引资的范围，加大鼓励区域之间交叉投融资，共同实现区域利益，进一步促进海洋经济的发展。

三、海陆一体化层面的对策建议

海洋产业与区域经济的互相联动是二者之间合理利用能量和资源双向转移的结果。为增强联动传动机制更加高效的运行，更应该加强联动环节。

（一）因地制宜制定海陆一体化统一规划

三个沿海经济区要根据各自自身的发展特点，制定统一的海陆一体化的发展规划，在资源开发合理利用中加强优势互补，避免冲突。第一，是整合开发陆海资源，把将陆海资源视作一个整体，最大程度地实现陆海资源的互补优势，避免对一种资源的过度开发；第二，海洋和陆地区域应明确好土地环境与海洋环境之间的权衡，避免将传统环境下大量的土地污染物排放到海里，以破坏了海洋环境为代价而保护土地环境。第三，在明确产业链的形成和产业之间的联动机制共同作用的基础之上，加强海陆产业的全面共同发展，实现海陆产业一体化。第四，改变传统的管理模式，在经济社会发展规划中考虑海洋领土和专属经济区。要加大统一管理部门和人员，促使陆海经济发展的相互促进。最后，要树立明确的海洋领土意识，更加重视海洋经济的发展。

（二）支持带动作用明显的海洋产业发展

要实现陆海经济一体化，就必须加大关注产业合理发展的全链条，通过加大对陆海产业互动机制的研究，制定合理的具体发展规划。能够正确区分海洋产业、临海产业和海洋相关产业的细节区别是实现陆海经济一体化的必要条件。在实证数据的基础上，对各行业的相互驱动系数进行量化处理。据此，概括出了促进产业发展的合理对策。海洋产业作为海洋资源开发利用的核心产业，其包括海洋渔业等13类产业。其中，临港产业是指沿海地区利用海洋的地理和资源优势的产业，主要从地理范围和区位上进行划分，尤以工业为主，布局在海岸带区域的产业。海洋产业是指为主要海洋产业提供服务的陆地产业，与海洋资源的开发利用有关。从事海洋主要活动领域的海洋产业，临港的海岸带区域或沿海产业向内陆地区的海洋产业，将所有的海洋资源开发和利用海洋产业分类为最小的类别，更加深入行业的细节部分，借助投入产出系数来量化出各种产业的带动作用。上述三种海洋产业、临港土地产业和沿海产业作为海洋产业之间的发展桥梁，同时也是陆海能量之间相互流转的十分重要的环节，各个经济区应该基于各自自身的经济发展的特点，结合好港口领域的发展现状以及腹地连接的区域，更加合理地制定该地区的发展计划，主要以临港工业为中心，沟通好海洋产业与涉海产业，突出海洋新兴产业的发展，大力发展现代海洋渔业。此外，随着《中华人民共和国海岛保护法》的落实实施， 己有地区率先推出海岛使用权的拍卖，促进海岛资源更合理地进行市场资源优化配置，为海岛的合理有效开发提供了一个良好的生长环境。在陆地和海洋岛的一体化建设中，应考虑资源，尤其是离岸岛屿的资源开发，并以海岛旅游资源的可持续开发为主要的开发发展方式，增强海岛海岸带土地的经济之间的联动发展。

（三）完善海陆一体化建设中的保障措施

为促进陆海一体化的顺利推进，应大力完善海陆一体化的保障措施，涵盖以下四个方面：第一，优化海陆空空间布局，特别是海洋经济的快速发展地区， 建设带有地区特点的海洋经济，着力打造开放型创新型海洋园区，集中资源合理开发，实现海洋经济之间发展的传导作用，加大带动区域经济水平的整体发展。第二，增强重视海洋开发技术的研究与开发。鉴于我国海洋科学技术水平相对落后，各经济区应重点发展海洋先进技术，共同搭建海洋科研平台，提高海洋科研成果的转化率和市盈率。第三，加强对污染源的监督管理，引入市场排放税机制。最后，从系统管理的角度来看，我们应该加强对陆地和海洋综合合理管理组织的优化和一体化建设，提高海洋的执法力度，推动海洋监测平台的合理建设和有序维护，建设和完善法律、法规，实现对陆地和海洋的集成开发。

下　　编

第八章　海洋经济高质量发展的综合评价

海洋经济作为我国经济重要组成部分，一直蓬勃健康发展。党在十六大中首次提出了“实施海洋开发”的新思想，《全国海洋经济发展规划纲要》为我国海洋经济的可持续稳健发展确定了新的目标和方向。在此期间，中国主要海洋产业的增加值年均增长率为11. 1%。“十五”期间，中国海洋产业的总产值首次突破1万亿元。“十五”期末，再创新高。2003年，主要海洋产业总产值接近1. 7万亿元，主要的海洋产业增加值高达7202亿元，相当于同期的国内生产总值的4%。海洋经济的快速发展使得其日益成为支撑国民经济发展的新的增长点。以传统海洋产业经营为主的海洋经济结构并没有发生根本性质的变化。长期以来，海洋经济的稳健增长是靠资源的过度消耗来维持的。目前，对海洋经济增长方面的理论和实践更加深层次的研究较少，对海洋经济增长质量更深入的研究滞后于海洋经济的快速发展。

随着我国经济质量的不断发展，经济的快速增长所带来的日益凸显的社会和环境问题越来越成为人们所关注的首要焦点，于是其发展带来了经济增长的质量方面的问题。如何正确评估海洋经济增长的发展质量，如何实现资源的合理有效的配置，提高资源利用效率，减少资源不必要的浪费，保持自然资源和社会的共同协调发展，从理论的高度概括缩减这些问题，并结合我国的实际情况进行合理的分析，相信并贯彻执行海洋管理部门的宏观经济政策，对落实实现经济的高质量高效的可持续发展是十分有益的。中国海洋经济从此进入了新阶段的发展时期，如何在维持海洋经济快速增长的同时，也提高经济增长的质量问题已成为一个突出首要解决的问题。当前，国家号召实施的海洋发展战略规划给海洋经济的可持续发展带来了千载难寻的机遇和挑战。在这种宏观背景下，充分合理发挥海洋经济的增长潜能，推动海洋经济的可持续增长的质量具有重要意义。促进海洋经济的健康可持续发展，事关全面建设小康社会和整个国家的经济和社会发展与稳定。但令人担忧的是，我国尚未建立起完整的海洋经济增长质量统计评价体系系统，无法合理地对经济增长质量进行深入的剖析。因此，增强经济增长质量的研究，加快建立经济增长质量统计指标体系建设，开展经济增长质量评价具有重要的理论和现实意义。

第一节 海洋经济高质量发展评价的理论基础

一、海洋经济发展质量的概念与内涵

目前，关于海洋经济发展质量的更深层次的研究较少，对其具体的内涵也没有权威的定义。海洋经济的定义是对海洋进行开发、合理利用和保护的各种工业方面的活动及与其相关的经济和工业活动的总和。海洋经济发展质量是指海洋合理开发利用和高效保护等人类活动对海洋经济发展和人类本身的影响，从而合理地评价海洋经济发展的质量。根据上述定义，它基本涵盖以下四种含义。

（1）在海洋资源的合理利用方面，禁止对自然资源尤其是海洋资源的任意开发和滥用，制止其他物质资源和人力资源的整合，制止恶性竞争；

（2）保护和重视海洋发展的生态环境，制止人为对海洋环境的污染、海洋工业污染和未经污染处理就向海洋转移陆地污染物；

（3）扩大海洋经济产业发展规模，包括海洋生产总值持续增长，保持海洋经济增长速度，优化海洋产业布局；

（4）推动海洋产业科技发展。海洋科技力量在提高海洋经济发展质量中一直发挥着关键的作用；

（5）提升海洋经济综合管理能力。与海洋经济发展密切相关的基础设施建设和合理管理，与海洋经济快速发展的质量密切相关。

二、海洋经济高质量发展理念

随着生态危机的日益严重，我们更加需要以清醒的眼光重新审视人与自然

的关系。本文以环境与资源为切入点，研究经济社会发展现象，呼吁对人类海洋活动进行经济分析，保护生态环境。从马克思、恩格斯的生态观和生态经济学的角度来梳理其理论渊源。

（一）马克思、恩格斯的生态观与海洋经济发展

虽然马克思、恩格斯并没有系统完善地论述经济和社会的可持续发展，但这并不意味着他们忽视了对环境保护的认识。与此相反，他们所秉持的生态经济思想是建立在以对古典经济学批判的基础之上的。因此，可以说,马克思、恩格斯的可持续生态思想广泛存在于他们各个时期的作品中。

新古典经济学生态观下的社会生产可能使生态危机愈演愈烈。原因在于新古典主义经济学对人与自然关系的理解是片面的。他们视环境为生产要素，忽视了生态环境作为经济可持续发展的基础性和决定性作用。

首先，马克思和恩格斯的生态观认为，资本主义生产方式忽视了人与自然的关系，这是人类社会发展的首要问题。恩格斯指出：“人本身作为自然的产物，应该与环境共同发展。人类和人类社会归根结底是自然长期发展的产物。没有自然也就没有人类。”换句话说，人的发展离不开自然的作用，自然环境对人类的健康成长扮演着不可替代的角色。因此，生态环境的恶化会影响人类的健康发展。 恩格斯警告我们:“我们统治自然世界，不是以征服者的身份统治陌生人，也不是以站在自然世界之外的人的身份。”相反，我们和我们的肉体以及心灵，属于并存在于广大的自然之中；我们统治自然的全部力量在于我们在理解和正确应用自然法则的方面优于其他的所有生物。因此，人类社会的发展和创造财富，没有法律的限制自然生态环境承载力，如果人类不遵守自然的规律，只追求经济的增长而忽视了自然的恶化，那么我们必将受到自然的惩罚，这样的发展也不是可持续的，不是最适合的发展方式。

另一方面，新古典经济学理论将价格约束添加到生产要素中，环境也作为其中的一部分。马克思和恩格斯以劳动为切入点详细描述人类对物质财富的创造，这一切都基于劳动，劳动是财富创造的基础。人是自然界的一部分，劳动的过程也是人与自然界相互作用的过程。可以说，劳动是人与自然进行物质转化的控制器。人类财富的创造是人类合理利用自然和开发自然的共同结果。是同一切社会形式无关的人与自然之间的物质变换的条件，是人类生存的自然条件，是人与自然发生物质转化的条件，与一切社会形态无关。在经济活动中，人与自然的相互作用。换句话说，人与自然进行的物质交换是促进人类发展进步不可替代的方式，自然环境是物质的载体，若是自然环境发生了改变，那么一定会影响人类的进步与发展。同时，人类也是自然界的产物，也是人的精神支柱。换句话说，人类的物质以及精神生活同自然界的一切都密不可分，那么人类的一切物质活动必然会影响甚至改变自然界的物质组成，可能在一定程度上打破其原有的平衡。因此，我们在发展的同时也要关注周围环境的物质发展，关注自然界的物质平衡，与自然和谐共生。自然是物质与人类之间的纽带，他为人类提供发展所需的物质，实现人类的健康发展，只有在社会中，自然才是人类生活的基本条件。

最后，新古典经济学中生产厂商是以利润最大化为目标的，与对自然环境的保护相违背，因此，如果我们依然追求“GDP”，那么我们一定会以危害自然环境为代价。否则，人类的生存将变得岌岌可危。假如劳动的最终目的只是为了增加自身财富，那么它必定是对人类和自然有害的、罪恶的。马克思和恩格斯的可持续发展思想在一定程度上批判资本主义生产方式的同时，也在其中得到了淋漓尽致的体现。“资本主义的进步不仅是掠夺工人的技能，也是抢占技术进步，任何进展在一定时期内改善土壤肥力，还破坏了土地肥力持久进步。”马克思和恩格斯的观点是，社会经济的发展不能以牺牲自然环境为代价，不能忽视自然环境的承载能力，经济的发展必须与环境可持续相结合，以尊重自然环境为出发点，尊重自然生态环境。因此，人们必须以社会、经济系统和生态系统之间的相互作用为前提，并考虑污染和生态退化的类似影响。

机器化生产带来了巨大的生产力，改变了人类的生产生活方式。然而也带来了“生态危机”。马克思和恩格斯认为，合理地审查关注人与自然的和谐关系的首要条件是人类的活动应该以努力改善资源环境为出发点，人类应该是“监管与自然之间合理的物质变换，把它放在他们的共同控制，但不要让它盲目的权力统治自己；靠消耗最小的力量，在最无愧于和最适合于他们的人类本性的条件下来进行这种物质变换”，换一种说法，如何有效地促进科学技术的高效发展和创新能力，通过科学技术的大力传播和应用，保持更加长期稳定的生态生活环境，使人与自然可以更加良性地互动，并保持这种材料的有效循环转换，应注重"技术"在废物回收和减少废物生产中的作用，把生产浪费降到最低，将原材料和辅助材料生产的直接使用提到高限额"，也就是说，这个过程既重视最低的"减少废物"，也重视"环境资源的使用限度"，以求最大程度地控制在生产过程中的废弃物排放问题，着力提高在生产中的自然资源的使用效率。

根据马克思和恩格斯的生态观，我们可以得出一条"海洋产业可持续发展"的道路。马克思在其著作中指出："自然界是人的无机身体，所谓人的肉体生活和精神生活同自然界相联系，即是说自然界与其自身相联系，因为人是自然界本身的一部分。"如果自然界的和谐被人类发展所打破，我们必然将破坏环境。因此，我们首先要加强对科学技术的使用力度。马克思在《资本论》中提出："把自然的巨大力量和自然科学纳入大工业的生产过程，必然会大大提高劳动生产率，这是显而易见的。"但这种对科学技术的重视以及可行并不代表着可以滥用科技。随着以可持续发展理念为核心的观念深入人心，它最大化地提高了劳动生产率，最大化地利用资源，通过扩散已渐渐成熟的科学技术，让社会变为资源节约型以及环境友好型社会。其次，提倡绿色消费。因为人所需要的基本物质生活条件均从自然获得，人与自然互动频繁。因此，马克思、恩格斯认为应重视人类消费与自然环境的关系，否则人类将不复存在。马克思和恩格斯提倡绿色消费，批判了资本主义异化消费的观念，提出人类应该在自然界保持健康的情况下实现自我需求，使生态平衡发展，维持人类可持续发展和全面发展的终极消费模式。

（二）生态经济理论与海洋经济高质量发展

在美国20世纪60年代和70年代，自然环境的恶化、能源危机等一系列愈演愈烈的环境问题越来越阻碍美国经济的发展，并使其变得不可持续。因此，保护环境、美化地球的呼声越来越高，自然生态经济学应运而生。其主要研究人类经济发展与自然生态系统的相互作用，加大警示人类保护生态环境的力度。它将生态学和经济学的基础理论作为研究问题的基础，同时其研究过程也体现了跨学科研究的特点。

美国生物学家蕾切尔·卡逊夫人的著作《寂静的春天》详细地描述了人类对生态环境造成的种种恶性行为，并强烈谴责了人类对地球环境造成的严重污染和对生态环境的破坏。人类的贪婪和不负责任使原本健康的生态环境一直处在崩溃的边缘。美国的经济学家肯尼斯·鲍尔丁教授的著作《一门科学——生态经济学》第一次提出“生态经济学”，标志着生态经济学的诞生。他的另外一本著作《宇宙飞船里的地球经济学》再次为保护环境发声，倡导人类爱护自然生态环境，否则人类赖以生存的家园将被人类自己亲手毁灭。在书中，鲍尔丁将宇宙飞船与地球相比，他认为宇宙飞船有着随时可能毁灭的危险，因为人口的急剧爆炸将使飞船的负荷过重，人们为自己的欲望贪婪和行为乐趣已经消耗了太多航天器本身有限的资源，最大程度的污染以及不顾后果的浪费使人类生存的家园遭到严重破坏。而后，马里兰大学的赫尔曼·戴利教授因生态环境的出现构建了一个新的经济发展模型——稳态经济学进一步发展了原本的生态经济学，完成了生态经济学的理论框架。因此，生态经济学的基础是由美国经济学家肯尼斯·鲍尔丁和赫尔曼·戴利奠定的。

生态经济学主要强调的是生态环境恶化问题是人类生存和发展面临的重大问题。生态学的经济学家列举了一些原因。首先，主流经济学几乎没有说明自然资源稀有性的能力。主流经济学认为人类的无限欲望导致了自然资源的缺乏，但是客观存在的事实是，其本身自然资源也不足。第二，主流经济学主要追求的是物质和财富的增长。这种极端的做法会导致人类忽视对生态资源的维护。将生态环境的健康作为生存和发展的基本要素。只有在人的观念中明确此概念，才能缓和经济发展和生态环境之间的矛盾。第三，主流经济学是以牛顿力学为起始点，生态经济学作为热力学的第二法则，自然中存在的物质和能源的转换是不可逆的。因此人类不能无限地获得他们，只有将人类活动限定为生态环境的持续性，人类的发展和生态环境才能实现良性循环。

20世纪70年代，罗马俱乐部的“成长界限”再次暴露了人类对世界自然环境的破坏以及自然环境的退化。随着资源不足、环境污染等一系列问题的出现，使人与自然之间的关系日益不协调。从那时起，生态经济学日益壮大，吸收了各科的成果，丰富了哲学中的世代平等、生物学的进化论、复杂系统中的偶然性和不确定性等理论框架和实际内容。1972年，英国经济学家巴巴拉·玛丽·沃德和生物学家R.迪沃斯在联合国环境大会上发表的《独一无二的地球》再次震惊了世界。他们都呼吁，“现在环境问题越来越严重，我们仅有一个地球。”

众所周知，目前地球上存在的水资源越来越少，很多国家还在地球上砍伐树木获得资源。现在，我们应该以实际行动来保护我们的地球环境，使我们的家园越来越好。

具体来说，生态经济学的基本特质是建立在自然、公平和时间这个维度上的。生态经济学家着重强调差异的重要性，即因为区域之间存在经济水平的差异，不同国家和民族之间为应对环境恶化所采取的措施也不同。更重要的是，生态经济学更侧重强调神态系统的稳定，他们均认为人类的生产生活服从于生态环境系统的约束。因此，经济的可持续健康发展必须重视经济的稳定发展，维护自然界的发展平衡，实现资源的最大化利用。

（三）可持续发展理论与海洋经济高质量发展

在生态经济学的浪潮中，由尔耳·库克(Earl Cook)提出的智慧经济开始被人们所认识和重视，不同于后来的可持续发展理论。在库克的《新马尔萨斯信仰》一书中，他强调了智能经济的特点，并详细介绍了智能经济的发展情况，为可持续发展的理论研究奠定了基础。美国生态经济学家赫尔曼·戴利(Herman Daley)也指出，尔耳·库克(Earle Cook)教授是一位经济学家，他本可以向全世界人民全面解释智能经济的蓝图。与此同时，联合国世界环境与发展委员会(WCED)通过第38届联合国大会组织了这项研究，并撰写了研究报告《我们共同的未来》。报告称:“本世纪，人类世界和地球发生了巨大变化。”“地球正变得越来越不可持续，未来几十年将是至关重要的。世界环境与发展委员会呼吁尽快采取行动，以保障我们的安全和更好地生存在这个星球上。”报告对可持续发展给出了明确的定义，即“可持续发展旨在满足现代人的需要和愿望，而不损害后代满足他们的需要和愿望的能力”，这标志着可持续发展经济学的诞生。

在可持续发展刚刚萌芽时，其理论更侧重于“生态系统与经济活动之间如何相互作用”的研究（Proops，1989）。1989年，理论家开始规范使用“系统”的研究框架来研究生态系统的问题，他们认为人类作为自然的一部分，不是独立的存在。他们更加认为，生态系统的过度消费必然会制约人类社会的发展，生态环境的恶化必然会缩小人类生存和发展的空间。特别是，研究生态环境危机的解决方案时，我们不应该只关注经济体制的市场资源，而应该依据“系统理论”，并注意与大系统之间相互关系的共同依赖生态系统和经济发展（1987；克里斯坦森，1989）“可持续性”这一观念已经越来越深入人心，人们开始更加注意跨区域经济的可持续发展、跨文化跨学科研究，包括区域间资源的可持续的利用战略，引导人们对可持续发展进行讨论，经济学家也逐渐使用变迁的制度理论研究管理生态环境相关的问题，设定详细具体的社会制度安排和创新政策（韩宁，1994；Golly，1994；Viedierman，1994）。生态经济学在基于生态和经济的共同层面上，研究探索人类对自身发展以及自然环境的选择问题。“可持续性发展”的关键在于实现自然生态环境和人类社会经济的稳定且长期的共同发展，追求两者的“双赢”，在技术革新、经济增长和可持续管理之间找到平衡。

1983年联合国大会第38次会议中，世界环境和发展委员会的报告中明确阐述了可持续发展的原则：（1）社会、经济、环境和生态和谐发展的原则；（2）资源利用国际均衡的原则；（3）区域之间协调发展的原则；（4）社会各阶层进行资源公平分配的原则。至今为止，可持续发展的理念已经成为世界共同的认识。确实，当“GDP”崇拜深入人心时，经济增长日益成为可以压倒一切的重要且是首要的指标。在这种追求利益最大化的经济发展理念中，可持续发展经济学的成熟经历了许多挫折和痛苦。报告书列举了可持续发展的具体要求。它以增强人类生存和可持续发展质量为目标，实现经济发展、社会进步、人口、资源、环境和社会保障一体化，实现人与自然的和谐共生。

现在的生态问题大部分是由于人类的过度开发和不合理的利用所带来的，是传统经济发展的必然结果。但是，生态环境的危机制约着人类经济的发展和社会的进步，甚至威胁着人类家园的重建。为了保证人类生存环境的健全以及经济的进一步发展，更加呼吁发展“可持续经济学”，只有将“可持续发展哲学”和“人类进步”有机结合，生态危机才能逐步缓和，人类才能在地球上健康地生存和并得以繁荣发展。

在可持续发展的视角下，海洋经济的发展不是海洋经济的零发展，而是保持海洋资源可持续、环境健康、经济协调发展。核心是海洋经济发展的健康可持续，其发展必须要以牺牲后代的发展空间来满足当前对资源的需求。在中国，消除贫困两极分化是可持续发展的概念之一。但要追求利益最大化，就要建立在海洋生态资源和环境均稳定发展的基础上，高度重视海洋本身的承载能力，提高海洋资源的利用效率，提高海洋资源使用效率。实现海洋经济健康可持续发展和海洋生态和谐是我国海洋经济可持续发展战略的重点，也是我国实现“生态文明”的必然选择。

第二节　海洋经济高质量发展的影响因素梳理

一、经济效率

所有的经济活动都以经济效益为中心，这也是经济增长的核心内容，也是经济质量的集中表现。海洋经济增长的质量问题集中在经济增长效率基础上的经济效益问题，是生产方式不同、生产范围不同的共同经济领域。从经济效益的角度来看，海洋经济的增长质量体现在一定投资下，获得的最大生产量。第一，提高劳动生产率加快了社会主义国家的现代化进程；第二，提高劳动生产率和海洋经济综合素质；第三，提高劳动生产率，促进经济效益的增加；第四，提高劳动生产率，促进产业结构升级和生产方式现代化。提高劳动生产率，特别是农业劳动生产率，使第一产业的劳动力转移到第二产业，提高农业和工业劳动生产率，使农业劳动力、劳动力转移到第三产业的工人和农民身上。提高第三产业生产价值的比重和劳动力的比重，实现产业结构的基本方面的调整。产业结构先进是提高海洋经济增长质量的重要表现之一。

二、海洋产业结构

海洋产业结构能够反映出海洋经济发展是否协调、合理，也是影响海洋经济增长的最重要的因素。海洋经济结构具体包括产业结构、贸易结构和劳动力在各行业之间的分布结构。合理的产业结构是推动经济进一步发展的强有力的基础，它将推动经济发展到一个更高层次的水平。不合理的产业结构将影响甚至阻碍经济的可持续增长。合理的经济增长是在合理改变产业结构之后实现的。合理及时地调整产业结构，可以促进经济平稳较快发展。海洋产业结构是根据社会再生产的投入产出关系，与其他产业有机结合的经济体系。这个系统在不断地改变着自己的状态，与外界进行着最多的交流。

三、技术进步

科学技术的进步对海洋经济的发展的影响是长期且深远的，是影响海洋经济增长质量和速度的重要决定性因素。技术进步与物质资本相统一，不仅提高了技术装备水平，也进一步提高了厂商的生产效率，提高了经济增长中的总要素的生产率。经济系统中人力资本十分复杂，是决定技术进步的重要因素。人力资本的储量越低，技术进步与人力资本的结合就越来越差。

另外，人力资本是一种物质，具有加工利用技术进步信息的功能。随着社会发展和技术的进步，如果有必要接受技术进步的新信息的话，只能重新投资来追踪社会技术的进步。人力资本能够以最小的成本接受新的知识和信息，甚至以传统的技术和设备水平为基础发展自己的水平，超越社会一般技术的进步。此时，人力资本对经济增长的贡献远远超过物质资本。因此，技术进步和人力资本一致的投入因素是提高海洋经济增长质量的最有潜力和最有效的因素。技术革新是改变海洋经济增长方式的突破口，是实现高品质增长的必经之路。海洋经济的发展不仅增加了总量，而且提高了系统质量。这个品质改善主要表现在产品的附加价值的增加和资源的消耗的减少上。这样，同样的资源能创造更多的财富。长期以来，我国海洋经济的成长主要是通过资本和人力的追加投资来实现的。在工业化国家，经济增长主要靠技术革新来推进。

四、环境质量

随着海洋经济增长速度的逐渐加快，经济增长对原本绿色健康的自然环境的污染和破坏正在加剧。环境污染越大，经济增长对自然资源和生态环境的破坏就越大，政府为解决污染问题出台的污染对策的成本越高。海洋经济增长的目标不能以环境质量为代价。但是，长期以来，世界各国在促进经济增长的同时，也付出了经济成本的资源消耗和生态环境恶化的代价。联合国环境和发展委员会在1987年发表的《我们共同的未来》的报告书中，以“可持续发展”为主要概念，定义为了不损害未来一代，满足现代人的生活需要，满足这个必要的能力。追求经济增长的可持续性发展成为世界大多数国家的共识，先进的可持续发展改变了经济发展的价值体系。其中之一是为资源和环境提供的成本计算的国内生产总值（GDP）。因此，要提高经济增长质量，坚持经济增长的可持续性，不能以自然资源消费和生态环境质量恶化为代价。

第三节　海洋经济高质量发展的评价指标体系构建

一、海洋经济发展质量评价指标体系的构建原则

在进行海洋经济高质量发展评价时，需要构建指标体系，则遵循以下原则。

（一）科学性原则

基于科学的视角出发，尊重客观事实，在掌握海洋经济发展质量概念的基础上，所选取的指标应该能够真实反映出我国沿海地区经济发展的质量水平。要求所构建的指标体系覆盖全面，并且评价指标体系与被评价指标之间应该具有一定的相关性，整个指标体系结构层次明晰合理。

（二）系统性原则

系统性原则是指系统性地考虑海洋经济发展过程中整体与各分系统之间的关系，并且协调好各分系统之间的关系，能较为系统地反映海洋经济发展质量的现状。

（三）整体性原则

整体性原则要求构建的指标能够覆盖全面，进而使得各个指标之间能形成统一整体，能够从多个角度反映出我国沿海地区海洋经济发展质量水平。

（四）稳定性原则

稳定性原则要求在进行指标选取时，应当注意避免一些不确定因素的影

响，使得选取的指标应该相对稳定，并且指标不能受到一些因素的干扰甚至短时间内影响指标的变动。

（五）可比性原则

可比性原则要求所选取的指标之间在空间上应该具有可比性，要求数据选取所来自的口径应当一致，数据来源基本一致，从而保证数据的合理性，使得数据之间能够进行比较，确保能够准确地反映出海洋经济高质量发展的现状。

（六）可操作性原则

可操作性原则要求在进行指标的选取中，指标能够进行主观和客观方面的判断，要求数据来源可靠，便于找到，且计算方便，能够通俗易懂便于理解，但要保证评价结果精准。

二、海洋经济发展质量评价指标体系的构建

基于海洋经济发展质量的有关理论，综合相关文献资料，根据以往研究文献中影响海洋经济发展质量的因素，遵循指标体系的构建原则，构建本章节的指标体系。

（一）海洋资源利用

海洋资源利用指的是对海洋资源的开发和利用程度，选取代表性的海洋资源利用的指标能够贯穿于海洋经济发展的全过程，指标能够涵盖对该层面的解释。基于这些原则，选取了四个二级指标：海洋生产总值岸线占用率、海洋生产总值海域使用率、海洋产业比较劳动生产率、海洋捕捞产量比重。

其中，海洋生产总值岸线占用率指的是海洋生产总值与海岸线长度的占比，体现出单位千米海岸线长度资源的利用率，该指标为负向指标，其数值越小表明对资源利用率越高；海洋生产总值海域使用率指的是海洋生产总值与海域面积的占比，体现出每平方千米海域面积资源的利用率，该指标为负向指标，其数值越小，表明资源的利用率越高；海洋产业比较劳动生产率是指海洋产业产值的比重与该就业劳动率比重的比，它能体现出海洋产业生产总值的结构与就业结构之间的关联程度，其数值越大，当大于1，则存在吸引生产要素流入现象，表现出对劳动力的吸引能力很强，有效推进海洋产业经济的发展，反之，

则存在生产要素外流的现象；海洋捕捞产量比是指单位面积地区捕捞产量与海洋捕捞总产量的比重。

（二）海洋经济规模

海洋经济规模是指海洋经济发展的总体规模大小，或者说是发展程度，该指标能够反映出沿海地区海洋经济发展质量优劣，主要包括五项二级指标：海洋经济GDP贡献率、涉海就业人员比重、集装箱吞吐量、海洋产业结构熵和海洋三产结构比重。

其中，海洋经济GDP贡献率指海洋生产总值与沿海地区生产总值的占比，反映了海洋经济对我国沿海地区经济发展的贡献程度；涉海就业人员比重是指涉海就业的人员占城镇就业人员的比重，该指标数值越大，表明从事海洋产业的就业人员越多，对海洋经济的发展具有很大的促进作用。这两项指标能够从宏观上对沿海地区海洋经济发展的总体规模进行测度分析。

集装箱吞吐量指标微观上能够反映出海洋经济规模的大小，是具有代表性的海洋产业指标，其数值越大，表明海洋经济发展越好；海洋产业结构熵是从海洋产业结构的角度，用来反映沿海地区在经济发展过程中的质变情况，其数值越大，表明海洋三次产业结构的比重比较均匀，从而能够形成多元化发展方向，反之，数值越低，表明结构较为单一；海洋三产业结构比重是指第一产业与第二、第三产业的比重，能够反映出海洋产业结构占比的情况。

（三）海洋生态环境

海洋生态环境是指海洋经济发展过程中面临的生态环境情况，主要包括三项二级指标：生态监控区面积、工业废水直排入海的比重和近海及海岸湿地面积比重。

生态监控区面积指沿海地区生态海洋监控区的面积，该指标是通过严格生态监测的区域，是根据海洋所体现的生态特点确定的区域，该指标属于正向指标，其数值越大，表明进行海洋生态开发利用的面积越大，生态环境质量越好；工业废水直排入海的比重是指工业废水直接排入海洋的废水量在工业总废水量中的占比，该指标属于负向指标，数值越大，即工业废水排放到海里的越多，阻碍海洋经济发展，造成海洋生态环境质量越差；近海及海岸湿地面积比重指的是近海及海岸湿地面积占总湿地总面积的比重，湿地对海洋经济的发展起到了很好的保护作用，湿地意义重大，该指标是正向指标，数值越大，表明对海洋生态环境起到了很好的保护作用，海洋生态环境质量也就越好。

（四）海洋科技支撑

海洋科技支撑指的是关于海洋产业科技方面的投入和产出对海洋经济发展所产生的影响。主要包括三项二级指标：科研机构人员比重、海洋产业科研机构相对密度和海洋科研机构基本建设政府投入资金比重。

科研机构人员比重指的是科研机构从业人员占涉海就业人员的比重，该指标属于正向指标，其数值越大，说明从事海洋产业科研工作人员较多，推动海洋产业科技发展；海洋产业科研机构相对密度指的是单位海岸线长度沿海地区海滨科研机构数占海洋产业科研机构数的比重，该指标属于正向指标，数值越大，表明海洋产业科研方面硬件设施能力越强，其能促进海洋经济的发展；海洋科研机构基本建设政府投入资金比重指的是基本建设中政府投资金额占公共财政预算支出的比重，该指标属于正向指标，其数值越大，表明政府对海洋经济科研发展的资金支持力度越大，对海洋经济发展具有促进作用。

（五）海洋综合管理

海洋综合管理指的是海洋经济发展过程中，其进行综合管理产业方面的发展情况。主要包括两项二级指标：综合管理产业产值比重和观测台站分布相对密度。

综合管理产业产值比重指的是科技教育服务等综合产业增加值与海洋产业增加值的比重，该指标属于正向指标，其数值越大，表明海洋经济综合管理水平越高；观测台站分布相对密度指的是单位海岸线长度该与海滨观测台站数的比值，数值越大，体现出对海洋环境监测力度越大，表明海洋的综合管理能力越好，进而海洋经济发展质量就越好。

综合以上指标说明，构建评价指标体系对评价指标设定权重进行分析，得到结果如表8-1所示。

表8-1 我国大陆沿海11省市海洋经济发展质量评价指标体系[53]

一级指标	权重	二级指标	指标解释及计算	权重
海洋资源利用	0. 1612	海洋生产总值岸线占用率	沿海地区海洋生产总值与岸线长度之比	0. 0098
		海洋生产总值海域使用率	沿海地区海洋生产总值与确权海域面积之比	0. 0072
		海洋产业比较劳动生产率	海洋产业产值/地区总产值 沿海地区涉海就业人员数/城镇单位就业人员之比	0. 0397
		海洋捕捞产量比重	地区海洋捕捞产量/沿海海洋捕捞总产量 地区海域面积/沿海地区总海域面积之比	0. 1045
海洋经济规模	0. 2250	海洋经济GDP贡献率	海洋生产总值与沿海地区生产总值之比	0. 0426
		涉海就业人员比重	沿海地区涉海就业人员数与城镇单位就业人员之比	0. 0456
		集装箱吞吐量	沿海港口国际标准集装箱吞吐量	0. 0623
		海洋产业结构熵		0. 0229
		海洋三产结构比重	第一产业与第二、三产业和之比	0. 0516
海洋生态环境	0. 1119	生态监控区面积	沿海地区海洋生态监控区的基本情况	0. 0468
		工业废水直排入海的比重	沿海地区工业废水直排入海量与工业废水排放总量之比	0. 0244
		近海及海岸湿地面积比重	近海及海岸湿地面积与湿地总面积之比	0. 0406
海洋科技支撑	0. 3523	科研机构人员比重	科研机构从业人员与涉海就业人员之比	0. 0478
		海洋产业科研机构相对密度	沿海地区海滨科研机构数/沿海科研机构数 与地区岸线长度Z沿海地区总岸线长度之比	0. 1406
		海洋科研机构基本建设政府投资资金比重	基本建设中政府投资金额与公共财政预算支出金额之比	0. 1639
海洋综合管理	0. 1496	综合管理产业产值比重	海洋科技教育管理服务业产业增加值与海洋产业增加值之比	0. 0275
		观测台站分布相对密度	地区海滨观测台站数/沿海海滨观测台站数与地区岸线长度沿海地区总岸线长度之比	0. 1222

第四节　我国沿海地区海洋经济高质量发展评价与空间差异分析

一、研究区概况

2006—2016年，我国对海洋经济建设极为重视，遵循国家战略部署，贯彻执行全国海洋经济发展规划，加快转变海洋经济的发展方式，促进海洋经济高速发展，从而使得海洋经济发展发生了翻天覆地的变化。但是近年来，由于受到世界经济持续低迷和国内经济增速放缓的影响，环渤海、长三角、珠三角三大经济区海洋经济仍保持着平稳增长的态势，除了这三大经济区外，大部分沿海地区海洋经济发展速度出现不同程度的回落。下面主要对平稳增长的三大经济区概况进行描述。

环渤海经济区：海洋经济产业增加值为11 495. 3亿元，与之有关联的产业增加值为8238. 7亿元。环渤海经济区海洋经济发展的支柱产业为海洋渔业、滨海旅游业、油气业和交通运输业，这四个产业增加值总和为7631. 7亿元，占该区主要海洋产业增加值的83. 2%，海洋生物医药业同比增长最快，达到28%，其次是海水利用业增速为19. 5%，海洋电力业也实现快速增长，与上年相比，增长12. 5%。

长江三角洲经济区：海洋产业增加值达到9600亿元以上，从各产业产值在海洋产业增加值中的占比来看，滨海旅游业位居第一，占该区海洋产业增加值的42. 5%，其次是海洋交通运输业、船舶工业和渔业次之，这四个产业的增加值总和占比达到该区域的91. 2%，海洋电力业增速较快，较2012年相比增长11. 6%，海洋生物医药业次之，较2012年增长11. 4%，海洋矿业增速与2012年相比增长9. 7%。

珠江三角洲经济区：在区域经济和全国海洋经济发展中发挥着重要作用，2016年，其海洋经济产业增加值为6852. 3亿元，与之有关系的产业增加值为4431. 4亿元，珠三角经济区海洋经济发展主要依靠滨海旅游业、海洋渔业、海洋交通运输业、海洋化工业和海洋油气业等产业，这些支柱产业的增加值占该区域的90%以上。

从海洋生态环境的视角出发，国际上沿海经济区环境质量整体发展较好，但是我国近海海域海水污染严重，海洋生态质量明显下降，还有就是海洋周边环境灾害频繁发生，对海水也造成一定程度的影响。除了海域污染外，邻近陆域也会受到影响，污染的压力较大。除了自然因素的影响外，还会受到人为影响，都会阻碍海洋经济的发展。我国对河口海湾等有代表性的海洋生态系统进行监测，调查发现处于亚健康和不健康状态的占比达到77%。随着国家对海洋生态环境关注度的提高，海洋经济成为我国发展的一个新的增长点，带来了巨大的市场，拥有丰富的资源，并且在"十三五"规划中提到要拓展蓝色经济空间，要壮大海洋经济的发展，加强对海洋资源环境的保护。目前，海洋经济的发展速度逐步提高。

沿海地区海洋经济发展形式趋向多元化，各省市结合本地区的特色文化，基本都是依据区位优势，提出各具有特色的发展计划，如天津提出"海上天津"，与之类似的江苏提出"海上苏东"，福建推出"海上田园"，河北推出"环渤海"，山东提出建设"山东半岛蓝色经济区"，广西指出"蓝色计划"，海南提出要"以海兴岛"等，各具特色的战略规划，进而推动海洋经济发展质量。而浙江则把发展海洋经济上升为"海洋，浙江的未来"的战略高度。

二、数据来源

数据来源的可靠对研究具有重要的参考价值，参考以往相关文献对海洋经济质量的研究，本章对我国沿海地区海洋经济发展质量进行评价所需数据做进一步数据处理，其数据主要源自于《中国海洋统计年鉴》(2007)，《中国海洋发展报告》(2010)，《中国海洋统计年鉴》(2014)、《中国海洋年鉴》(2014)及各省市自治区统计局公布的公报及网上发布的部分数据等。

三、研究方法

1.主成分分析法

主成分分析法又称主分量分析法，其宗旨是通过降维处理简化数据集，是一种线性变换的统计方法。主要是通过正交变换，将一组可能具有相关性的变量转换为一组具有线性不相关的变量，转换后得到的变量即主成分。这种方法主要适用于多变量问题。对于变量太多的实际问题，在进行定量分析时分析过程过于复杂。因此，人们希望在分析一些具体的问题时，能够通过更少的指标变量获得更多的信息。主成分分析法的降维处理能够在保持变量总方差不变的情况下得到少数的主成分变量，主成分变量之间互不相干，且最大程度地保留了原始变量的信息，最终使分析指标简单化、直观化。应用主成分分析对运河沿线城市的旅游竞争力进行分析，其具体操作步骤如下。

现假设存在m个城市，选择确定p个评价指标对各城市的旅游竞争力进行衡量，构建评价样本矩阵。

（1）借助计量分析软件对原始指标数据进行标准化处理；

（2）对标准化处理后的样本数据，计算各指标的相关矩阵R；

（3）构建雅各比矩阵计算相关矩阵R的特征值λ；

（4）选用判定准则对主成分变量分数进行确定，在此以“特征根植大于或等于1，或者方差累计贡献率大于75%”作为判定准则；

（5）根据主成分载荷矩阵，对那个主成分变量的含义进行分析说明；

（6）根据主成分变量的得分值，利用计量分析软件的“Transform”功能下的“Computer Variable”功能，对各因子对应的主成分得分进行计算并排序；

（7）计算最后的旅游竞争力综合得分值，具体公式如8. 1、8. 2所示。

$$Y_i = \frac{x_i - \bar{x}}{s} \quad (8.1)$$

$$\bar{X} = \frac{1}{n}\sum_{i=1}^{n} X_i \quad (8.2)$$

其中

$$S = \sqrt{\frac{1}{n-1}\sum_{i=1}^{n}(X_i - \bar{X})^2} \quad (8.3)$$

$$F_i = [fac(n) - 1] \times sqr(K_i) \quad i = 1, 2, 3, \cdots n, \quad (8.4)$$

式中，X_i表示各项指标的初始值；$\bar{X}$为各项指标初始值的平均值；Y_i表示对各项指标进行标准化处理以后得到的指标数值；S表示各项指标的初始值的标准差值；n为观察样本的个数。式中 F_i 表示的是主成分变量的得分值，$fac(n)-1$表示的是n个未旋转因子的得分值，$sqr(K_i)$ 表示主成分特征根的平方根。

2.聚类分析法

聚类分析法也是一种理想的多变量统计方法，也称为群分析或点群分析方法。聚类分析法又包括分层聚类法和迭代聚类法。聚类分析方法的基本思想是通过建立分类，在没有先验知识的情况下，将一些样本或者变量数据根据其各自的特征，按照在性质上的亲疏程度进行自动分类。被研究的样本或者指标变量之间存在程度不同的相似性，这种相似性就是所谓的亲疏关系，通常以样本间距离来衡量。根据大量样本中的多个观测指标，可以发现一些能够度量样本或指标之间相似程度的统计量，将找到的这些统计量作为依据对样本或变量及逆行分类，将一些相似度较高的样本或指标聚合为一类，其他样本或指标聚合为另一类，一直到将所有的样本或指标聚合完毕。

在聚类分析中，最为重要的就是聚类要素的选择，被聚类的对象是由多个要素组成的，通过聚类分析得到的结果准确和可靠。由于所搜集到的要素数据通常是具有不同的量纲和数量级，在进行实证分析时由于数值不同的量纲会导致结果受到影响。因此，在进行实证分析之前，要对搜集到的要素数据进行标准化处理。假设有m个聚类的对象，每一个聚类对象都由n个要素构成，它们所对应的要素数据如表8-2所示。

表8-2 聚类要素与要素数据

聚类对象	要素
	x_1　x_2　…　x_j　…　x_n
1	x_{11}　x_{12}　…　x_{1j}　…　x_{1n}

（续表8-2）

聚类对象	要素
2	x_{21}　x_{22}　$\cdots$　x_{2j}　$\cdots$　x_{2n}
⋮	⋮　⋮　⋮　⋮　⋮　⋮
i	x_{i1}　x_{12}　$\cdots$　x_{1j}　$\cdots$　x_{1n}
⋮	⋮　⋮　⋮　⋮　⋮　⋮
m	x_{m1}　x_{m2}　$\cdots$　x_{mj}　$\cdots$　x_{mn}

在聚类分析中，比较常用的聚类要素的数据处理方法主要包括如下几种。

（1）总和标准化法

总和标准化指的是分别对各聚类要素所对应的数据的求和，以各要素的数据除以该要素的数据总和，即

$$x_{ij}^{'}=\frac{x_{ij}}{\sum_{i=1}^{m}x_{ij}}\qquad (i=1,2,\cdots,m;\quad j=1,2,\cdots,n)\tag{8.1}$$

利用总和标准化计算得到的新数据，需要满足

$$\sum_{i=1}^{m}x_{ij}^{'}=1\qquad (j=1,2,\cdots,n)\tag{8.2}$$

（2）标准差标准法

$$x_{ij}^{'}=\frac{x_{ij}-\overline{x_j}}{s_j}\qquad (i=1,2,\cdots,m;\quad j=1,2,\cdots,n)\tag{8.3}$$

标准差标准法所得到的新数据，各要素的平均值为0，标准差为1，即有

$$\overline{x_j} = \frac{1}{m}\sum_i^m x_{ij}^{'} = 0 \tag{8.4}$$

$$s_j = \sqrt{\frac{1}{m}\sum_i^m (x_{ij}^{'} - x_j^{'})} = 1 \tag{8.5}$$

（3）极大值标准化

$$x_{ij}^{'} = \frac{x_{ij}}{\max_i\left\{x_{ij}\right\}} \quad (i=1,2,\cdots,m;\quad j=1,2,\cdots,n) \tag{8.6}$$

经过极大值标准化，处理后所得到的新数据，各要素的极大值为1，其余各数值小于1。

（4）极差的标准化

$$x_{ij}^{'} = \frac{x_{ij} - \max_i\left\{x_{ij}\right\}}{\max_i\left\{x_{ij}\right\} - \min_i\left\{x_{ij}\right\}} \quad (i=1,2,\cdots,m;\quad j=1,2,\cdots,n) \tag{8.7}$$

经过极差的标准化，数据处理后得到的新数据，各要素的极大值为1，极小值为0，其余的数值均介于0和1之间。

四、结果分析

本章以我国沿海11省市作为研究对象，采用熵值法对沿海地区海洋经济高质量发展进行综合评价。根据我国沿海地区分布特点，主要呈现出自北向南的狭长带状特征，将沿海11省市进一步划分，形成5个区域进行对比分析。环渤海地区包括辽宁省、天津市、河北省和山东省；长三角地区包括上海市、江苏省和浙江省；海峡西岸主要指福建省；珠三角包括广东省；环北部湾包括广西壮族自治区和海南省。

综合评价得分结果分析：

（1）通过上一节评价指标结果看出：海洋科技支撑作为一级指标，其权重最高达到0. 352 3，说明该指标对海洋经济发展质量中影响较大；海洋经济规模对海洋经济发展的影响次之，其权重为0. 225 0；海洋资源利用和海洋综合管理对海洋经济发展的影响较弱；最后是海洋生态环境指标所占权重最低为

0. 111 9。从二级指标角度来看，海洋科研机构基本建设政府投资资金影响最大，比重权重达到0. 163 9；其次，指标权重超过0. 1的还有海洋产业科研机构相对密度、海洋捕捞产量比重和观测台站分布的相对密度。

（2）由2006年海洋经济发展质量总评分可以看出，上海、天津和山东位于前列，广西壮族自治区、河北和辽宁的发展质量水平较差，而海南、江苏、浙江、福建和广东发展质量水平一般，处于中等水平。

从这五大区域的角度来分析，环渤海地区中的天津和山东两地海洋经济发展质量最好，从结果分析来看，政府对海洋科研机构投资占比辽宁和河北明显要低于天津和山东，且科技支撑也相对薄弱，辽宁地区海洋生态环境污染较为严重，河北地区经济发展相对落后；然而天津的海洋科研机构分布的相对密度数值位居沿海地区第二。长三角地区中上海的科技支撑数值较大，其在科技方面有着很强的支撑，并且上海的海洋科研机构分布相对密度数值在沿海地区排名第一。环北部湾地区，海南与广西壮族自治区之间有一定的差距，从综合评价分析的结果也可以看出，海南在科技投入、经济产值和综合管理等方面均要优于广西壮族自治区。

（3）由2016年海洋经济发展质量总评分可以看出，与2006年相比，排在前边的是上海、天津和山东、广西壮族自治区、河北和辽宁海洋经济发展质量水平仍表现较差；海南、江苏、浙江、福建和广东经济发展质量表现一般，处于中等水平。

从这五大区域的角度来分析，环渤海地区的天津和山东两地海洋经济发展质量较好，辽宁和河北位于其后，依据数据结果显示，天津GDP贡献率达到31. 7，而河北GDP贡献率仅为6. 2，远远小于天津经济发展水平；从涉海就业人员所占比重来看，河北占比为14. 8%，同样也要远远小于天津的58. 7%；其中，辽宁废水直排入水比重最高，达到59. 8%，其资源利用情况也远远低于山东和天津；从科技支撑方面来看，辽宁和河北这两个地区仍存在较大的差异。长三角洲地区的上海排名第一，拥有雄厚的科技优势资源。环北部湾地区，海南与广西壮族自治区之间差距较大，但是从2016年数据可以看出，海南海洋经济变化较大，发展速度较快，其中涉海就业人员比重和海洋三产结构比，这两项指标数值在沿海地区最高。

（4）由2006年和2016年沿海五大地区的总体排名对比分析来看：2006年，海洋经济发展质量由高到低排序依次是长三角、海峡西岸、珠三角、环渤海和环北部湾。长三角地区主要依靠其优势的资源。经济实力相当强，有大量科技人才，尤其是上海地区，其经济和科技方面的优势资源促进了长三角海洋经济区的发展，长三角地区的海洋资源极为丰富，具有互补性和相似性，有利于海洋经济发展过程中对资源进行整合。环渤海和海峡西岸地区海洋经济发展一般，相对而言，天津和山东发展良好，福建、辽宁和河北发展比较落后。环渤海地区省市之间的发展质量不够统一，主要从两方面体现出来：一是地理条件包括曲折的海岸线和广阔的临海区域，为海洋经济产业的发展提供了优越的自然条件；二是科研方面，环渤海地区投资建设了许多高层次的海洋科研院所与海洋研究基地，完备的硬件设施建设，为海洋科技研究创造了健康发展的条件。珠三角地区在2016年发展水平超过海峡西岸，位居第二，主要因为广东海洋经济发展有大幅度的提高，并且提出政策的改变以及提出一系列优化海洋经济发展的措施，对珠三角地区海洋经济发展质量带来了很大的改善。北部湾地区的广西壮族自治区的发展质量最差。

一级指标评价得分结果分析。

（1）由2006年一级指标得分结果可以看出：在海洋资源利用得分情况中，排名前几位的是上海、河北和浙江。其中，河北的海洋捕捞产量比重在沿海地区排名第一，是除海南外对海岸线利用最好的省份。海洋产业比较劳动生产率大于1的地区只有上海。在海洋经济规模得分情况中，海南、广东和福建得分较高。海南的涉海就业人数在沿海地区最多，广东的海洋GDP贡献率最大，浙江在二级指标中得分均较高；在海洋生态环境得分情况中，江苏、上海和海南的生态环境质量最好。工业废水直排入海比重最低的省份是江苏，可见废水排放量较少，对环境污染小。在海洋科技支撑得分情况中，天津、上海和山东在海洋科技方面得分最高。天津极为重视科技人才培养，其科研机构相对密度在沿海地区排名第一，上海和山东在海洋科研机构基本建设政府投入资金比重较大。在海洋经济综合管理方面，上海和天津占据优势地位，海洋观测台站相对密度最大。

（2）由2016年一级指标得分结果可以看出：在海洋资源利用得分情况中，

上海和天津位居前列。上海市捕捞产量比重最大，在沿海地区中排名第一，而海岸线利用最好的是天津市。在海洋经济规模得分情况中，海南、广东和浙江得分最高。海南的涉海就业人数仍然最多。广东的海洋GDP贡献率依旧最大，浙江二级指标得分也均较高。在海洋生态环境得分情况中，江苏、上海和海南位居前列。生态环境中影响最大的工业废水直排入海量，海南是唯一一个工业废水直排入海量为0的省份，江苏的工业废水直排入海重较低，浙江拥有着近2万平方千米的生态监控区，其生态环境质量较好。在海洋科技支撑得分情况中，天津、上海和江苏具很大的优势。这三个地区极为重视科技人才的培养，重视科技的发展，其中，科研机构相对密度和科研建设资金的投入比重这两项指标在天津和上海排名位居前两位。科技人员比重中江苏省排名第一。在海洋经济综合管理得分情况中，山东、福建和天津得分相对较高，山东和福建的综合管理产业产值较大，而天津主要是海洋观测台站相对密度较大，从而拉动综合管理得分较高。

（3）综合2006年与2016年这两年的得分排名结果分析，各省市在综合得分中还是发生了较大的变化。其中变化较大的有：在海洋资源利用方面，天津市2006年由位居沿海地区的最后一名，2016年上升到第二名，其海洋科技发展和综合管理能力这两大层面一直处于沿海地区中最高得分的位置。与其他省市相比，虽然天津仍存在着海洋资源稀缺，海岸线短和海域规模狭小等问题，但天津在2006至2016年期间，制定出台多项举措，同时也加大在海洋经济方面的资金投入，发挥其科技方面的优势资源，来促进海洋经济的发展。而河北则从第一下降为最后一名，尤其是资源利用方面，存在资源利用总量小等问题，尽管一直在利用多种方式来加快资源开发利用，但与其他地区相比明显呈现下降趋势，该地区虽然在资源开发利用上有着悠久的历史，但其发展相对滞后。在海洋生态环境方面， 2006年到2016年，海南省从最后一名跃升为第一名，生态环境方面主要依赖于工业废水直排入海量，海南省该项指标由2006年排放量占比达到沿海地区的50%以上，通过不断监督把控工业废水的排放，到2016年实现了零排放量。

五、等级划分

本文主要是用DPS系统软件对2006—2016年海洋经济发展质量进行聚类分析，分析结果如图8-1和图8-2所示，可以看出。

（1）由2006年海洋经济发展质量聚类分析树状图，将其分为三个等级。

第一等级包括上海和天津。主要得益于上海市拥有良好的海洋经济发展条件，海洋生态环境质量很好，海洋科技支撑方面也拥有很强的实力，在我国沿海这十余个城市中位居第一。天津主要是大力引进和培养海洋科研人才，进而提高其在海洋科技支撑方面的实力，采用多种方式来推进科技发展。

第二等级包括山东、浙江、福建、广东和海南。这五个地区的海洋经济发展质量一般，其发展较为均衡，并且基本处于中等水平。

第三等级包括江苏、广西壮族自治区、辽宁和河北。这四个地区的海洋经济发展质量较差，其中，河北由于经济规模不够大，进而影响海洋经济的发展；辽宁主要是受生态环境的影响；广西壮族自治区则主要受经济和生态环境两方面的影响较大。

（2）由2016年海洋经济发展质量聚类分析树状图，将其分为三个等级。

第一等级为上海。同2006年相比，上海仍然具有其得天独厚的优势，海洋生态环境质量较好，并且海洋科技也有很大提高，其在我国沿海十余个城市中仍位居第一。

第二等级包括天津、山东、浙江、福建、广东和海南发展质量一般。相比2006年，天津由第一等级降为第二等级，其海洋经济发展质量有所下降，这六个省市海洋经济发展质量较为均衡，基本处于中等水平。

第三等级包括江苏、广西壮族自治区、辽宁和河北，同2006年相比，没有发生改变，这四个地区的海洋经济发展水平仍然有很大的提升空间。

由以上的分析对比可以看出，2006—2016年，我国沿海地区的海洋经济发展质量基本相对平稳，只有天津发生等级的变化，其他省市较2006年相比并没有发生等级的改变，相比等级较高的地区，较低等级的省市仍有很大的提升空间。

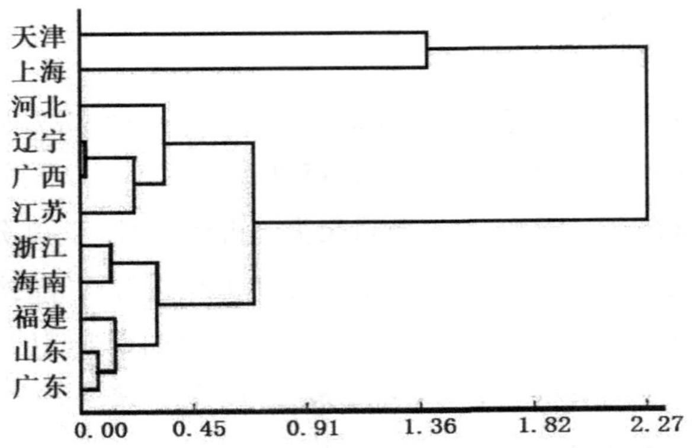

图8-1 2006年海洋经济发展质量聚类分析树状图

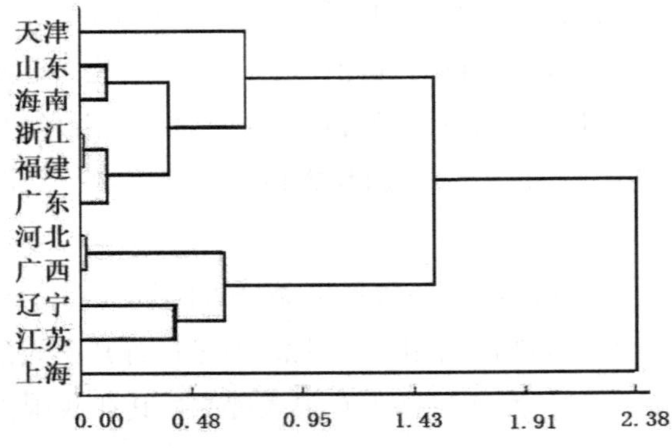

图8-2 2016年海洋经济发展质量聚类分析树状图

六、空间差异分析

通过对海洋经济发展质量评价分析，依据分析结果中影响较大的二级指标：海洋产业科研机构相对密度、观测台站分布相对密度、工业废水直排入海的比重和海洋三产结构比重，对沿海地区进行空间上的比较，分析沿海地区之间所存在的差异。但是对海洋产业结构的占比，没有进行具体量化分析。本章节主要采用SSM模型对我国沿海十余个省市的海洋产业在研究期间的实际增加量d_{ij}、国家增长分量g_{ij}、国家产业结构分量m_{ij}、地区竞争力分量c_{ij}进行测算分析，以更好地体现出地区之间存在的空间差异。得到的实证结果如下。

表8-3 沿海11省市海洋第一产业结构及竞争力评价[53]

研究区域	*Eij*	*E*ij*	实际增长量		国家增长分量		国家产业结构分量		地区竞争力分量		总偏量
	2006	2016	d_{ij}	r_{ij}	r_{io}	g_{ij}	$r_{io}-r_{oo}$	m_{ij}	$r_{ij}-r_{io}$	c_{ij}	$m_{ij}+c_{ij}$
天津	3.5	8.7	5.2	1.49	1.37	5.3	−0.14	−0.49	0.11	0.39	−0.1
河北	24.8	77.9	53.1	2.14	1.37	37.58	−0.14	−3.49	0.77	19.01	15.52
辽宁	146.4	499.6	353.2	2.41	1.37	221.85	−0.14	−20.6	1.04	151.95	131.35
上海	3.5	3.9	0.4	0.11	1.37	5.3	−0.14	−0.49	−1.26	−4.41	−4.9
江苏	65.4	225.6	160.2	2.45	1.37	99.11	−0.14	−9.2	1.07	70.3	61.1
浙江	137.8	378.1	240.3	1.74	1.37	208.82	−0.14	−19.39	0.37	50.87	31.5
福建	169.2	450.6	281.4	1.66	1.37	256.4	−0.14	−23.81	0.29	48.81	25
山东	306.9	715.7	408.8	1.33	1.37	465.07	−0.14	−43.18	−0.04	−13.1	−56.27
广东	182.8	192.7	9.9	0.05	1.37	277.01	−0.14	−25.72	−1.32	−241.4	−267.1
广西	45.7	154	108.3	2.37	1.37	69.25	−0.14	−6.43	1.00	45.48	39.1
海南	57	211.2	154.2	2.71	1.37	86.38	−0.14	−8.02	1.33	75.84	67.82

表8-4 沿海11省市海洋第二产业结构及竞争力评价[53]

研究区域	*Eij*	*E*ij*	实际增长量		国家增长分量		国家产业结构分量		地区竞争力分量		总偏量
	2006	2016	d_{ij}	r_{ij}	r_{io}	g_{ij}	$r_{io}-r_{oo}$	m_{ij}	$r_{ij}-r_{io}$	c_{ij}	$m_{ij}+c_{ij}$
天津	900.9	3065.7	2164.8	2.4	1.44	1356.3	−0.08	−69.86	0.97	869.48	799.59
河北	554	911.4	357.4	0.65	1.44	839.2	−0.08	−42.98	−0.78	−439.1	−482.3
辽宁	791.2	1402.7	611.5	0.77	1.44	1198.4	−0.08	−61.38	−0.66	−526.3	−587.7
上海	924.2	2318	393.8	0.20	1.44	2915.9	−0.08	−149.2	−1.23	−2372.4	−2522.1
江苏	547.2	2432.2	1885	3.44	1.44	829.2	−0.08	−42.45	2.01	1089.3	1055.8
浙江	736	2258.2	1522.1	2.07	1.44	1115.6	−0.08	−57.11	0.63	463.7	406.3
福建	701.3	2026.2	1324.1	1.89	1.44	1062.3	−0.08	−54.41	0.45	316.5	262.3
山东	786.4	4593.1	2807.5	1.57	1.44	2727.8	−0.08	−138.9	0.13	239.1	100.4
广东	640.5	5352.6	3712.6	2.26	1.44	2485.3	−0.08	−127.3	0.82	1353.2	1226.1
广西	129.7	376.8	247.2	1.91	1.44	196.5	−0.08	−10.1	0.47	60.72	50.65
海南	91	171.3	80.3	0.88	1.44	137.9	−0.08	−7.06	−0.56	−50.54	−57.6

表8-5 沿海11省市海洋第三产业结构及竞争力评价[53]

研究区域	Eij	E*ij	实际增长量		国家增长分量		国家产业结构分量		地区竞争力分量		总偏量
	2006	2016	d_{ij}	r_{ij}	r_{io}	g_{ij}	$r_{io}-r_{oo}$	m_{ij}	$r_{ij}-r_{io}$	c_{ij}	$m_{ij}+c_{ij}$
天津	464.6	1479.7	1015.2	2.18	1.61	704.1	0.1	44.23	0.57	266.82	311.1
河北	513.4	752.5	239.4	0.47	1.61	778.1	0.1	48.88	-1.14	-587.7	-538.9
辽宁	541.2	1839.5	1298.5	2.40	1.61	820.3	0.1	51.53	0.79	426.5	478.1
上海	2092.3	3983.4	1923.5	0.93	1.61	3122.2	0.1	196.17	-0.68	-1395.6	-1199.4
江苏	674.2	2263.5	1589	2.36	1.61	1022.6	0.1	64.21	0.75	502.6	566.9
浙江	982.6	2621.4	1638.2	1.67	1.61	1489.5	0.1	93.54	0.06	56.34	149.8
福建	872.4	2551.3	1678.1	1.92	1.61	1322.1	0.1	83.07	0.32	273.2	356.8
山东	1585.2	4386.1	2800.1	1.77	1.61	2403.5	0.1	150.9	0.16	246.4	397.4
广东	2290.1	5738.4	3447.2	1.51	1.61	3741.5	0.1	218.06	-0.11	-241.2	-23.44
广西	125.4	368.5	243.2	1.94	1.61	190.1	0.1	11.94	0.33	41.23	53.17
海南	163.2	501.1	337.5	2.06	1.61	247.1	0.1	15.56	0.45	74.17	89.73

（1）从实际增长量来看，当$r_{ij}>r_{io}$，说明海洋产业增长幅度要高于全国该产业的发展水平。从表8-3可以看出，海洋第一产业结构竞争力水平中海南省最高，并且高出全国发展水平的30%以上，其次是辽宁、江苏、广西壮族自治区和河北，这四个省市也均高于全国发展水平。通过与全国发展水平相比，略高的省份有浙江和福建；天津与全国发展水平相当；低于全国发展水平的有山东、广东和上海，其中，上海要低于全国海洋第一产业增长率的126%。

从表8-4可以看出，海洋第二产业结构竞争力水平，高于全国发展水平的有：天津、江苏、广东和浙江，其中，江苏省比全国海洋产业增长率高出2.01；略高的省份有：广西壮族自治区和福建；山东与全国发展水平相当；低于全国水平的有：河北、辽宁、上海和海南，其中，上海低于全国海洋第二产业增长率的123%。

从表8-5可以看出，海洋第三产业结构竞争力水平，高于全国发展水平的有：江苏、辽宁和浙江，其中，辽宁省要高出79%，表现最为显著；略高的省份有：海南、广西壮族自治区和福建；山东和浙江与全国发展水平相当；低于全国水平的有：河北、上海和广东，其中，河北省要低于全国海洋第三产业增长率的114%。上海海洋经济第一产业产值在2006年为3. 5亿元，但是经过这几年的发展，其产值并没有发生很大的变化，到2016年达到3. 9亿元，上海整体发展很好，但是其产业发展要明显低于全国海洋产业发展的水平，产业结构需进一步调整。

（2）从国家结构分量来看，当$r_{i0}>r_{00}$时，说明海洋产业水平要高于全国海洋经济平均发展水平，从表中数据可以看出，只有海洋第三次产业高于全国海洋经济增长率，其他产业发展要低于全国海洋经济发展水平，亟待提高。由此可得出，地区海洋产业发展与国家整体海洋产业发展相比，若某地区的海洋产业高或低于全国发展水平，一般也高或低于当地发展水平，这说明地区海洋经济的发展与国家海洋经济的发展趋于一致。

（3）从地区竞争力分量来看，$m_{ij}+c_{ij}>0$，表示在研究期间内，地区海洋产业的实际增长值大于国家增长分量与国家结构分量的总和，说明该产业是最具竞争力的产业。通过上表的分析数据可以看出，第一产业具备竞争力的省份包括：天津、河北、浙江、福建、江苏、辽宁、广西和海南；第二产业具备竞争力的省份包括：天津、浙江、福建、山东、江苏、广西壮族自治区和广东；第三产业具备竞争力的省份包括：天津、浙江、福建、山东、江苏、辽宁、广西壮族自治区和海南。

第五节　主要结论与对策建议

一、主要结论

本文通过对国内外相关研究成果的梳理，主要从搭建了关于海洋经济发展质量的评价指标体系，运用“熵值法”对我国东部沿海十余个省市的经济发展中的海洋经济发展质量进行了综合评价，并进行了分类，最后将沿海省市经济发展质量划分了三个发展阶段。对于海洋经济发展的空间差异分析方面，运用偏离份额法，最终得出以下结论。

（1）指标分类分析。通过模型测算，可按对海洋经济发展影响的大小分为两级：一级指标中海洋科技对于海洋经济发展的影响最大，所占权重也最大。二级指标主要包括：海洋科研机构的建设投入资金、海洋科研机构分布的相对密度、观测台站分布。三级指标主要包括：海洋捕捞产量、集装箱的吞吐量、海洋三产结构比重。发展海洋科技、培养专业人才、加大资金投入，是有效提升海洋经济的主要手段。

（2）通过对沿海河北、辽宁、山东、江苏、浙江、福建、广西壮族自治区和海南等省市的走访调研，并对其进行2006～2016年的10年海洋经济数据采样，综合评价得出：十年时间里，我国东部沿海省市的海洋经济发展质量有了明显改善，特别是山东、福建和海南三省，其海洋经济发展排名有了较为明显的跃升。

（3）从排名来看，海洋经济发展质量可分为三个梯队。第一梯队：上海。上海在我国东部沿海各省市的排名中，多年来稳居第一位，表明其在海洋经济的发展质量方面，具有龙头作用。第二梯队：主要包括天津、山东、浙江、福建、广东和海南。这些省市的海洋经济发展质量方面优良，具有较好的基本面，发展潜力巨大。第三梯队：主要包括江苏、广西壮族自治区、辽宁和河北。相较一、二梯队而言，这些省市海洋经济发展偏弱，需要进一步查找自身短板弱项，有针对性地进行查漏补缺。

（4）空间差异分析。江苏、辽宁、浙江等三省，其综合产业结构竞争力高于其他省市。从具体对于三产划分来看，第一、二、三产业均具备竞争力的省份包括：天津、浙江、福建、江苏、广西壮族自治区。弱项方面：河北较缺乏第二、三产业竞争力；广东缺乏第一、三产业竞争力；山东缺乏第一产业竞争力；辽宁和海南缺乏第二产业竞争力。

二、对策与建议

根据我国沿海11省市海洋经济发展质量综合评价的实证结果，为提高我国沿海各省海洋经济发展质量，分别对各省市提出以下对策和建议。

天津：（1）调整产业结构，摒弃传统的发展思维，大力发展第二和第三产业；创新海水养殖技术，提高沿岸海域面积的使用效率；（2）对海洋产业区进行细致的划分，将资源进行整合和规划，创造产业链；（3）发展海洋生物医学和海水利用等新兴产业以及旅游业，利用它们带动其他的产业一起发展；（4）发挥科学技术和人才优势，对资源进行合理的配置，适当增加这方面资金的投入，对高科技人才进行纳入和保留，为科技创新增添源源不断的动力。

河北：重点发展海洋科技，提高海洋综合管理能力。（1）大力开发新兴产业，破解如今海洋发展受生态环境制约的局面。此方案的核心就是科学技术创新，科技创新不仅有很大的进步空间，还有很强的可持续发展性，拥有着广阔的发展前景，可以促进全省海洋发展方式的转变。（2）有“一带一路”的扶持，河北更要调整好产业结构与布局，综合河北地区特色，着力开发旅游行业，这样不仅能打响地区特色招牌，更能带动其他产业协同发展。（3）调整经济发展形势，在传统发展方式的基础上完成一定的转变和优化，可创造以化工为主的产业结构。（4）增加高新技术产业的创业机会和资本投入。政府可以在政策上给予这些行业更多的优惠福利，加重高新技术产业所占的比例，为海洋科研教育服务等产业发展提供强有力的技术支撑，促进风能、潮汐能等新能源的发展。

辽宁：重点提高海洋资源利用效率，改善海洋生态环境。（1）侧重海岛旅游资源的开发，对其他资源合理开采，减少浪费；加速油气开采设备的改进和优化，最大程度减少资源开采对海洋造成的破坏。（2）调整产业结构，促进海洋医药、海洋生物工程、海洋能源开发和海水综合利用等新兴产业的发展。（3）建立资金投入保障体系，增加资本投入，为技术开发提供充足的动力。（4）加强沿海城市基础设施建设，特别是污水处理、垃圾分类以及渔港设施，避免生活垃圾对海洋造成污染。

山东：加强省内沿海各地合作，形成规模工业区。（1）结合海洋气候和地理位置，山东可以将渔业作为重点发展对象，同时也要促进多元化发展，要做到既能一枝独秀，又能百花齐放。（2）加快港口建设的发展，在保障海上交通快速发展的基础上建立海洋药物和生物工程基地，促进新兴产业发展。（3）发挥地理位置和人文资源的优势，对现有的旅游行业进行归置和创新，带动服务业的发展，形成地区特色。

江苏：提高海洋资源利用率，扩大海洋经济规模，提高综合管理能力。（1）加大滩涂资源开发，创新养殖技术，促进水产加工业等的发展，形成沿海发展产业带。（2）结合以往的发展经验，江苏地区适合发展化工业、盐业和海洋医药业。（3）加快基础设施建设，在大力发展养殖业及新型产业的同时，要保护好海洋生态环境。"绿水青山就是金山银山"，任何为了发展破坏环境的行为都是自掘坟墓，唯有保护好环境才是长久之计。

浙江：海洋经济规模优势十分突出。（1）浙江海岸线较长、资源丰富，海洋经济发展形势也相对优秀，在原有发展模式基础上可以加入新兴产业，优化产业体系；（2）扶持海洋工程装备与高端船舶制造业、港航物流服务业、临港先进制造业、滨海旅游业、海水淡化与综合利用业、海洋医药与生物制品业、海洋清洁能源产业、现代海洋渔业八大现代海洋产业的发展；（3）建立海洋环境保护机制和环境监测观测网，杜绝生活垃圾对海洋造成污染，加强生态保护，维持环境质量的良好发展。

福建：促进科技力量发展，保护海洋生态环境。（1）政策上给予科技创造行更多的优惠，培养海洋科技人才，以科技促进资源的高效利用；（2）加强海洋生态文明建设，改善海洋环境，创新海洋环保工作机制，开展近岸海域海洋环境监测工作，同时也要注意生活垃圾对海洋环境的影响。

上海：集中精力调整海洋产业结构，提高中国三大海洋产业的竞争力。（1）加速养殖业发展，合理分配利用浅海水域，提高渔业、交通运输业等传统海洋产业的发展空间；（2）上海有强大的经济实力，是开发高新技术产业，培养高科技人才强有力的优势，因此可大力发展新兴产业，带动旅游业、化工业、海洋信息服务业等共同发展；（3）贯彻落实可持续发展规划，建立海洋生态保护区，合理开发，有效利用。

广东：重点加强海洋科技发展，调整海洋产业结构。（1）增加养殖面积，改善养殖业结构体系；（2）广东人口密集，劳动力充足，可大力发展海洋化工业、矿业等二次产业；（3）丰富城市面貌，发展滨海旅游；（4）政府增加资本投入大力发展海洋科技，加强科研机构的建设，培养创新型人才，将理论研究成果转化为实践，实现多元化发展。

广西：（1）依靠广西独有的地理位置优势，形成海洋集聚产业，打造规模产业，促进海洋产业的发展；（2）加大对资源的开发利用，充分发挥本地区的资源产业优势如渔业和旅游业等，同时助力海洋运输、生物医药以及船舶制造等各种新兴产业资源发展等；（3）加快海洋污染的防护工作，完善生态补偿修复制度，保护生态环境，形成生态环境保护机制建设；（4）投资海洋科研机构的建设项目，并且相应给予政策倾斜，加大对科技人才的培养。

海南：重点改善海洋科技发展，增加海洋产业规模，调整海洋产业结构。（1）科技兴海，增加人才培养投入资本，加强人才培育建设，集中科研力量，建立海洋科技创新体系；（2）加快转变传统经济模式，在现有捕捞与养殖业的基础上利用科技力量大力发展远洋捕捞业；（3）继续加强化工业、油气业、海洋运输业的发展；（4）发挥区位和环境优势，优化海岛旅游业，带动服务业的发展。

第九章　河北省海洋资源、环境及产业情况

人类生命的发源地是海洋，海洋是人类可持续发展的战略性基地，其以富饶丰厚的海洋产品和储量富集的矿产资源，为整个人类社会的发展进步发挥了十分重要的作用。因此，现如今沿海国家纷纷以一个崭新的目光聚焦海洋资源，无论是发展中国家还是发达国家，对海洋资源的重视程度都达到了超高的层级，并且制定与海洋产业发展有关的规划和战略，加大对于海底和大洋资源的探索。开发利用海洋资源，在国际上已是大势所趋，全球范围内的“海洋热”时代已经到来。各个国家的科技极大进步，对于高新海洋产业的发展更是充满信心，促进海洋相关产业结构的优化更是期望颇高，使海洋产业的发展成为带动整个国家发展的新的增长点，拉动世界经济迈向更大的繁荣。

第一节 河北省海洋资源概况

一、河北省海洋资源分析

河北省是一个拥有强大发展潜力的海洋大省，其紧邻渤海海岸线长487千米，海岸带总面积达到11 379. 88平方千米，有海岛数为132个，海岛总面积为8. 43平方千米。河北省海洋各产业部门资源状况分析如下。

（一）海洋水产方面

河北省沿海地区包括秦皇岛、唐山和沧州三市，沧州海域、秦皇岛海域、唐山海域分别占14. 1%、30. 1%、55. 8%。其中，秦皇岛的地方产业是当地特产的海产品加工产品，包括贝类加工和鱼粉加工，并且积极引进经济价值更高的海洋水产品，其中河鱼屯养殖总量占到全国养殖量的35%左右。

河北省全年可获得的鱼类资源量约为45 456吨，海域生物种类达到660种，包括浮游植物有104种，其余以浮游硅藻为主；游泳类生物共计101种，鱼类生物高达87种，在游泳类生物中占比高达86. 14%。此外，潮间带生物共计163种，包含7种经济利用价值高的贝类生物；对虾类海产的养殖曾取得过全国六个第一的记录，最高年产量达到3. 6万吨。大力发展海育淡养河蟹，目前已成为海育淡养河蟹的五大产区之一，总占地约1. 33万公顷。河北省沿海已建的水产冷冻加工厂高达200余家，其总产值将近5亿元，年加工总产达4万余吨。

（二）滨海旅游资源方面

地域资源的富集程度对河北省海滨旅游资源的发展水平有重要影响，现分地区进行针对性研究。

（1）秦皇岛市总面积781平方千米，管辖三区三县以及一个自治县，是河北省最富盛名的旅游胜地，亦是夏季疗养的首选之地，从清朝开始便有“夏都”之称。享有“天下第一关”美誉的国家重点文物保护单位山海关就坐落于此，角山长城、孟姜女庙环绕在其左右。此外，驰名中外的北戴河、宏伟壮观的秦始皇行宫遗址、长城入海口的老龙头等都是当地著名的名胜古迹。其中，山海关是我国宏伟著名的“世界文化遗产”万里长城的入海口，是到秦皇岛游玩的最佳打卡胜地；北戴河更是夏季值得一去的避暑胜地，约有10千米长，2千米宽，平缓弯曲潮平沙软，海水清亮柔和，春无风沙逆耳，冬无严寒凛冽。秦皇岛市拥有得天独厚的地理位置，距首都北京仅有280千米，已经成为中国最大的能源输出港。较之名胜古迹型的旅游资源，其自然风景旅游资源更为丰富，如以森林植被为主的森林公园、依托山海以松林为主的联峰山公园，观海佳地鸽子窝、水库、潟湖，以及近岸沙岛石臼坨、月坨、沿岸沙丘景观等。秦皇岛市沙质海滩条件得天独厚，海水浴场资源丰沛，适宜浴场开发，当前海水浴场规模宏大，总面积约60千米。以昌黎黄金海岸国家级海洋自然保护区为代表的科学考察资源闻名遐迩。秦皇岛拥有多种类型的绿色生态系统，包括低山、丘陵、平原、湖泊、滩涂、森林、田园等，使其拥有舒适宜人的适宜避暑的优良气候，同时还有连绵起伏的沙丘，凭借这一资源让秦皇岛成为中国最佳的滑沙运动基地。

（2）唐山市属于华北平原东部，燕山南麓，北邻渤海湾，并且紧邻北京、天津，是一个跨省合作的区域。唐山市在交通上有京哈、通坨、京秦、大秦铁路贯穿全境，同京沈、津唐、津港三条高速公路编织在一起，形成陆路交通网。传统上的京津唐区域被视为一个跨省合作的整体，目前京唐港不仅作为北方大港，同时又是北京的出海口，现已开通的航线口岸达60多个。唐山市的旅游景观，首推“世界文化遗产”的清帝王首选的陵寝处——遵化清东陵，其是来唐山游玩必去的旅游景点，这也是清帝王首选的陵寝处。在清东陵之畔还坐落有温泉。而地处于乐亭的李大钊故居等则是全国著名的红色旅游圣地。近年来唐山市旅游的一大新亮点，要属以菩提岛为主要代表的海岛系列的绿色时尚生态旅游景区。作为有着北方陶都之称的唐山工业旅游也颇具潜力——精美陶瓷生产购物游、复古蒸汽机车生产基地观光游。遵化、迁西、迁安、燕山山地这四个地方是地球历史逐渐演化的存证，皆是世界级的拥有考察价值资源的宝地，每年来到这些地方考察的外国友人更是数不尽数。

（3）沧州市坐落于京沪大通道上，是中国远近闻名的“武术之乡”，而吴桥杂技凭借名副其实的“杂技之乡”更是早就世界闻名。沧州市旅游业起步较晚，并不发达，这可能与支配居民发展传统产业的主导思想有关系。近几年，沧州市大力发展专题和特色旅游业，主要依托世代传承的武术和杂技的高知名度，弘扬三乡（武术之乡、杂技之乡、华侨之乡）文化，不断创造条件来开发休闲度假旅游产品，颇见成效。

（三）海港条件方面

河北省拥有4处沿海大型港址，主要集中在唐山、秦皇岛岸段，中小型港址7处。此前河北省已经拥有7个港口，包括秦皇岛港、京唐港、黄骅港、新开河港、山海关港、大清河港、河北省航运局码头等，综合吞吐能力可达到1. 25亿吨。2017年，河北省海洋交通运输业，营运收入较1995年（14. 55亿元），同比增长了9. 55亿元，达到24. 10亿元，其年平均增长率达8. 77%。秦皇岛港是中国最大的能源输出港和北方能源输出基地，是全国的第三大港口。2017年更是完成货物吞吐量652万吨，营运收入达到6290万元。2017年秦皇岛港口货物吞吐量居世界港口货物吞吐量的第20名，列国内港口货物吞吐量的第三位，仅次于上海港和宁波港这两大超级港口。“九五”规划以来，秦皇岛港的港口建设投资累计超过7亿元，港口运输已可转至22个国家和地区，同时包括国内的80多个港口，货物运输种类繁多，有水泥、钢材等十几种不同货物。黄骅港作为西煤外运的第二条大通道，是神府煤炭的出海口。经国家批准黄骅港已经正式开工建设，第一期工程为4个3. 5万吨级泊位，并且已经可以投入简易运营，其年吞吐能力可达3000万吨。京唐港作为北方大港和北京的出海口，目前已开通的航线口岸有60多个。“十二五”规划以来，河北省整体上对运输通道建设全力加强，其中石黄高速、京秦和唐港高速公路，神黄铁路一期工程相继建成投产，这为秦皇岛港、京唐港及黄骅大港工程的建设和运营提供了便利的交通运输条件，为河北省海洋交通运输业的发展，激发了全新的动力。

（四）海洋盐业方面

拥有远近闻名的亚洲最大盐场——大清河盐场，其产量达18万公顷。2017年，河北省海盐产量（467. 8万吨），居全国第二，仅次于山东省，其海盐总产量更是占到全国的20%以上。

（五）海洋油气资源方面

河北省近海海域拥有丰富的石油、天然气资源，其中已经探明石油储备量高达6亿吨，天然气储量更是高达343亿立方米。全省丰富的石油、天然气资源附属于大港、冀东和渤海油田，主要产于黄骅坳陷构造单元。

（六）其他海洋资源

河北省具有发展海洋经济较好的区位优势和潜在动力。河北省拥有孔店台凸（徐里台凸地热异常区）、埕宁台拱与黄骅台陷接触带附近的地热异常区、昌黎地热异常区这三大地热异常区。固体矿产主要是一系列非金属矿产，其广散于秦皇岛沿海的被矿（绿柱石）及重晶石、独居石、云母矿、长石矿等。如何根据客观存在的资源、环境条件，用可持续发展的眼光，将海洋的独特优势资源转化为经济优势，这才是我们需要重点研究的重点所在。这就需要我们在海水养殖、海洋生物工程、海盐加工、水产品加工和海水资源综合利用等核心重点领域，加大科技兴海力度，使海洋科技应用取得一定进展。

二、河北省海洋经济特征

（一）区位特征

河北省毗邻首都北京，东与天津毗临并紧傍渤海，其海岸线总长487千米，具有发展海洋经济的优越区位条件——“两环”（即环渤海、环京津）；东南部、南部紧靠山东、河南两省；西有太行山与山西省，北部与内蒙古自治区交界；东北部则与辽宁接壤。由图9-1可知其沿海地区包括唐山、秦皇岛和沧州三市。

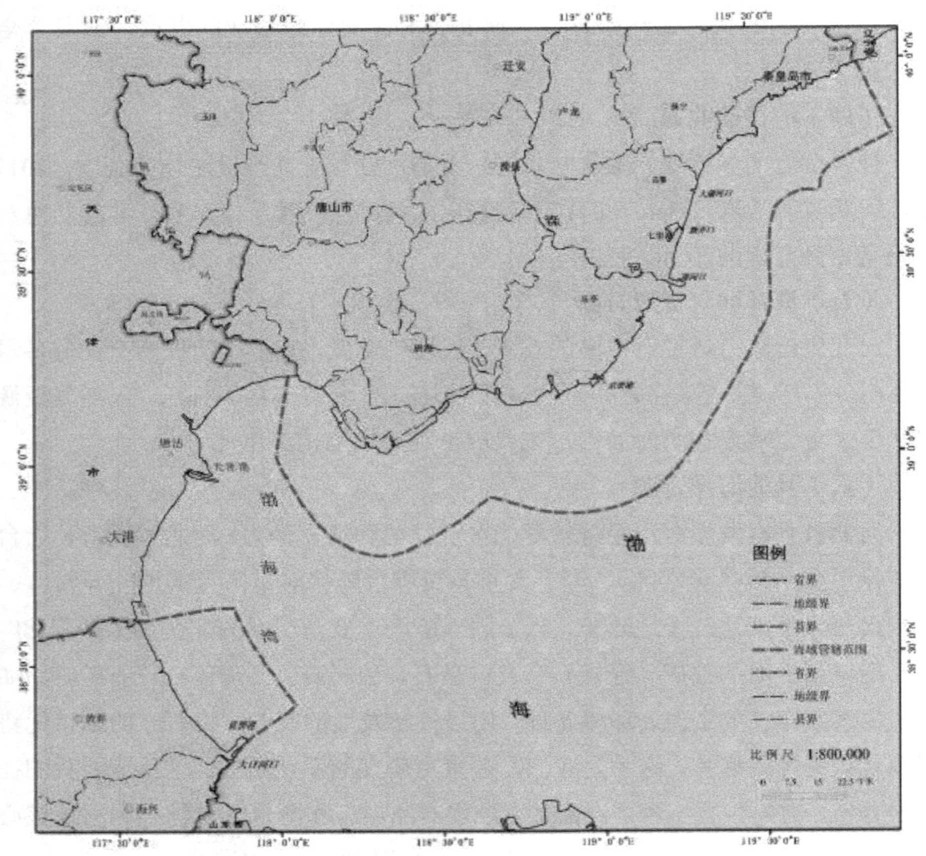

图9-1 河北省海域地理位置示意图

（二）海洋产业取得了较快发展

目前，河北省较齐全复杂的海洋产业链体系已初具规模，以滨海旅游业、海洋交通运输业、海洋水产业、海盐及海洋化工业为支柱产业，其带动经济作用十分明显，年均增长速率为12. 7%，同期的海洋经济增长速率则高出河北省整个经济增长10. 3个百分点。河北省海洋产业包括旅游、海洋水产、海盐、海洋化工、海洋交通运输、海水的综合利用、近海油气勘采及石油化工、海洋生物利用等，发展规模十分迅速，海洋产业产值从1996年的56. 54亿元增加到2017年的366亿元，年均同比增长23%，大大拉动了河北省的经济增长，使得海洋产业有了更快的发展，拥有了更加具有发展潜力的经济前景。

（三）区域海洋经济差异明显

河北省境内区域海洋经济发展水平呈现出明显的贫富差异性，这极大可能与海洋区域环境的资源丰富程度以及对海洋资源开发利用程度的不同有很大的关系。由表9-1可以看出，在河北海洋经济总量中，秦皇岛市占高达52%，明显高于唐山市和沧州市的30%和18%。其中，分析可知，秦皇岛市有绝对优势的产业分布在海洋交通运输、滨海特色旅游、海水利用和海洋船舶制造等方面，尤其是海水利用和海洋船舶制造方面。唐山市则在水产、海盐和海洋盐化工海洋产业方面具有一定的经济优势。所以，以秦皇岛市为首的海洋经济开发程度明显高于唐山市和沧州市。

表9-1 唐山、秦皇岛、沧州三市在河北海洋经济中的比重（2018年）

地区	水产	海盐	海水盐化工	滨海旅游	交通运输	海水利用	船舶制造	总产值
唐山	0. 56	0. 58	0. 51	0. 33	0. 10	0	0	0. 30
秦皇岛	0. 31	0	0	0. 53	0. 69	1. 00	1. 00	0. 52
沧州	0. 13	0. 42	0. 49	0. 14	0. 21	0	0	0. 18

（四）海洋科技应用取得一定进展

河北省不断认真贯彻“科技兴海”战略，不仅加大在海洋科技方面的投入，着力在海水养殖、海洋生物工程、海盐加工、水产品加工和海水资源综合利用的重点领域，组织高技术人才进行科技攻关和创新，而且紧紧围绕重点领域（海水养殖、海洋生物工程、海盐加工、水产品和海水资源综合利用等）进行科技创新和技术上的攻关克难，增强海洋产业的开发利用水平，提高海洋产业的技术含量，扩大海洋产业的发展规模，改变海水养殖结构单一化的状况，同时形成了鱼、虾、蟹、贝、藻多品种养殖全面发展的格局，强有力地推动当地海洋经济的发展。

（五）海域使用管理进一步规范

河北省认真总结海洋产业的发展经验，对于海洋生态环境的保护意识不断增强，并且参与编制了《河北省海洋资源利用总体规划》。这也是自从贯彻实施《中华人民共和国海域使用管理法》《中华人民共和国海洋环境保护法》以来，河北省制定了《河北省海域管理条例》《河北省海洋功能区划》等相关政策法规之后的又一重大政策规划编写。通过制定此规划，建立健全了海洋功能区划制度、海域权属管理制度、海域有偿使用制度和海洋环境、海洋灾害监测预报制度，使得当地海洋管理法制建设和基础工作效益明显加强，从而为河北省海洋经济快速健康发展提供了法律制度保障。

第二节　河北省海洋基础环境质量状况

河北省沿海地区地处渤海西部，被天津分为南北两部分。其中北部为东起秦皇岛市山海关区张庄，与辽宁省相邻；西至唐山市丰南区涧河口，与天津市相邻的秦皇岛、唐山及其海域；南部则为沧州及其海域：包含北始黄骅市岐口，南至海兴县大口河口，分别与天津市、山东省相邻。研究区陆域面积3.63×10^4平方千米，包括秦皇岛、唐山和沧州三市及其管辖的海域，海岸线长达487千米，海域面积约0.7×10^4平方千米。

一、海洋基础环境状况

（一）地质地貌

河北省沿海地区的地质构造隶属华北坳陷区和燕山褶皱带单元，构造单元为南向北分布着埕宁隆起、黄骅坳陷、渤中坳陷、山海关隆。其中以洋河为界划分地层岩性，分别为地处洋河的北侧以基岩为主的太古界塔子群白庙子组和中生界侏罗系门头沟组、张家口组与白旗组；洋河南侧则位于基底上覆盖厚层的第四系松散沉积的第三系陆相沉积。研究区内，新生代构造运动相对较为活跃，间歇性存在着活动性断裂，是油气储藏区和地震频发区。研究区域范围内可分为陆域地貌、潮间带地貌以及浅海海底地貌三大地貌。陆域地貌有多种类型，主要有侵蚀剥蚀台地、侵蚀剥蚀丘陵、洪积平原、冲积平原、海积平原、三角洲平原、潟湖平原、风成砂丘（含丘间洼地）等；潮间带地貌类型主要由海滩、沿岸堤、潟湖、河口等构成；浅海海底主要有水下沙坝、水下三角洲、海湾潮流三角洲、滨海浅滩、海流堆积平原、水下古河道等海边地貌单元。

（二）入海水系

河北省沿海地区主要隶属滦河、滦东及滦西沿海独流入海、运东地区入海河流三大水系，多年来平均入海水量约为40.41亿立方米。河北省沿海共有52条的河流入海，其中滦河全长877千米，为全省最大入海河流（入海水量和沙量均最大），流域面积44 880平方千米，常年有水支流达500余条，河口入海沙量高达1568.92万吨。河口区饵料丰富，温盐度恰好适宜，生物种类丰富多样，是我国开展渔业的重要海域。

（三）气候条件

河北省沿海地区的气候属于暖温带半湿润半干燥的大陆性季风气候，主要气候特征为：四季分明、雨热同期；高温及降雨主要集中在夏季，冬季则寒冷干燥，春秋气温适宜，春季温暖宜居，秋季天高气爽。全年平均气温11.4～12.1摄氏度，年平均最高、最低温分别出现在7月和1月；年均以513.8～668.5毫米的降水量小于1472～2166毫米的蒸发量。年平均风速为2.4～4.7米/秒，风速由陆地向海洋逐步增大。主要灾害性天气有暴雨、大风、台风、寒潮、浓雾等。与同纬度内陆地区相比夏季凉爽、光照充足、降水丰沛、空气湿度大，相对湿度在60%～67%，这为滨海旅游、风能开发及海盐生产提供了有利的自然气候条件。

（四）海洋水文

河北省海域水温季节差异较大，主要特征是夏季最高，春季和秋季水温略次之，冬季达到最低。海水潮差波浪小，有利于渔业和滨海特色旅游开发利用。海域波浪主要以风浪为主，主要受冬夏季风的控制，以夏季多偏南向和冬季盛行偏北向的风浪为主，春秋季浪向相对不稳定，且各向风浪频率较小。此外，该海水溶氧度和海域PH值适中，同时营养盐类丰富多样，有利于渔类养殖业的发展，保护并增加海洋生物的多样性。

二、海洋环境质量状况

（一）海水质量状况

经2018年数据分析得出，河北省海水环境质量水平整体一般，其中满足第一类海水水质标准的海域面积占河北省海域面积的36. 1%，为2790平方千米（夏季数据）。未达到清洁海域水质标准的面积为4438平方千米，与2005年（1176平方千米）相比面积有所扩大，说明海水质量整体有所下降。秦皇岛汤河口近岸海域、唐山曹妃甸东部至黑沿子近岸海域以及沧州黄骅港和歧口近岸海域是污染较重的海域。2009—2018年河北省并未达到清洁海域水质标准的面积所占比重，如图9-2所示。

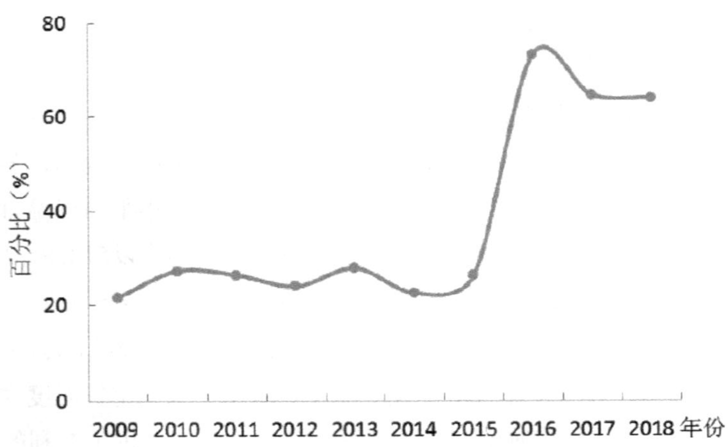

图9-2 2018年河北省未达到清洁海域水质标准的面积所占比重

（二）主要入海污染物

2009—2018年，分别对滦河、小青龙河、陡河、宣惠河等河北省主要河流的污染物入海情况进行监测，监测结果见图9-3。主要污染物包括化学需氧量、氨氮、油类、重金属、砷等，其中化学需氧量所占比重较大，占到污染物排放总量的96%以上，其余排放污染物总和约占4%。其中，2016年河北省主要河流入海污染物总量最高，为323 914. 3吨，2017—2018年，主要河流入海污染物总量有所减少。

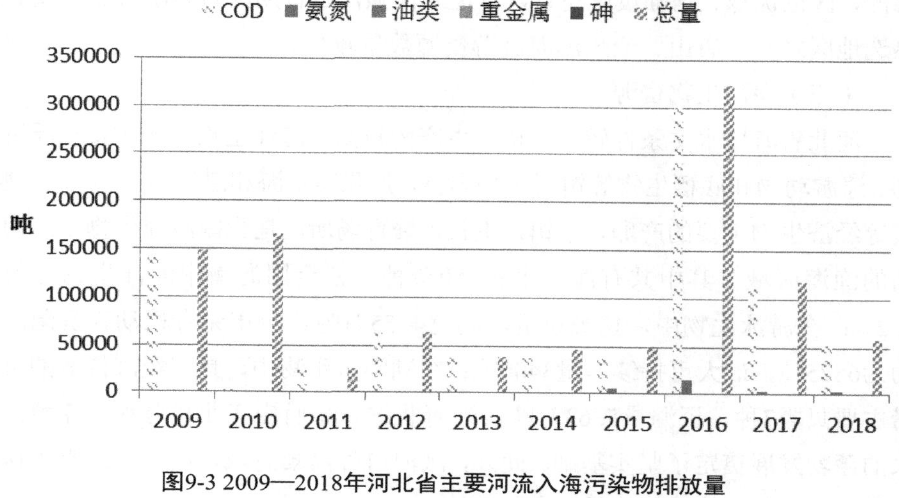

图9-3 2009—2018年河北省主要河流入海污染物排放量

三、海洋资源享赋与开发利用现状

（一）海洋空间资源

依据《河北省海洋功能区划（2011—2020年）》，全省管辖海域面积7228平方千米，大陆海岸线长达487千米，岸线类型一应俱全，其中包括如基岩海岸、砂质海岸和粉砂淤泥质海岸地貌发育较为典型。海岛陆域面积占据7141公顷；浅海海域面积613 854公顷，沙岸滩涂（潮间带）面积1017. 81公顷。2018年，全省海域使用总面积160 265. 96公顷，其中海域利用率为23. 07%。全省海岛开发利用主要集中在祥云岛、菩提岛、月岛、龙岛和石河南岛，占全省海岛总数的35. 71%；用岛面积311. 56公顷，占全省海岛总面积的8. 57%。

（二）滨海旅游资源

河北省滨海地区受海洋影响，气候温暖适宜，滨海旅游资源十分丰富，在海洋经济中占有重要的地位。河北省滨海旅游资源种类齐全，包括七里海观光游憩湖泊和南大港、滦河口湿地等自然景观，以及山海关、行宫遗址、北戴河等人文景观共旅游单体151处。河北省滨海旅游资源集中分布在秦皇岛的北戴河、山海关等地区，空间分布极不均匀，秦皇岛市共有单体旅游资源105处，约占河北省滨海旅游资源总数的70%。秦皇岛靠近京津，距华北、东北交通之要冲，区位优越、基础设施完备，可进入性强，是暑期国内外游客旅游度假的热选地区之一。唐山、沧州滨海旅游资源数量较少。

（三）海洋生物资源

河北省海域水文条件较好，初级生产力较高，海洋生物资源丰富，浮游植物、浮游动物和底栖生物等饵料生物丰富，是我国黄海和渤海地区鱼、虾、蟹、贝等经济生物主要的产卵，索饵，生长，繁育场所，是我国海洋生物生产力较高的渔海区域。其中共有海洋生物650余种，占全国海域中海洋生物总数的3. 2%；在游泳生物中，鱼类总资源约有4. 55万吨，全年无脊椎动物资源产量约为6825吨，最大可持续产量3400吨；在潮间带生物中，具有经济价值的可捕捞主要贝类7种，资源量5. 63万吨，为河北省海洋捕捞产业和海水产养殖业未来的蓬勃发展奠定了坚实基础。此外，滦河口外昌黎海域是国家二级野生保护动物——文昌鱼的重要栖息地和产卵地。

（四）其他海洋资源

河北省沿海港址资源丰富，海域内有35处港址资源，其中，港址资源可分为岬角式、潟湖沙坝、河口三种港址。具体分布为岬角式港湾港址资源占3处、潟湖沙坝港址资源拥有2处，剩余河口港址资源共30处，共计35处；区域内的曹妃甸港是渤海湾内唯一的天然深水良港。该海域海水盐度高，产盐业气候环境适宜，适合盐业长远发展的后备资源充足；海底的石油和天然气资源蕴藏也十分丰富，目前已探明石油藏储量8. 4亿吨，天然气蕴含量97. 1亿立方米，是渤海油田、冀东油田、大港油田的主要勘采区；沿海地区也是全省风能资源集中分布区之一。

四、社会经济情况

（一）海洋经济特征分析

1. 海洋经济增速较快

近年来，河北省海洋经济整体保持快速增长趋势，2012年、2013年较2010年海洋生产总值有所下滑。2018年，海洋产业生产总值达到1928亿元，占河北省全省GDP总量的6. 55%，主要海洋产值增加值由279. 24亿元上升到2014年的970. 7亿元（图9-4）。

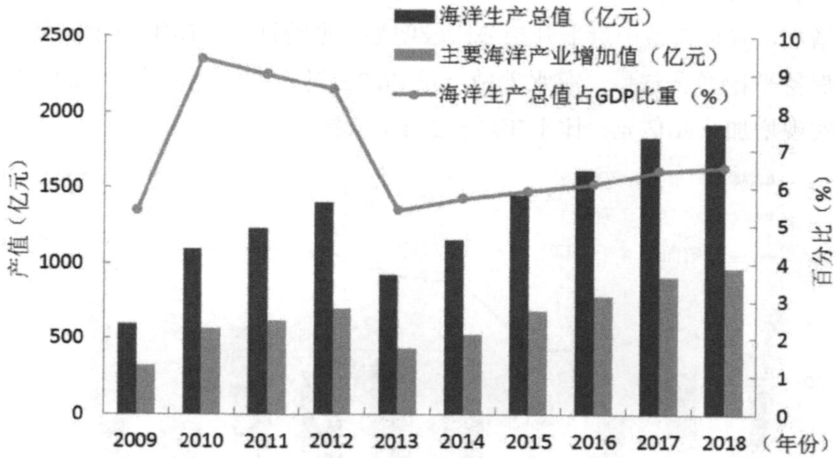

图9-4 河北省海洋产业总产值及主要海洋产业增加值

2. 产业结构不够合理

近几年来，河北省第一产业所占比重较小，第二产业和第三产业所占比重变化不明显，而且第二产业大于第三产业所占比重（图9-5）。目前，海洋发达国家和地区海洋经济产业结构基本上以第三产业为主导，河北省与其相比还比较落后，今后海洋产业结构的发展方向应该是大力发展第三产业，优化产业结构。

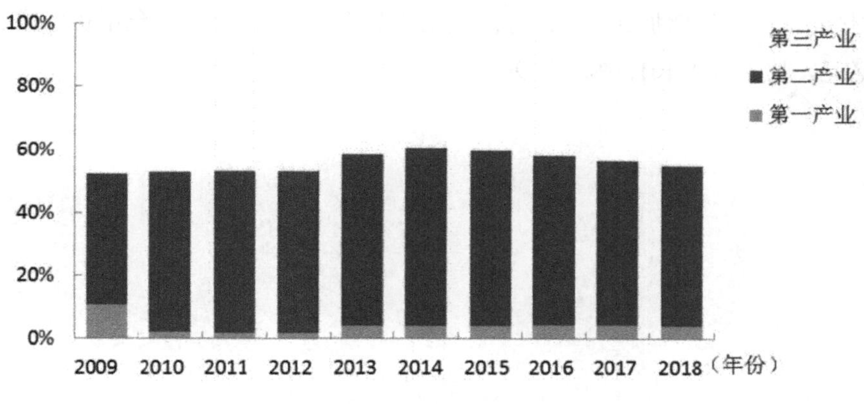

图9-5 河北省海洋三次产业结构

（二）主要海洋产业布局

1. 海洋渔业

河北省海洋捕捞产量总体呈下降趋势，但下降幅度不大，随着海水养殖面积的增加，海水养殖产量上升趋势比较明显。据统计，2018年河北省海洋渔业整体保持平稳增长态势，海水养殖产量49.2万吨，海洋捕捞产量23.96万吨，全年实现增加值86亿元，比上年增长2.4%（图9-6）。

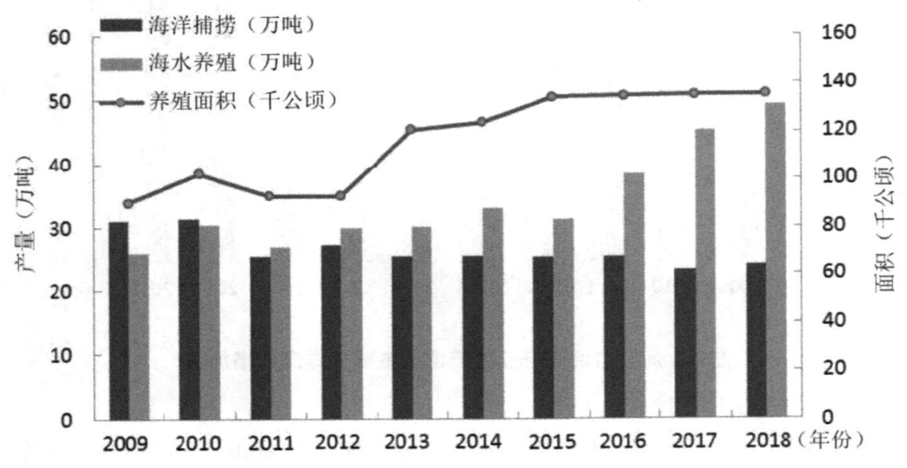

图9-6 河北省海洋渔业统计

2. 盐业化工产业

2018年，河北省海洋盐业产量保持增长，达到345.4万吨，全年实现增加值7亿元，比上年增加16.7%；海洋化工产品产量366.7万吨，全年实现增加值62亿元，比上年增长1.6%（图9-7）。

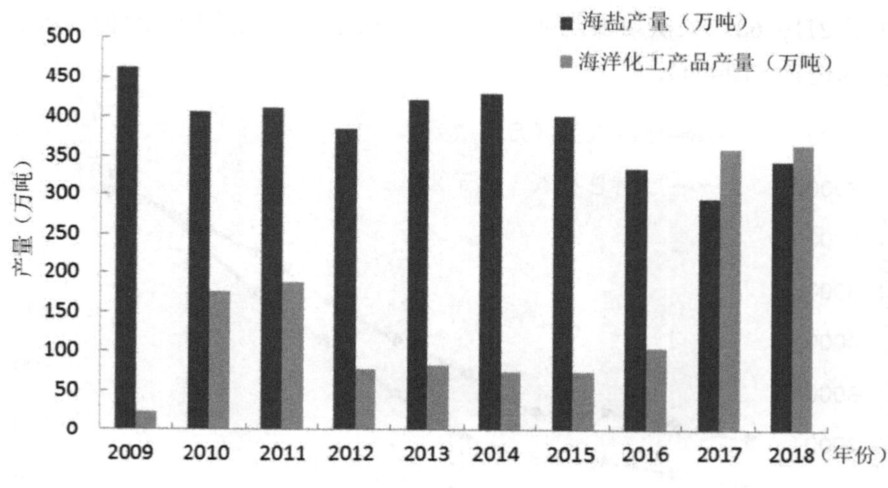

图9-7 河北省盐业、化工业

3. 油气产业

2018年，河北省海洋油气产量保持增长势态，海洋原油产量达到243. 5万吨，海洋天然气产量达到7. 5亿立方米。受国际原油价格持续下跌影响，全年实现增加值92亿元，比上年下降11. 5%（图9-8）。

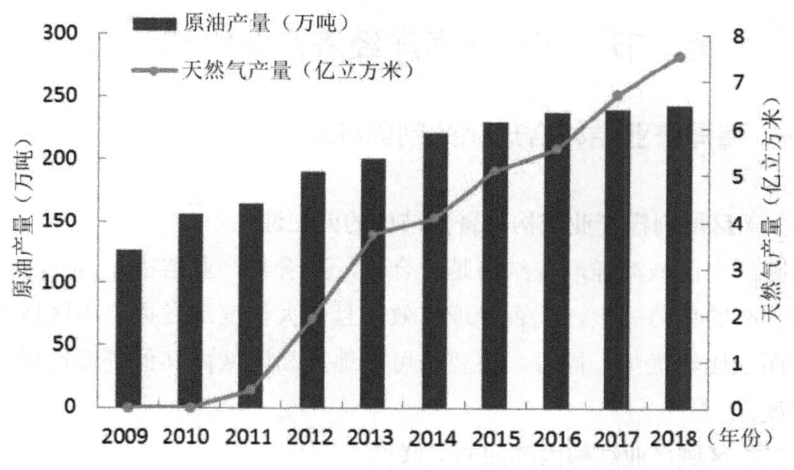

图9-8 河北省油气产业

4. 滨海旅游业

近年来，河北省滨海旅游业发展迅速，在海洋经济中占有重要地位。旅游人数由2119.62万人次增加到6947万人次，旅游收入也从107.22亿元增加到629.19亿元（图9-9）。

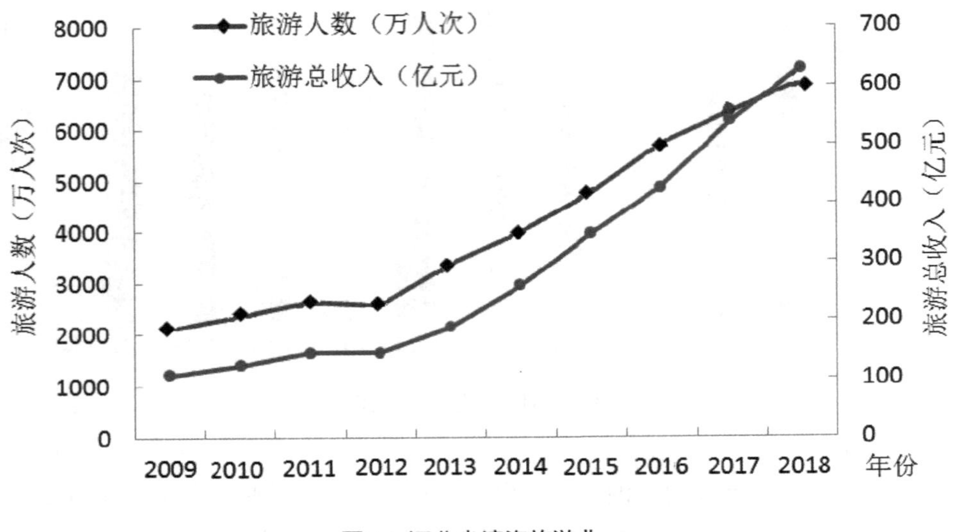

图9-9 河北省滨海旅游业

第三节 河北省海洋经济产业结构分析

一、海洋产业结构合理化的判断标准

（一）区域海洋产业结构与资源结构的匹配性

判断一个区域海洋产业结构是否合理，要看其产业结构能否充分利用区域内所具有的优势要素，能否合理有效并且最大程度地发挥出本区域在海洋资源方面的比较优势，同时，还要尽可能地提高区域内其他资源得以综合利用的程度。

（二）区域产业结构内部间的关联性

各产业之间比例关系协调发展，并且与产业在投入产出和经济增长方面保持均衡状态，这才是一个合理的区域产业结构。只有产业内部各个产业之间协调有序紧密发展，才能在社会再生产过程中避免出现产品的积压或紧缺等不必要的障碍。看一个产业的关联性，要重点分析主导产业与关联产业以及基础性产业三者产业间在数量、规模、时间和空间布局等方面的配合紧密程度。

（三）区域产业结构的先进程度

主导产业的先进程度和新旧产业的更替速度反映区域产业结构的合理性。现在的海洋主导产业应该是以新型海洋产业代替原有的旧的海洋产业。究竟什么是新型海洋产业？新型海洋产业一定是在产业数量、类型和产业比重与以往相比有更大的进步，通过对传统产业技术更新迭代，使得产业结构的整体综合能力上升到新的水平。主导产业所拥有的技术越先进，那么它就越有能力带动其他相关产业的发展。只有让区域产业结构的先进程度达到一个很高的水平，让新旧产业结构产生更快的更替，才能使区域经济组织充满生机与活力。

（四）产业位置的规划要合理明确

主导产业和重点产业是一个产业发展的核心动力，对整体经济发展起至关重要的引领作用，要让两者的位置更加明确、突出且合理。作为可以决定产业结构性质的主导产业，如果一旦缺位，那么国民经济的整体运行就失去了发展的引擎，会使得相关的产业向着分散无序的紊乱状态发展。在一定时期内，只有让主导和重点产业保持较高的经济发展势态，国民经济才能朝着更加稳定、无障碍的方向发展。

（五）区域产业结构应具有较强的应变能力

当今经济繁荣，各个区域产业的发展可以说是到达了一个井喷的状态，只有具备较强的转换能力和应变能力，才能使区域产业结构的发展更加合理高效，才能够使区域发展具备更加强大的扩张和输出能力，让产业更加充分地去利用区内外的各种资源和要素，实现对社会发展的利益最大化。区域产业应该能够保证在外部环境发生重大变化时，通过对内部组织机制及时进行合理的调节，来实现内部结构上保持相对稳定有序的运行状态，使产业结构的发展更具弹性和转换的能力。

（六）产业发展对外的开放程度

当今的中国是开放的国家，对于一个产业的发展来说，更应该扩大自身的开放程度，不能只靠本国经济的发展来支撑产业的发展，应着手加大开放程度，抓住时代的机遇，积极参与到更加广阔的国际分工体系和市场，以此来获取更多的国外技术和资源，这才是一个产业快速成长，使综合能力大大提升的重要途径。

二、河北省海洋产业结构现状分析

（一）产业结构理论与分析框架

产业结构理论——一个国家或地区在再生产过程中，各产业所占的比重、资源在产业间配置状态构成产业分布的结构，并通过分析产业间经济联系来实现产业间相互依存相互作用的理论。产业结构理论的思想源头可以追溯到17世纪。W. 配第在17世纪率先发现了世界各国国民收入水平存在的巨大差异关键原因是由于产业结构的不同。他于1672年出版了《政治算术》，在此书中得出结论：工业产业比农业带来的收入多，商业又比工业的收入多，即第二产业比第一产业、第三产业比第二产业的附加值高。

20世纪五六十年代的产业结构得到了高速发展，产业结构理论也纷纷应运而生。此时期对产业结构理论研究做出突出贡献的代表人物包括里昂惕夫、库兹涅茨、A. 刘易斯、赫希曼、罗斯托、钱纳里、霍夫曼、希金斯及一批日本学者等。其中里昂惕夫、库兹涅茨、霍夫曼和丁伯根沿着主流经济学经济增长理论的研究思路，深刻地分析了经济增长中的产业结构问题。里昂惕夫对产业结构进行了更加深入的研究，于1953年和1966年分别出版了《美国经济结构研究》和《投入产出经济学》两本研究书籍，初步建立了投入产出分析体系。他着重利用这一分析经济体系的结构与各部门在生产中的劳动关系，对国内各地区间的经济关系以及各种经济政策所产生的影响进行研究。之后，并在其发表的《现代经济增长》和《各国经济增长》著作中，更加深入地研究了经济增长与产业结构的关系问题。丁伯根的经济理论包含有更加多样的产业结构理论，他认为，经济结构就是要有意识地运用一些特定的手段以达到某种经济目的，其中就包含了适宜的调整产业结构的手段。他的经济政策可区分为数量政策、性质政策和改革三种。其中，性质政策就是改变结构（投入产出表）中的一些本质性的元素，改革便是改变基础中的一些基础性的元素。又如在他的发展计划理论中所采用的大型联立方程式体系，就是凯恩斯、哈罗德、多马以及里昂惕夫等人多种模型的复杂混合体；另外他所采用的部分投入产出法，就是一种产业关联方法，他直接从投资计划项目开始，把微观计划简单地加总成为一种可行的宏观计划。

刘易斯、赫希曼、罗斯托、钱纳里和希金斯这些学者的产业结构理论则是发展经济学研究的进一步延伸。其研究存在两种思路。

（1）二元结构分析思路

刘易斯在1954年发表的《劳动无限供给条件下的经济发展》一文中提出了用以解释发展中国家经济问题的理论模型，也被称为刘易斯理论（二元经济结构模型）。拉尼斯他与费景汉两人把二元经济结构的演变过程大致分为三个阶段，认为不仅仅收入分配变化及与之相对的规模以及储蓄、教育、劳动力市场等有关因素之间也存在明显直接的联系。希金斯分析了二元素结构中，发现先进部门和原有部门的生产函数存在差异。原有部门的生产函数属于可替代型的函数，研究发展在先进部门存在固定投入系数型的生产函数，而此部门采取的是资本密集型的技术。

（2）不平衡发展战略分析思路

赫希曼在1958年出版的《经济发展战略》一书中，首次提出了一个不平衡的增长模型，明确指出早期发展经济学家仅仅限于直接生产部门和基础设施部门发展次序的狭义讨论。其中关联效应理论和最有效次序理论，在当今的社会中仍然是发展经济学中的重要分析方法。

罗斯托，提出了著名的主导产业扩散效应理论和经济成长阶段理论。他认为，产业结构的变化会对经济增长产生深远的影响；在经济发展中强调发挥主导产业的扩散效应。他的主要著作包括《经济成长的过程》和《经济成长的阶段》等。钱纳里对产业结构理论的发展贡献颇多，在他看来，经济发展中资本与劳动的替代弹性是固定的，以此发展了柯布—道格拉斯的生产函数学说。他指出在经济发展过程中产业结构会随之发生变化，对外贸易发生时，初级产品出口数量将会减少，从而一一实现进口替代和出口替代。

欧美学者对产业结构的研究及提出的理论模型从意义上来说具有普遍性，逐步形成该研究领域的主流理论。但作为应用经济学理论，各国在实践过程中会形成各具特色的应用理论概括。纵观战后以来，着眼于日本国情，产业结构逐步发展形成了一套独特的理论，他们认为产业结构的变动与周边国家或世界的动态发展相关联。在日本产业结构理论领域上，有比较深入研究的学者包括筱原三代平、马场正雄、宫泽健一、小宫隆太郎、池田胜彦、佐贯利雄、筑井甚吉等人。其中筱原三代平是研究日本经济周期理论和产业结构问题的著名专家，其研究成果有《日本经济的成长和循环》《收入分配和工资结构》《消费函数》《日本经济之谜—成长率和增长率》《产业构成论》《现代产业论（产业构造）》。

筱原三代平（1955）提出了“动态比较费用论”，该理论的核心思想强调：后起国的幼稚产业经过相应的扶持后，其产品的比较成本是可以转化的，原来处于劣势的产品也有可能转化为优势产品，从而形成动态比较优势。由于该理论与国际贸易理论在观点上有一定的紧密相关性，因而其只能成为战后日本产业结构研究的起始理论。特别是在现实社会实践中，究竟该采取何种途径来实现呢？于是有一些日本学者提出各种理论假设和模型，其中最著名的是赤松要等人提出的产业发展“雁形态论”。赤松要（1936、1957、1965）在战前深入研究日本棉纺工业史之后，便提出“雁形态论”最初的基本理论模型，战后又与小岛清（1937）等学者进一步拓展和深化了该理论假说，最终用三个相互关联的模型阐明该理论的完整内容。关满博（1993）提出产业的“技术群体结构”概念，构建了一个三角形模型，并用该模型分别对日本与东亚各国和地区的产业技术结构做了比较分析，他的核心思想是：日本应摒弃从明治维新后经百余年奋斗形成的“齐全型产业结构”理论，应该促使东亚形成国际分工网络，而日本只有在参与东亚国际分工和国际合作中，才能使其调整后的产业保持领先位置。

通过分析日本学者的产业结构研究发现，实际上所有与东亚区域产业结构循环演进有关的问题，虽已明确意识到一国产业结构变动与所在国际区域的周边国家或世界产业发展动态的紧密相关性，但最后的分析中仍以单个国家为立足点，没有从全局和整体的角度考虑，理论的适用程度具有局限性，没有上升到一般理论。

产业结构研究是通过对各产业部门之间的比例调整来实现对经济基础的分析。这种比例关系如何分配，不仅可以使我们更加深入地了解该地区某产业结构的配置现状，而且这也是我们制定正确产业结构政策的理论出发点和基本依据。综上，本节主要对产业结构的理论基础进行回顾分析，以此应用到河北省海洋产业结构的发展过程中，以便制定出更好的发展规划与政策，使产业结构的发展更加合理有效。

（二）全国海洋经济整体对比情况分析

全国海洋生产总值在2018年达到83 415亿元，同比上年增长6. 7%，海洋生产总值的比重占国内生产总值的9. 3%。其中，海洋第一产业、第二产业和第三产业的增加值分别为3640亿元，30 858亿元以及48 916亿元，增加值占海洋生产总值的比重分别为4. 4%、37. 0%和58. 6%，具体如图9-10、9-11所示。总体来说，2018年海洋经济的发展继续保持平稳增长势态，总量有了很大的提升，产业结构不断优化升级，海洋产业带动下的海洋经济有了更好的发展前景，并且出现一系列与海洋产业发展相关的新兴产业和新业态，这势必会带动国民经济向着更高的水平发展，实现中国经济稳定高效的增长。

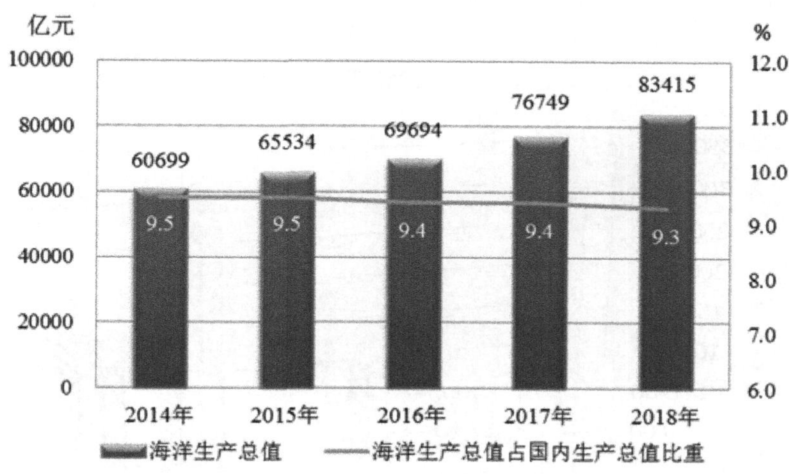

图9-10 2014—2018年海洋生产总值情况

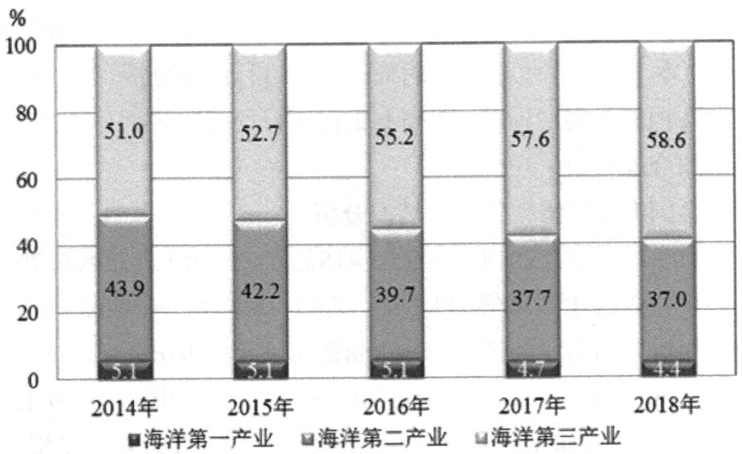

图9-11 2014—2018年海洋三次产业增加值占海洋生产总值比重

我们以2014—2016年数据为例对沿海主要地区海洋产业产值情况进行对比分析，具体对比情况如图9-12至9-16所示。

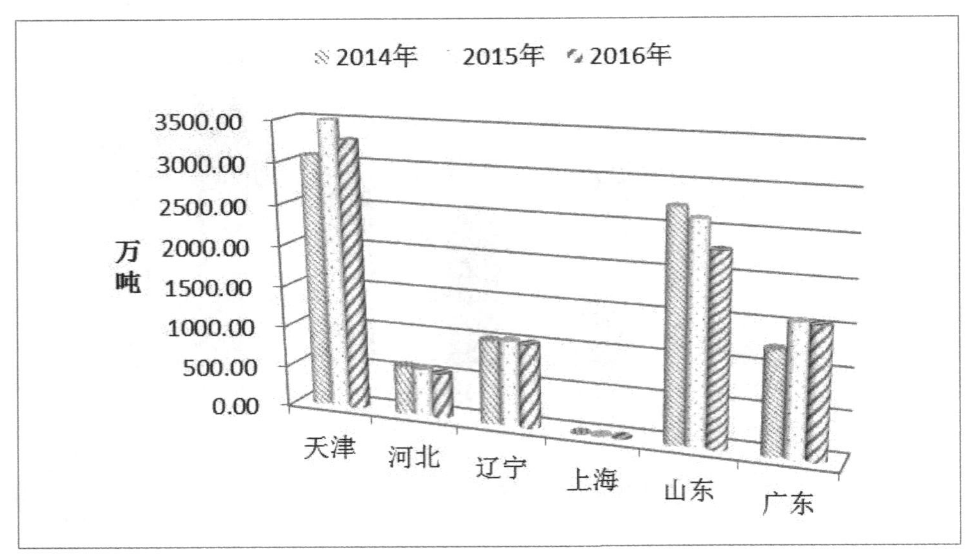

图9-12 2014—2016沿海主要地区海洋原油产量

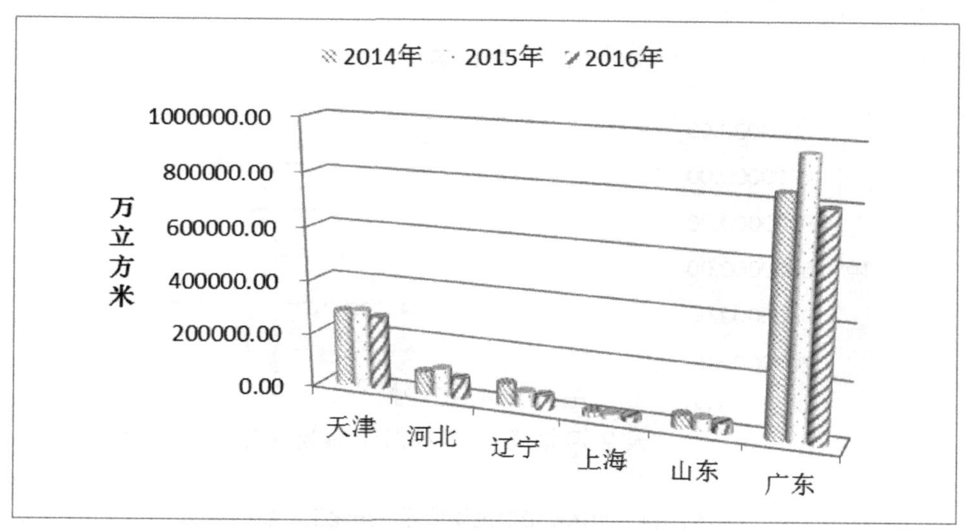

图9-13 2014—2016年沿海主要地区海洋天然气产量

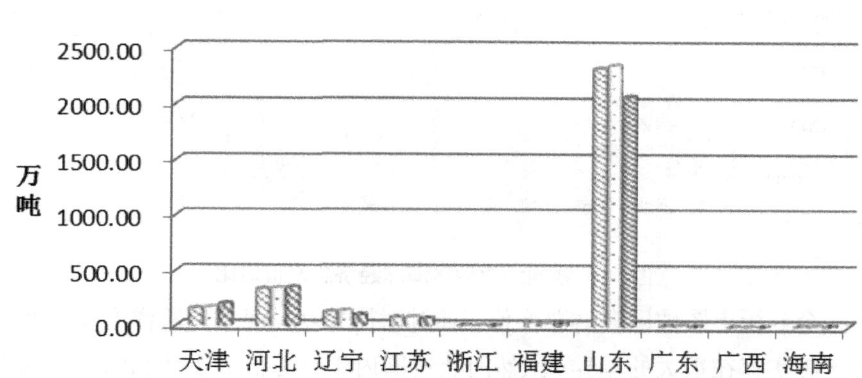

图9-14 2014—2016年沿海主要地区海盐产量

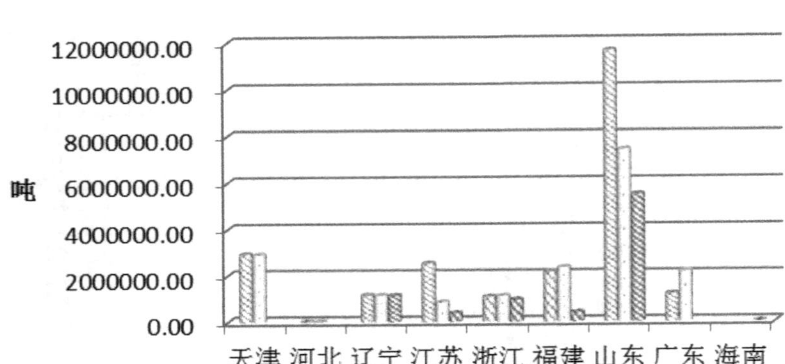

图9-15 2014—2016年沿海主要地区海洋化工产品总量

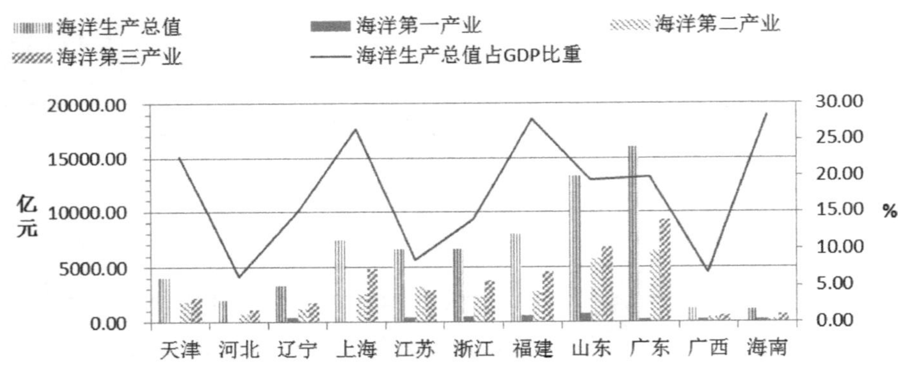

图9-16 我国沿海地区海洋经济总产值对比

综合分析上图地区海洋总产值，通过对比发现，河北省海洋产业之间的经济水平确实存在很大的差异。虽然河北省国内生产总值处于环渤海地区的平均水平，但其在海洋产业这一领域的总产值却明显处于欠发展阶段。从图9-17中看出，2016年河北省的海洋经济总产值相对来说比较低。究其原因，首先是当时河北省海洋资源开发较少。近些年河北省依靠优越的地理位置，着力加大对海洋资源的开发利用，海洋相关产业的经济发展明显好转，海洋产业的配置更加合理有效；另一原因是河北省综合生产能力落后，河北省区位上环绕经济繁荣的北京，但整体的经济发展却明显滞后于首都，整体的生产力水平明显落后于拥有先进技术的北京，使得海洋产业的技术发展进步缓慢，经济发展还有很大的提升空间。有一组数据，供大家参考：河北省海洋水产养殖面积分别是辽宁省和山东省的1/3和1/4，而海洋水产产值占比仅仅是两省的1/6和1/12；河北省的盐田面积是山东省的2/3，但其海盐产值仅为山东省的1/10，这都反映了河北省资源的利用效率整体上较差，单位资源的产出量与其他优势省份的巨大差异，其他产业也有类似情况，均应该引起相关产业部门的高度重视。

三、河北省海洋产业经济结构的静态分析

海洋经济各个产业部门的产值所占海洋经济总产值的比例大小，可以通过对生产值的计算去实现，根据结果可以鲜明地反映出各个产业部门的生产成果组成情况，从而综合地反映某一地区该产业结构之间的分布状况。以下对河北省海洋产业结构与其他沿海省市进行比较分析，首先给出河北省2016年海洋产业产值分布情况，具体如图9-17所示。

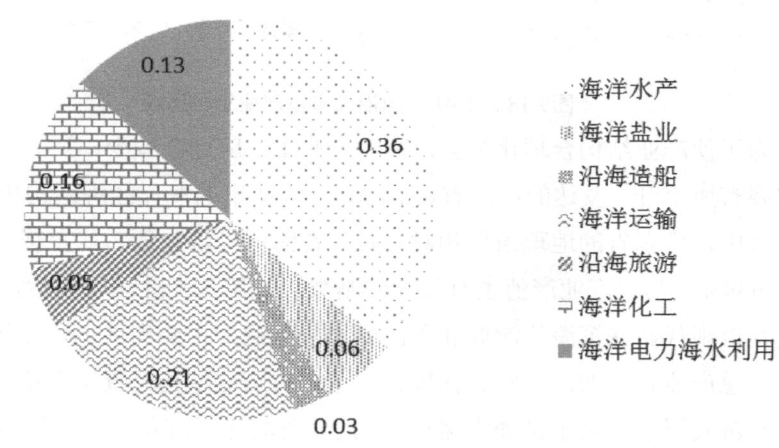

图9-17 河北省2016年海洋产业产值分布情况

由以上饼状图可以直观地发现，河北省海洋产业各部门比重的水平排序依次为海洋水产业—海洋交通运输业—海洋化工业—海洋电力海水利用业—海

洋盐业—滨海旅游业—沿海造船业。海洋经济部门主要包括第一产业（海洋水产业）、第二产业（海洋盐业、海洋油气业、海洋化工业、海洋药物、海洋电力和海水利用、海洋工程建筑业、船舶工业）和第三产业（海洋交通运输、海洋信息服务业、滨海旅游及其他产业）。依据上面的分类方法，我们可以计算出河北省海洋经济第一、第二、第三产业各自的产值比重分别为36. 0%，37. 8%和26. 2%。

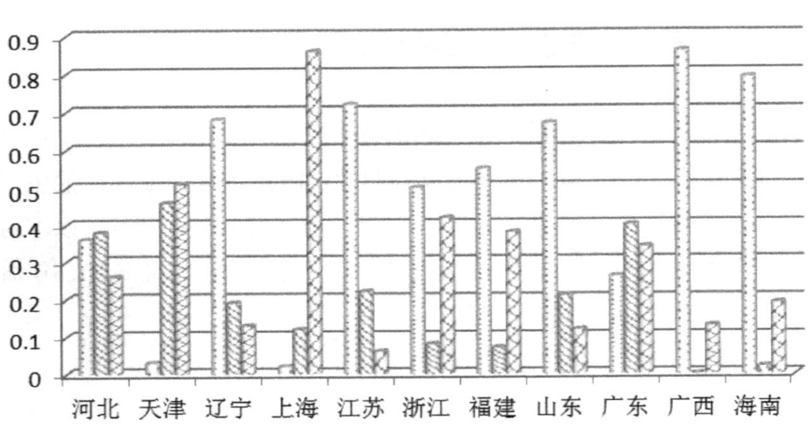

图9-18 2016年全国沿海省市产业结构比较

为了使产业结构合理化配置，第一产业比重应逐渐减少，第二、三产业的比重要有所上升。发达的广东省、上海市、天津市的海洋经济结构相对较为合理，其中，广东省的地理条件相对优越，在海洋经济上所占比重依次是26%、40%和34%，第一产业产值也有较大的基数，且第三产业比较发达，海洋产业主要是以现代新兴滨海旅游业和海洋交通服务业为主要支柱。而从产业结构上来说，总产值较大的山东省、福建省、辽宁省产业结构配置也并不十分合理，海洋经济发展总体水平也处于劣势，但河北省海洋经济发展总量虽然不及山东省、福建省、辽宁省，但单从海洋产业结构上来分析，其海洋经济结构较山东省、辽宁省、福建省等海洋经济大省而言，产业结构已经相对合理，经济发展质量总体上较高。基础的产业发展方面，河北省在海洋经济产业结构上还有很大的提升空间，目前海洋产业的发展属于传统初级型的，这种经济类型其弱点主要是对海洋生物资源、滩涂土地资源的依赖性较大，独立发展的程度不足，高增长的余地又很小，非常容易对生态环境造成不良影响。其中一个典型的案例就是海盐业，它属于典型的需求弹性缺乏行业，而且很容易出现由于生产能力过剩、市场销路狭窄所导致产量逐年增加、收益却持续下降的怪现象，这也是为什么广东省海岸线是河北省的7倍而海洋产业产值竟是13倍的原因。也就是说河北省不仅仅是在资源问题上稍逊于广东，在经济结构上更是存在较大的差距。综上，对河北省产业结构进行调整可以通过各产业要素的分配比例来进行，通过一个较长周期去研究对比，那么会明显地发现这种产业结构之间的发展是互相联系、动态发展的。也就是说，如果我们仅仅通过一定时期静态的产业结构指标来对比分析，那么这种一般化的绝对的比较，不可能全面反映出产业结构变动的方向和程度。

四、河北省海洋产业经济结构的动态分析

对产业结构动态研究时，我们分别选用Moore结构变化指标、产业结构变动值指标和产业结构熵数指标来进行分析。

（一）海洋经济产业结构变动值指标

首先我们将河北省、广东省和环渤海省市的海洋产业结构变动值比较分析，海洋产业结构变动值指标计算公式为：

$$K = \sum \left| q_{i1} - q_{i0} \right|$$

其中：K为产业结构变动值；q_{i1}为报告期第i产业产值在总产值中所占的比重，q_{i0}为基期第i产业产值在总产值中所占的比重。K值越大，说明产业结构的变动幅度也就越大。我们选择河北省、广东省、天津市、辽宁省、山东省五个省市的产业结构变动值进行比较，考虑到产业结构的变动是一个渐进和持续的动态过程，所以选择2010年为基期，2016年为报告期，考虑到适当的时间跨度。

首先计算2010年和2016年沿海五个省市海洋经济三大产业产值的比重情况，结果如表9-2所示：

表9-2 2010/2016年部分沿海省市海洋三大产业产值比重情况

	第一产业比例		第二产业比例		第三产业比例	
	2010	2016	2010	2016	2010	2016
河北	0. 396	0. 360	0. 217	0. 378	0. 386	0. 261
天津	0. 044	0. 026	0. 294	0. 464	0. 661	0. 509
辽宁	0. 567	0. 678	0. 191	0. 185	0. 240	0. 136
山东	0. 684	0. 667	0. 084	0. 210	0. 235	0. 121
广东	0. 287	0. 260	0. 174	0. 395	0. 538	0. 343

用KH、KG、KT、KL、KS分别表示河北省、广东省、天津市、辽宁省、山东省产业结构变动值，五省市的产业结构变动值分别为0. 32、0. 443、0. 341、0. 221、0. 26。通过比较可知，广东省海洋产业结构的变动速度比河北省高出约40%；而天津市与河北省的海洋产业结构变动速度相接近，其仅高出河北省6%；辽宁省和山东省的海洋产业结构变动速度却远远低于河北省的变动速度。显然，从海洋产业结构变动速度上来看，河北省在广东省之后，与天津市相似，远高出辽宁省和山东省的海洋产业结构变动速度。综上，河北省海洋产业结构的调整速度还是相对比较快的，拥有良好的发展前景。

（二）海洋经济产业结构熵数指标

我们将结构比变化视为产业结构的干扰因素，运用信息理论中干扰度的概念，来综合反映产业结构变化程度大小的指标。其计算公式为：

$$e_t = \sum_{i=1}^{n}\left[W_{it}\ln\left(1/W_{it}\right)\right]$$

其中，e_t为 t 期产业结构熵数值；W_{it}为 t 期第 i 产业产值所占海洋产业总产值的比重；n 为产业部门个数。

根据公式可以得出，若河北省各海洋产业的产值比重分配相对比较均匀合理，则产业结构的熵数值就越大；反之，越小。也就是说，et 越大，说明产业结构发展型态趋于多种类多元化，各产业部门发展比较合理均衡；相反，产业结构熵数越小，则产业结构发展型态趋于单种类单一化，各个产业部门发展程度差距较大。

下面选取海洋水产、海洋盐业、造船工业、海洋交运、滨海旅游、石油天然气等六大产业为计算部门，分别计算出河北省、广东省、天津市、辽宁省及山东省2010—2016年的产业结构熵数，如表9-3所示。

表9-3 2010—2016年沿海省市海洋经济产业结构熵数计算表

年份	2010	2011	2012	2013	2014	2015	2016
河北	1.31	1.26	1.32	1.30	1.18	1.28	1.68
广东	1.42	1.51	1.49	1.48	1.43	1.54	1.66
天津	1.44	1.46	1.47	1.56	1.44	1.32	1.75
辽宁	1.25	1.23	1.35	1.12	0.97	1.15	1.09
山东	0.95	0.81	0.87	0.89	0.88	0.86	1.25

表9-3显示：2010—2016年，广东省和天津市的海洋经济产业结构熵数比较大，说明其海洋经济产业结构趋于多元化；辽宁省和山东省海洋经济产业结构熵数最小，说明海洋产业结构较为单一化，产值相对集中于某个或某几个产业部门；河北省的产业结构熵数处于平均水平，发展较为适中，说明河北省海洋经济产业结构在多元化和单一化上也较为适中分配。经济产业结构多元化和产业部门发展的稳定化是经济发展的大趋势，所以河北省海洋产业的发展同样需要向广东省吸取有利经验，从而使河北省海洋产业的发展向着持续、稳定的高质量方向前进。

（三）Moore结构变化指标

此结构中，采用了空间向量测定法进行分析，在向量空间中夹角的基础上，假设把整个产业部门分为*n*个，将每个部门处理后的产值比重运算看成是一组*n*维向量，将两个时期之间的两组向量夹角作为表征产业结构变化程度的指标，称为Moore结构变化值。

计算公式为：

$$M_t = \sum_{i=1}^{n}(W_{it} * W_{it+1}) \Big/ (\sum_{i=1}^{n} W_{it}^2)^{\frac{1}{2}} * (\sum_{i=1}^{n} W_{it+1}^2)^{\frac{1}{2}}$$

其中，M_t表示第 t 期 *Moore* 结构变化值；W_{it}表示第 t 期第 i 产业占全部产业的比重；W_{it+1}表示第 $t+l$ 期第 i 产业占全部产业的比重；这里的 t 值是2010年取到2014年，计算部门的六大产业选取海洋水产、海洋盐业、造船工业、海洋交运、滨海旅游、石油天然气等，综合对河北省的海洋产业结构变化指标做数据处理。经计算，得出结论，自2012年以来，河北省海洋经济产业结构逐渐出现更明显的变化，分析发现指标数值从0. 99以上到0. 95以下下降速度很快，并且产业结构变动速度也迅速提升。研究还发现，河北省2014年海洋产业结构变化速度比2010年有显著的转变，特别是2012年以来，河北省海洋产业结构变化速度明显加快，说明2012年以来海洋产业的发展速度开始逐渐加快，河北省海洋产业结构正在进一步完善。

五、河北省海洋产业经济结构效益分析

综上分析发现，河北省海洋产业结构的合理化程度不是通过几个产业部门的简单组合来实现，相反，是要发挥出更好、更高的经济效益，并且促进海洋经济发展的集合，所以判断产业结构的优劣程度或分配得合理与否，还需要找到更多的指标进行判断，以此实现对产业结构效益问题的研究和测度。此外，分析产业结构的主要方法包括比较劳动生产率、产业结构增长波动分析法、技术进步率等。

（一）比较劳动生产率分析

比较劳动生产率指标计算是不同产业产值在整个产业中的比例除以劳动力的占比。通过对比较劳动生产率分析研究，可以发现构成和分布在各产业部门的海洋产业总产值和海洋产业的劳动力，各产业劳动生产率的增长情况以及各产业之间比较劳动生产率的作用关系这四大问题。

同时，判断各海洋产业部门效益水平的标准是比较劳动生产率指标。例如，将某海洋产业部门劳动生产率水平与全部产业劳动生产率的平均水平作分析对比，就可以得到该产业劳动生产率水平在整个海洋产业部门中所处的水平高低。同理，也可以将这一指标与其他较为发达的海洋经济地区进行比较，得出该产业部门与发达地区产业部门间在劳动生产率水平上存在的差距。

比较劳动生产率的计算公式为：

$$k_i = \frac{X_i}{L_i}$$

其中，k_i 表示海洋产业中第 i 个产业的比较劳动生产率；X_i 表示第 i 产业的产值与整个海洋产业总产值的比率（下文统称产值比重）；L_i 表示海洋产业中第 i 产业劳动力人数与整个海洋产业劳动力总人数的比率（下文统称为劳动力比重）。现在对2016年河北省海洋产业总产值>500万元的全部企业进行该指标计算，结果如表9-4所示。

表9-4 2016年河北省海洋产业比较劳动生产率计算表

计算项目	产值比重	劳动力比重	比较劳动生产率
海洋油气	0.005 965	0.003 588	1.662 308
海盐业	0.090 506	0.138 495	0.653 498
水产加工业	0.031 507	0.007 805	4.036 737
盐化工业	0.210 074	0.079 734	2.634 695
渔业服务业	0.012 083	0.001 980	6.100 929
船舶工业	0.063 338	0.039 759	1.593 050
海洋渔业	0.076 915	0.159 961	0.480 834
海洋交运及仓储业	0.509 612	0.572 266	0.890 517

以上数据显示在河北省整体的海洋产业中比较劳动生产率较高的是渔业服务业、水产加工工业，由此说明这些产业部门单位劳动力价值的产值量较大，也说明该部门技术知识水平较高。虽然海洋渔业的总产值占比较大，但其比较劳动生产率数值则相对较小，这可能与海洋渔业中农业所占比重较大有关，其生产技术相对较为落后，其作为河北省海洋经济发展的瓶颈产业部门，更有必要注重海洋渔业生产技术水平的提升。

（二）产业结构增长波动分析

要使产业结构合理增长，必须协调好各产业部门间的转变方式，产业结构中的任何“大起大落”的现象都是产业结构实现低效益水平的表现（产业结构的效益是指由于产业结构的配置不合理导致整个产业发展向着不协调的方向发展，各相关产业部门的生产力发展不协调导致相应的产业部门发展速度参差不齐，但是由于落后产业部门的发展速度会制约经济发展较快的产业部门，导致整个产业经济发展水平偏低）。通过分析海洋产业结构增长波动，可以对整个海洋产业的结构效益进行评价。

上文已提到产业发展的波动问题，这里将采用标准差和离散系数两个指标来对衡量产业结构增长的波动情况进行更为准确的计算。

$$\sigma=\left[\frac{\sum_{i=1}^{n}(w_i-w_0)^2}{n}-\left(\frac{\sum_{i=1}^{n}(w_i-w_0)}{n}\right)^2\right]^{\frac{1}{2}}$$

$$\bar{\omega}=\omega_0+\frac{\sum_{i=1}^{n}(w_i-w_0)}{n}$$

$$V_\sigma=\frac{\sigma}{\bar{\omega}}\times 100\%$$

其中，σ 为标准差，ω_i 为分析期内第 i 年海洋产业增长速度；ω_0 为分析期内假定的平均增长速度；n 为项数（分析期内年数）；V_σ 称为离散系数（标准差系数）；$\bar{\omega}$ 称为平均增长系数。

表9-5 河北省与其他沿海省市海洋产业平均增长系数计算比较表

省份	ω_0	σ	$\bar{\omega}$	$V_\sigma\times 100\%$
河北省	0.109	0.079319	0.124188	63.8
广东省	0.109	0.069593	0.13528	51.4
天津市	0.109	0.122429	0.079685	153.6
辽宁省	0.109	0.037554	0.134324	27.9
山东省	0.109	0.055674	0.083666	66.5

对表9-5数据分析得到，在海洋产业的部门增长稳定性问题上，各省市之间存在较大的差异。河北省的海洋经济产业增长稳定性与辽宁省和广东省相比波动性稍大，河北省海洋产业结构增长波动系数值高达60%以上，故与山东省和天津市相较，河北省的海洋经济产业增长还算稳定。

总体而言，河北省的海洋经济产业发展处于不稳定阶段，其他一些各省市的海洋经济产业发展也是处于此阶段。可能原因有两个：一是由于海洋产业过分依赖于气象条件和环境，如海洋渔业、海洋盐业等；二是纵观我国海洋产业整体发展程度，也存在发展不稳定现象，目前也正处于初级阶段。因此，河北省在策划海洋经济发展的政策时，应积极吸取其他省市的发展经验教训，减少不确定性因素，从而确保产业结构增长的稳定性，减轻海洋污染给海洋经济带来的不利影响，最终使河北省海洋经济产业的发展更加健康、稳定和可持续。

（三）技术进步率

技术进步的程度是现代产业结构效益产生的重要基础，同样，技术进步也是产业结构向着合理化和高附加价值化方向演化的主要原因。因而可以用产业技术进步率作为衡量产业结构效益的重要指标，根据此项指标进行产业结构的优化调整，以技术进步率高的主导产业带动其他产业的经济发展。在社会发展的每个时期或不同阶段产业技术进步率可能是不相同的，这就要求我们对产业结构进行分析时，要考虑时效性，一旦发现新的高技术进步率产业，应大力扶持。相反，现 “夕阳”产业应及时进行产业转型调整。在以上分析中，比较劳动生产率可以反映出技术水平的高低，若海洋渔业的该指标值较高，则说明需要对海洋渔业加大装备和技术投入，使之转变成为现代海洋渔业。而对于海洋水产加工部门，应该利用技术含量相对较高的产业。渔业服务业等，对其产业结构进行合理引导和扶持调整，从整体上促进海洋产业的生产技术水平。

六、结论与措施

（一）河北省海洋产业结构发展趋势

通过综上对河北省海洋产业结构的比较分析，可得出河北省的海洋产业结构呈现出以下发展趋势。

1.洋产业结构中主体产业开始有新的发展方向，门类趋于多样化

河北省重点发展海洋产业，有效合理开发海洋资源，发挥出最大优势，积极培育新兴海洋产业包括滨海旅游、海洋化工、海水养殖及相关产业、海水综合利用等新业态，对海水综合利用等未来海洋产业的新发展也更加重视，同时着力对海洋渔业、海洋交通运输和海洋盐业等传统海洋产业进行调整和改造。据统计显示，新兴主体海洋产业总产值占到河北省全部海洋产业总产值的64. 2%。

2.洋产业结构正趋于配置合理化方向发展

海洋第一产业所占总产值比重已持续下降，而海洋第二、第三产业则有了突飞猛进的发展，两个产业所占比重已经远远超过第一产业的比重。河北省的

第一、第二、第三海洋产业目前基本呈现倒序的三二一的比例结构，可以发现河北省的海洋产业结构已发展到产业高级化的阶段。其中，海洋产业的一、二、三次产业结构在绝对量增长时，基本达到2∶3∶5的合理比例。

3.新兴海洋产业的发展已占主体地位，基本取代传统海洋产业

2015年有数据显示，河北省新兴的海洋产业在海洋产业总产值中所占的比重超出传统海洋产业约25%。虽然从产值上看，河北省海洋产业目前以新兴产业发展为主，但整个海洋产业综合水平比较落后，与发达国家的海洋产业发展水平难以相提并论。比如，我国海洋石油业已在世界海洋经济中占据首位，步入21世纪后，其产值更是达到世界海洋产业总产值的一半左右，河北省2015年的产值，仅有1. 76亿元。

4.海洋经济整体规模小，对资源环境的依赖性强

2015年的河北省海洋经济的总产值分别为辽宁、天津、山东、广东的1/3，1/4，1/7和1/12，尤其是海洋第二产业的结构目前尚未形成规模经济。另外，河北省的海洋经济发展还要紧紧依靠资源环境，由此其产业结构会呈现出一系列弱点，比如，因为过分依赖于滨海旅游资源、海洋生物资源和滩涂土地资源，造成高增长空间不足，而且易引发生态环境的破坏。

5.部分产业部门的内部结构配置不合理

河北省渔业的捕养所占比例不高，一组数据显示，其2015年的捕养比为0. 54∶0. 46，而同期山东和广东的捕养比达到0. 43∶0. 57，福建捕养比更是远远超出河北省，为0. 42∶0. 58，这说明河北省的渔业内部结构的配置尚存在一定的问题。河北省的海洋运输业内部的结构配置同样不合理，主要以能源和原料运输，集装箱的运量少之又少。

6.主要海洋产业大多属于低附加值和科技水平较低的产业

目前河北省海洋产业发展中依旧是以水产业、交通运输业和滨海旅游业为主，其中前两个行业的科技水平和产品的附加值转化都处于较低水平，均属于传统的海洋产业，其中滨海旅游业虽属于新兴产业，但它的科技含量也处于较低的水平。

（二）对海洋产业结构优化升级的措施

1.加大力度培育富有市场竞争力的企业

企业的发展是产业结构发展的载体，产业结构配置最终还是要以企业的调整为出发点来更改。所以加大创新力度对于产业结构的配置调整来说，是非常重要的因素，每一项极小的技术创新发展都会形成产业结构升级的台阶。尤其是进入到工业化中期以后，一个产业结构进行优化升级主要不是通过大企业间的调整配置来呈现，而是反映在同产业的产品结构的升级，甚至是对同类产品技术结构的优化升级。实现此目的，政府要制定出精准科学又具体的推动产业结构升级的产业发展和技术政策，再通过每一个企业对于追求技术进步和产品结构升级的过程，实现整体海洋产业结构的优化升级。河北省的总体海洋经济发展规模较小，无法发挥出规模优势，这已是阻碍河北省海洋经济水平进一步发展的绊脚石。因此，今后要对海洋经济增大投资力度，营造一个良好的投资环境，加大对国外资金和我国民间资本的吸引力度，积极主动开发和引进高新科技，充分激发河北海洋资源的发展潜力，加快对于沿海交通、港口码头、海岸滩涂等地的基础设施建设速度。通过对大批富有市场竞争力的企业进行扶持，以扩大河北省海洋经济产业的发展规模。

2.大力发展海洋第二产业

河北海洋经济三大产业中第二产业是发展弱项。因此，河北省海洋经济结构调整的其中的一个战略性方向应该从大力发展海洋化工、海洋能源、海洋生物制药、海洋石油化工、海洋工程建筑等海洋第二产业入手。河北省是我国海洋能源和海盐生产和加工大省，海盐产量历年来均居全国前列。因此，在保持这些优势产业的领先水平的基础上，加快调整升级盐化工、海洋电力和海水淡化及综合利用等相关海洋产业。同时还要向曹妃甸临港工业区的大钢铁、大石化、大港口（物流）、大电力四大主导产业的发展借力，确保让河北海洋石油化工和海洋工程建筑的发展也迎来一个新前景。

3.高度重视对海洋高科技核心技术的开发与创新应用

首先，要构建海洋科技人才培养队伍，以科技创新能力的培养为主，为河北省海洋经济的发展提供人才和科技技术的支撑。其次，加大新技术在传统海洋产业的应用，并且提高对高新技术海洋产业的开发的速度。最后，要在大力发展养鱼、滩涂利用等传统海洋技术的基础上，更加侧重发展海洋高科技核心技术，比如海洋调查、海洋信息、海洋监测、海洋通讯等，增强海洋核心科技的开发利用水平。

4.加大河北省沿海资源的宣传力度

河北省沿海位置的名胜古迹和自然景观颇多，应该利用这些资源加大第三产业的发展，开拓出更大的利用空间。河北较为著名的旅游胜地，如秦皇岛有着悠久历史文化的山海关、北戴河、九门水口、老龙头、孟姜女庙等；唐山有著名的潘家口水下长城、华北第一大岛的石臼坨岛、京唐港金银滩天然海滨浴场等；沧州沿海的古贝壳堤是中国唯一、世界现存最大古贝壳堤之一等。虽然沿海资源丰富，但很多资源开发利用的程度尚不足，故有必要加大对河北省资源的宣传力度。

5.提高海洋产业从业人员的基本素质

根据美国经济学家舒尔茨的人力资本理论，在现代经济的发展过程中，最重要的生产因素是人力资本。我们通过大量的调查研究发现，区域经济发展质量与相应的从业人员的基本素质关系紧密。发展中国家的经济之所以发展较慢，最主要的阻力是人力资本的短缺，出现人的能力与物质资本的不对等发展。所以，提高区域经济发展的先决条件就是对人力资本的培养，包括高素质的一线产业工人、技术人员和研究与开发人才。河北省海洋产业发展水平不高，归根到底还是缺少人才的流入。截止到2015年，河北省海洋科研机构只有两个，其中高级职称的人员只有30名，而海洋产业较为发达的山东、辽宁和天津，人力资本的强大优势显而易见。

第十章　河北省海洋经济高质量发展的综合评价

第一节 环渤海地区海洋经济发展的横向比较分析

一、环渤海地区海洋经济的时空差异性特征

（一）研究方法

1.变异系数

变异系数主要测度数据集合的离散程度，是数据标准差与平均值的比值。该系数没有量纲，只是一个量度值，它的大小与平均值和标准差有关，能够进行客观比较。但是，在需要对多个指标样本的变异程度进行比较时，变异系数不再受到原数据的标准差、平均值的变化影响。该系数的值越小，说明研究数据集的波幅越小；相反，数据集波动幅度越大。具体计算公式为：

$$CV=\frac{S}{\bar{X}}\times 100\%=\frac{1}{\bar{X}}\times\sqrt{\frac{\sum_{i=1}^{N}(X_i-\bar{X})^2}{N-1}}\times 100\%$$

式中，S是标准差，$\bar{X}$是平均值，i代表地区。CV的值越大，表明不同区域间的经济差异越大；反之，经济差异越小。

2.标准差

标准差作为一种对离散程度进行量化的指标，主要体现数值与其平均值之间的差异。它的值越大，表明大部分数值与整体均值之间存在较大差异；反之，标准差越小，表明这些数值与平均值越接近。具体计算公式为：

$$S=\sqrt{\frac{\sum_{i=1}^{N}(X_i-\bar{X})^2}{N-1}}$$

其中，N 为测量区域数，Y_i 为第 i 个区域某年的海洋生产总值，Y 为 N 个测量区域在某年的海洋生产均值。

3.泰尔指数

泰尔指数是可以用来衡量与分析区域间经济差异水平的一种熵标准值，也是反映区域经济水平差异最直观的一种指标。该指数认为整体差异由组内差异和组间差异两部分组成，并对它们两者对总差异的贡献值分别进行衡量。这一指标广泛用于区域差异和区域间差异的实证研究。具体计算公式为：

$$T=T_{BR}+T_{WR}\times\log(\frac{y_i}{p_i})+\sum_{i=1}^{4}y_i\times[\sum_{i}y_{ij}\log(\frac{y_i}{p_i})]$$

式中，T 表示环渤海地区的总体经济差异，T_{BR} 表示区域间差异，T_{WR} 表示区域内差异，i 表示地区（i=1，2，3，4，分别表示环渤海地区的辽宁、河北、天津和山东），y_i 是 i 地区的 GDP 值在环渤海沿海地区 GDP 总量所占的比重，P_i 为 i 地区人口数在环渤海沿海地区总人口数所占比重，y_{ij} 代表地区 i 的次级辖区 j 的 GDP 量在整个 i 地区中的比重，P_{ij} 代表地区 i 的次级辖区中 j 的人口值在 i 地区人口总数的比重。T（泰尔指数）的值越大，表明所研究地区经济发展水平之间的不均衡性越大；反之，表明所研究地区间的经济不均衡性越小。

（二）环渤海地区海洋经济差异的时序差异特征

1.环渤海地区整体差异分析

研究数据选取该地区的三省一市（山东、河北、辽宁、天津）1996～2015年的经济生产总值，计算出这些年份的变异系数（图10-1）。

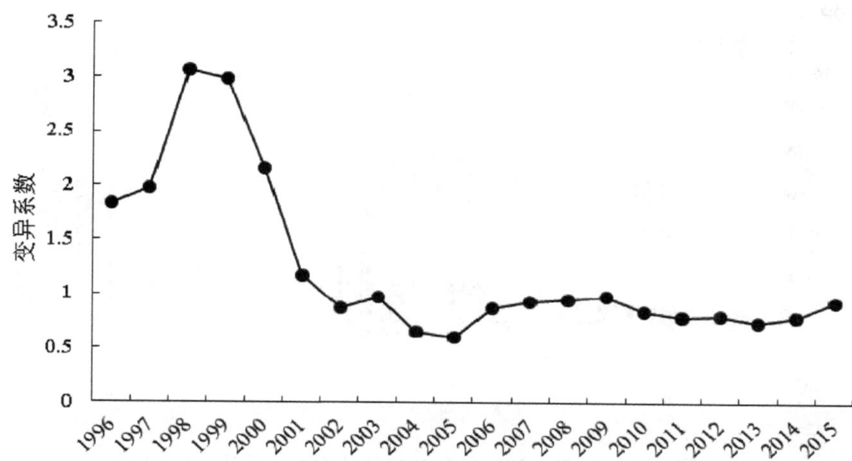

图10-1 1996—2015年环渤海地区各省市经济生产总值的变异系数

从图10-1可以看出，该地区各省市经济生产总值的变异系数于1996—1998年间呈现出上升的趋势，且1997—1998年的增大趋势十分明显，1998年达到20年间的最高水平3.0674。但是，该指数从1998年以后呈现稳步下降的状态，并于2005年出现近20年的最低水平0.6037。从2005年开始，各省市的变异系数变得较为稳定，波幅较小。即1998年和2005年分别为研究时间区间中的变异系数值的两个分界点。从1996年到2015年，环渤海地区各省市的区域经济差异经历了“先上升，后下降，然后趋向于平稳”的一个过程，且其总体趋势是呈下降状态的。

2.三省一市之间的差异分析

由1996年、2006年和2015年环渤海地区三省一市的人均GDP，观察环渤海地区四个省市之间的变化（图10-2）。

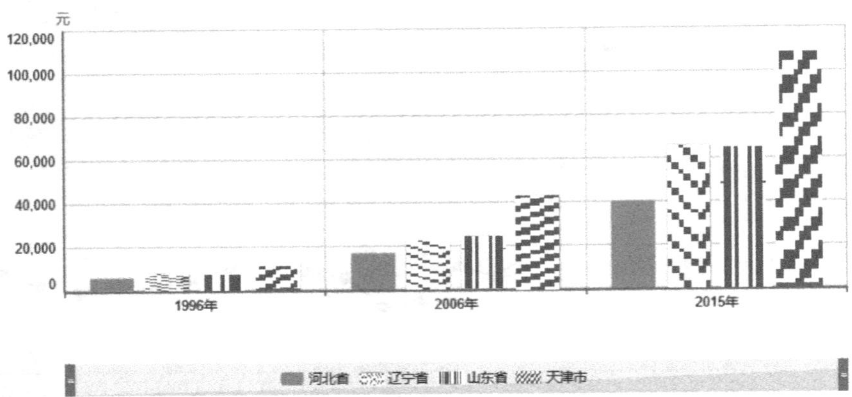

图10-2 1996年、2006年和2015年环渤海地区的人均GDP

由图10-2可以观察到，这几个省市的人均GDP差距出现不断扩大的现象。1996年，天津市、河北、辽宁、山东的人均GDP分别为1892元，405元，940元和1325元；2006年分别为12 735元、1583元、3512元和3952元；到2015年，这四个省市的人均GDP均有不同程度的提升，达到了31 828元、2866元、8344元和12 615元。从数值方面，地区间人均GDP的差异比较明显：1996年，天津市的人均GDP大约是河北省的4.6倍；2006年，天津市的人均GDP约为河北省的8倍；到2015年，天津市的人均GDP比河北省人均GDP的11倍还多。从1996年到2015年，环渤海各地区人均GDP之间的差距呈现出加速拉大的趋势，也折射出各地区之间绝对经济差距正在持续拉大。

3.泰尔指数的结果分析

根据1996—2015年环渤海地区的泰尔指数（图10-3），可以更直观地了解各省市于这20年间经济发展的差异程度。从图10-3可以看到，不同年份的发展差异虽展现出明显的阶段性特征，但总体上呈现平稳的发展趋势。从1996年到2015年的20年间，泰尔指数呈现整体稳定的趋势，除了2001年到2009年的数值有较大的波动外，其余年份没有明显的增减。1996到2001年间，该指数没有明显的变化特征，整个呈稳定发展的状态。从2001年开始，总体差距整体地呈上升趋势，并于2005年达到观察期的最大值0.1780。2005—2006年出现一个急剧下降的状态；于2006—2008年几乎没有发生变化；2008年降到观察期的最小值

0.071 4。2008—2009年的泰尔指数又呈现出一定幅度上升，并于2009—2015年回归到一种相对平稳的状态。综合来看，除了中间的几年，四个省市间的发展差异并不显著。

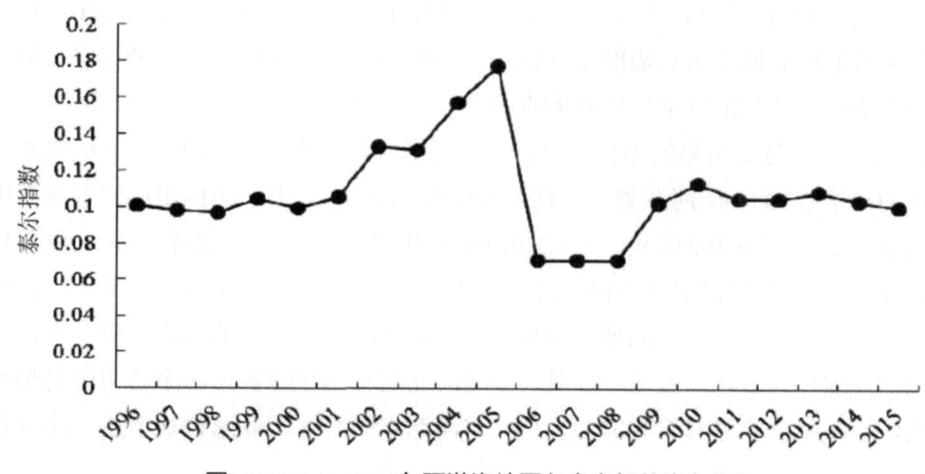

图10-3 1996—2015年环渤海地区各省市间的泰尔指数

据图10-3可知，1996—2015年的20年期间，该地区的区域经济发展水平差异最为明显的是2005年和2006年，这与国家在该年度提出来的经济发展规划和政策有较大关系。由于政府对于市场经济发展的干预，使得2005—2006年环渤海地区区域间经济发展水平的差距明显缩小。这种现象在一定程度上反映出：政府对于区域经济发展的政策干预能对区域经济间的差异制约起到控制作用。

（三）环渤海地区海洋经济空间差异特征

从经济量上来看，环渤海各地区的海洋生产总值都处于不断提高状态，同时各地区间的差异也不断拉大。从空间上来看，以山东为龙头，其余三地共同提升发展的整体状态没有变化。从数量上来看，山东省的海洋经济发展较为迅速，海洋总产值遥遥领先于其他三个省市，山东省的海洋GDP量大致相当于其他三个地区的经济量之和。从其他方面，各地区的海洋条件禀赋和海洋发展政策不同，从而发展速度也出现了很明显的地区差异。1996—2015年，山东省的海洋经济总量最低值为1996年的1158.12亿元。自2010年后，山东省的海洋经济增速进一步提升，每年的海洋经济总产值保持在7000亿元以上，并于2014年达到观测期的最高水平27 496.7亿元。在这20年内，山东省的海洋GDP的平均增幅为21.9%，最低增长幅度年份为2015年，负增长54.8%，其次为2005年的负增长49.8%。此外，其他三个地区的海洋总产值相对比较均衡，但在增速上存在着差异。天津市于2014年达到观测期内的最高水平5032.3亿元，在这20年中的平均增长幅度为20%，最低增长幅度是2006年的负增长5.5%，其次是2015年的负增长2.2%；最高增长幅度是1998年的105.2%。辽宁省20年间的平均增长幅度为25.5%，并于2014年达到观测期内的最高水平13742.4亿元，较去年增幅为267.3%；回落最明显的年份为2015年，增长幅度为负增长74.3%，其次为2004年的负增长33.8%。河北省的平均增长幅度为41.1%，也于2014年达到观测期内的最高总产值10303亿元，但在2015年间出现大幅度的产值量回落，负增长79.3%，是四个地区当中下降幅度最大的省份。2002年、2005年、2009年和2015年，河北的海洋总产值的增长率皆为负值，体现出河北省的海洋产值在观测期间的年份中增长不太稳定。此外，虽然河北的平均增幅在这四个省市中是最高的，但海洋总产值却较为靠后，意味着河北省的海洋产业结构还需进一步优化和调整。

二、环渤海地区海洋产业差异特征

（一）偏离—份额分析法

偏离—份额法最早由美国学者Daniel(1942)和Creamer(1943)相继提出，后经多位学者进一步总结完善，在研究区域产业结构、产业竞争力以及经济增长差异等方面应用较多，为区域的未来发展方向和调整产业结构提供指导。该分析法的核心思想是：视整个区域经济的发展过程为动态演进的，把要研究目标地区的上一级行政区作对照，将该地区在一定时期内产生的经济量拆分为增长份额、结构偏离和竞争力偏离三部分。其中，增长份额是研究地的标准化产业部门在所属区域的年增长率发展所带来的增加值；结构偏离分量是研究地的区域部门比重与所属区域部门比重差异所带来的增长偏差；竞争力偏离分量是研究地内某部门的增速与所属区域对应部门的增速差别引起的经济增长。偏离份额法可以表示为：

$$G_r^i = N_r^i + P_r^i + D_r^i$$

式中，G_r^i是区域r中i部门产值在整个观测时段中的增长量；N_r^i是为增长份额，值越大，表明区域r内的产业按所属区（R）的平均增长率计算得到的增量越大；P_r^i为产业结构偏离，值越大，表明该部门对地区内经济总量的增长所做贡献比重越大；D_r^i为竞争力偏离，它反映的是区域某个部门的相对竞争能力，值越大，该部门形成的竞争力对地区经济增长作用越大。N_r^i、P_r^i、D_r^i的计算公式为：

$$N_r^i=\frac{E_r^i(t_0)}{E_R^i(t_0)}[E_R^i(t)-E_R^i(t_0)]$$

$$P_r^i=[E_r^i(t_0)-\frac{E_r^i(t_0)}{E_R^i(t_0)}E_R^i(t_0)][\frac{E_R^i(t)-E_R^i(t_0)}{E_R^i(t_0)}]$$

$$D_r^i=E_r^i(t_0)[\frac{E_R^i(t)-E_R^i(t_0)}{E_R^i(t_0)}-\frac{E_r^i(t)-E_R^i(t_0)}{E_R^i(t_0)}]$$

式中，$E_r^i(t_0)$与$E_r^i(t)$分别代表区域r的i产业在观测期的基期和末期产值，$E_r(t_0)$和$E_R(t)$代表的是R地区在选取的测量期间的基期和末期的经济产值，$E_R^i(t_0)$和$E_R^i(t)$则分别表示R地区内的i产业于基期、末期产值。将得出的地区内三次产业的增长份额、结构份额与竞争份额加总，得到观测区r的经济总增量G_r，分解表示为：

$$G_r=N_r+P_r+D_r$$

其中：

$$N_r=\sum_{i=1}^{n}[\frac{E_r^i(t_0)}{E_R^i(t_0)}[E_R^i(t)-E_R^i(t_0)]]$$

$$P_r=\sum_{i=1}^{n}\left\{[E_r^i(t_0)-\frac{E_r^i(t_0)}{E_R(t_0)}E_R^i(t_0)][\frac{E_R^i(t)-E_R^i(t_0)}{E_R(t_0)}]\right\}$$

$$D_r=\sum_{i=1}^{n}\left\{E_r^i(t_0)[\frac{E_R^i(t)-E_R^i(t_0)}{E_R^i(t_0)}-\frac{E_r^i(t)-E_r^i(t_0)}{E_R^i(t_0)}]\right\}$$

假定地区 r 内 i 产业在基期与末期占同期参照区 R 的对应产业比分别为 $K_r^i(t)=\dfrac{E_r^i(t)}{E_R^i(t)}$、$K_r^i(t_0)=\dfrac{E_r^i(t_0)}{E_R^i(t_0)}$，那么可以将 r 地区相对增长率 L 定义为：

$$L=\frac{E_r(t)/E_r(t_0)}{E_R(t)/E_R(t_0)}=\left[\frac{\sum_{i=1}^{n}[K_r^i(t_0)E_R(t)]}{\sum_{i-1}^{n}E_R^i(t)/\sum_{i-1}^{n}E_R^i(t_0)}\right]\times\left[\frac{\sum_{i=1}^{n}[K_r^i(t)E_R(t)]}{\sum_{i=1}^{n}K_r^i(t_0)E_R(t)}\right]$$

其中，ω 表示产业结构指数，μ 表示产业竞争数，n 表示部门数。

（二）产业结构整体演变对环渤海地区海洋经济差异的影响

本文将研究对象的经济规模、整体地位、海洋经济量在当地经济中的地位为判定依据，选择了环渤海地区作为参照区。选择1996—2015年（共20年）作为研究观测期，进行偏离一份额分析，分析产业结构在地区经济空间差异的作用，结果如表10-1所示。

表10-1 环渤海地区产业结构对省域经济空间差异影响

时段	地区	G		N		P		D		PD
		增量	增率	增量	增率	增量	增率	增量	增率	
1996～2005	天津	1336.54	12.0	198.97	1.79	862.2	7.74	275.38	2.47	1137.5
	河北	270.08	4.96	90.912	1.67	255.8	4.94	-76.64	-1.41	179.1
	辽宁	832.39	4.01	321.8	1.55	805.23	3.88	-294.64	-1.42	510.5
	山东	1904.36	3.71	756.14	1.49	1043.3	2.03	95.91	0.19	1139.2
2006～2015	天津	3554.6	2.60	1169.8	0.86	949.18	0.69	1435.6	1.05	2348.7
	河北	1035.5	0.95	917.3	0.84	745.78	0.68	-627.57	-0.58	118.2
	辽宁	531.0	0.36	2461.6	1.67	1977.1	1.34	-3807.7	-2.64	1930.6
	山东	8743.2	2.38	2922.1	0.74	2721.4	0.74	3099.6	0.84	5821.1

由表10-1可知，以各分量增率值的正负为依据，可以将这四个省市简单地归分为两种：产业结构较好且竞争力强的经济快速增长型、产业结构良好但竞争力稍弱的产业结构推动型。因为山东、天津的结构份额与竞争份额都是正值，划分为经济快速增长值；辽宁和河北的产业结构虽具备一定的优势，但是竞争力偏弱，划分为产业结构推动型。从经济总量上，山东省位居第一，产业结构处在中、高速增长的产业比重较高，且该地区具有优质的海洋资源，海洋科技实力较为强悍，进一步助力其海洋经济。山东省的整个经济结构水平较高，产

业综合竞争力强，海洋产业结构在经济中发挥重要作用。天津市的区域经济增量也处于较高地位，这与其发达的海洋产业有着直接的关系，该地的海洋科技水平在全国处于领先水平，海洋资源的利用率较高，具有较完善的海洋产业结构，在环渤海区域有着良好的经济竞争力。

相比之下，辽宁省的经济总量较小，得益于其悠久的海洋经济发展历程，其具备的海洋经济规模效应在海洋经济发展中作用明显，同时发展滨海旅游、海洋运输等海洋第三产业对该省的海洋经济起到一定的辅助作用，具有较强的产业发展潜力，海洋产业结构良好，海洋经济发展效果也相对较好。此外，河北省是渤海地区经济总量最小的省份，这与其对海洋经济发展的重视程度不高有着很直接的关系。就结构份额和结构增长率，各地区均为正值，意味着各地的产业结构良好，能够促进海洋经济的进步。但河北省的结构分量远远落后于其他三个地区，表明河北省的海洋产业结构有待进一步优化提升。就竞争份额来说，山东和天津皆为正值，辽宁和河北皆为负值，说明前两个地区的产业竞争力较强，后两者较弱。由表10-1中的产业竞争力的增率来观察产业竞争力对经济增长的贡献率，得知天津和山东产业竞争力的贡献率较大，而河北、辽宁的产业竞争力作用较小。

2006—2015年，天津市的增长率居第一位，山东省的海洋经济总量居第一位，且两地在经济总量和增速方面都具有较好的表现。相比，辽宁、河北没有展现出特别的优势，且辽宁省的海洋经济增量最少，与山东省相差甚远。

（1）就环渤海地区的份额分量而言，各地区的偏额分量均为正值，经济增长率良好。此外，除了辽宁，其他三地的份额分量的增量皆小于实际，意味着区域的海洋经济发展没有对各地区的海洋经济产生较大影响。

（2）就结构偏离分量而言，各地区的结构偏离份额均为正值，表明这些地区的产业结构整体情况良好，具有一定的结构优势。

（3）就竞争力偏离份额分量而言，山东和天津的竞争力偏离分量皆为正，而辽宁和河北皆为负，表明前两地的产业竞争力处于优势地位，后两地处于劣势地位。

（4）总偏离份额结构效应和竞争力效应共同作用，总偏离份额结构效应和竞争力效应共同作用的结果，主要体现一个省区以环渤海为标准区，偏离标准区的发展状况。天津市的总偏离份额为2348.78，山东省为5821.11，表示这两地的产业结构与竞争力的综合作用对这两地的海洋经济具有较好的拉动作用；其他两地皆为负值，说明产业综合效应在该省海洋产业发展中的综合作用带动并不明显。

（三）产业结构内部演变对环渤海地区海洋经济差异的影响效应

将偏离一份额分解到三次产业，逐一地对第一、第二、第三产业在地区经济发展中的影响进行分析。由表10-2可以看出，从三次产业在经济增长中所占的贡献比重来看，1996—2005年，天津和河北的第三产业增长份额与结构偏离份额最大，表明这两个地区的第三产业在经济增长中作用力明显，但两地区的海洋经济发展策略并不相同，天津偏重于海洋科技，而河北致力于滨海旅游经济。山东、辽宁的第一产业占比最高，结构份额最高的是第三产业，由此可见，虽然这两地的第一产业在其海洋经济增长中做的贡献最大，但第三产业在整个产业结构中却是占比最高的。

表10-2 环渤海地区三次产业对省域经济产业影响的偏离明细

		1996—2005				2006—2015			
		天津	河北	辽宁	山东	天津	河北	辽宁	山东
N	Ⅰ	8. 17	38. 11	165. 56	609. 32	0. 37	2. 62	15. 47	32. 43
	Ⅱ	55. 41	11. 75	61. 31	54. 33	770. 48	473. 8	676. 66	1527. 8
	Ⅲ	135. 39	41. 06	94. 93	101. 48	398. 97	440. 88	1769. 5	1361. 8
P	Ⅰ	4. 51	21. 04	91. 39	336. 33	5. 48	38. 83	229. 24	480. 56
	Ⅱ	277. 41	58. 8	306. 97	272. 02	685. 32	421. 43	601. 87	1358. 9
	Ⅲ	580. 27	175. 97	406. 88	434. 97	258. 37	285. 51	1145. 9	881. 9
D	Ⅰ	−8. 66	−26. 37	118. 39	−83. 36	5. 85	11. 05	12. 99	−29. 89
	Ⅱ	92. 53	34. 32	−186. 39	59. 54	446. 6	−462. 83	−833. 0	849. 28

三、环渤海地区海洋经济差异的作用机理

近年来，我国海洋经济的发展速度特别快。2015年时，全国的海洋总产值为65534.4亿元，在全国生产总值中占比为8.8%，是海洋地区生产总值的1/5，因此海洋经济的健康发展意义重大。海洋经济与地区经济发展类似，具有一定

的区位特征。每个海域的发展受影响于自身的区位因素、经济发展模式和资源禀赋等多种客观的影响因素，从而沿海各个省份的海洋经济发展速度、规模和水平之间存在很大的不均衡性。就环渤海地区而言，它借助自身良好的地理条件、优厚的社会资源和丰富的自然资源，例如港口资源、旅游资源、渔业资源、矿产资源和油气资源，以极快的速度跃居为我国经济增长的第三大增长极。此外，各个地区政府都积极地响应环渤海经济发展并做出相关的政策支持，如山东半岛注力打造蓝色经济区，辽宁省倾力于建成港陆联动的格局，河北努力建设新型工业化的渤海新区等。

（一）环渤海地区的海洋自然资源禀赋差异

海洋资源属于自然资源中的一种，因此两者的本质属性相同。稀缺性是自然资源的最大特征，即可采用的资源都是有限度的。海洋资源作为一种自然资源，大多数也都是稀缺的，且在分布上具有很明显的区域性。同时，由于自然资源的区域性，不同地区的经济发展基础和相应的发展战略也会有所不同。而且，自然资源的开发利用具有规模效益的特性，若对它进行妥善的开发和保护，从中获取的效益会呈现持续增加的状态，自然资源的价值也将持续性增加；反之，自然资源也会在过度滥用中产生规模效益递减。在对资源的合理开发和维护中，需要一定的技术水平，与资源的利用效率和可持续利用性有直接的关系。

1.环渤海地区岸线的资源分布情况对比

环渤海的沿海地区主要包含辽东半岛、津冀沿海区和山东半岛。在行政划分上囊括17个地级市（辽宁省的盘锦、大连、锦州、丹东、营口、葫芦岛，河北省的秦皇岛、唐山、沧州，山东省的潍坊、东营、滨州、威海、烟台、东营、日照、青岛，以及天津市）。整个地区海岸线全长为6924千米，是全国海岸线总长度的38.5%，这四个省市具体的海岸线资源情况见表10-3。如表10-3所示，在环渤海的四个地区中，海岸线最长和最短的分别是山东省和天津市，前者大概是后者长度的20倍，因此这四个地区在海岸线资源方面差异比较明显，其中山东和辽宁的优势较为突出。在环渤海所有沿海省份中，山东省的海岸线系数最高，是渤海平均值的1倍以上，河北省最低，仅为渤海平均值的20%。在这四个省市中，山东、天津和辽宁的海岸线系数都高于整个区域的平均水平，而唯独河北低于均值，处于资源劣势。

表10-3 我国环渤海地区海岸线资源分布情况

地区	大陆海岸线长（米）	所占比例（%）	陆地面积（平方千米）	岸线系数（千米/平方千米）
辽宁	2187	12.1	145 900	0.0149
河北	487	2.7	18 800	0.0026
天津	154	0.9	11 900	0.0129
山东	3120	17.3	158 000	0.0198
环渤海	5940	33	503 800	0.0118

2.管辖的海域面积对比

沿海管辖海域面积不仅决定着各地区的海洋矿产资源、渔业资源和其他自然资源的数量，也在一定程度上限制着海洋经济活动的场所和范围。各个地区内管辖海域的面积大小如表10-4所示。

表10-4 环渤海各地区管辖的海域面积

地区	管辖海域面积（10000平方千米）	所占比例（%）
辽宁	15	45.32
河北	0.9	2.72
天津	0.3	0.91
山东	16.9	51.06

观察表10-4中数据，山东省的管辖面积达到了整个环渤海海域的51%，为16.9万平方千米，具有极大的天然海洋资源优势。辽宁占比略低于山东，天津和河北的管辖面积最小，两者的管辖面积总占比不到4%，远远少于山东和辽宁。这也体现出地理位置在海域管辖和海洋经济发展中的重要影响。

3.沿海地区海水可养殖面积比较

沿海滩涂属于后备土地资源，具有很大的农牧渔业开发潜力，对沿海经济意义重大。沿海地区海水可养殖面积是指在陆基、滩涂和海洋上人工养殖鱼类，甲壳类（虾、蟹），贝类，藻类等海洋经济动植物的表面积。在环渤海地区，海水可养殖的面积最大的依次为辽宁省和山东省，两省的海水可养殖面积之和占到整个环渤海地区的80%以上；海水可养殖面积最小的地区为天津市，仅为整个环渤海地区总可养殖面积的1.5%，海水养殖资源相对较少。

表10-5 环渤海地区的海水可养殖面积

地区	海水可养殖面积（万公顷）	所占比例（%）
辽宁	93.5	59.9
河北	14.4	9.2
天津	2.4	1.5
山东	45.8	29.3

4.环渤海地区的港口资源对比

海洋交通运输业包含旅客输送、货物运输等多类海上运输服务活动，是一个地区海洋经济的重要组成部门，它的发展要依托于港口建设，所以港口资源数量也至关重要。此外，一个地区的海洋运输能力也受影响于港口资源的规模、港口的水位深度。2015年环渤海地区港口资源的分布情况如表10-6所示。

表10-6 环渤海地区的港口资源情况

地区	港口生产用码头泊位码头长度（米）	所占比例（%）
辽宁	51914	36.64
河北	23140	16.33
天津	26357	18.6
山东	40273	28.42

由表10-6可知，环渤海地区拥有港口资源量最多的是辽宁省和山东省，分别占比36.64%和28.42%，两省在海运方面有极大的优势。此外，居第三位的天津市，港口资源约为辽宁省的1/2，河北省在四个省市中占比最低。

5.环渤海地区的海岛资源对比

自2010年《中华人民共和国海岛保护法》实施以来，海岛资源越来越多受到重视，继续研究更为合理的海洋资源开发和利用方式，变成海洋经济可持续发展的重要发展举措。对于各地区而言，如何更好地利用区域内的海岛资源成为一项需要长期探索和研究的重要工作。对环渤海地区的海岛资源情况进行比较分析如表10-7所示。

表10-7 环渤海地区海岛资源情况

地区	面积大于500平方千米的海岛（个）	所占比例（%）
辽宁	266	36.69
河北	132	18.21
天津	1	0.14
山东	326	44.97

从表10-7可以看出，山东省拥有环渤海地区最丰富的海岛资源。环渤海地区面积在500平方千米以上的海岛有约45%位于山东；其次是辽宁省，占环渤海地区海岛总数的36.69%，为266个；河北省位居第三，占比18.21%；而天津的海岛资源相对较少，面积在500平方千米的海岛数量仅仅为1个。综合来看，山东省和辽宁省在开发海岛资源方面具有较强的优势。

（二）环渤海地区的人力资源差异分析

劳动力是一个地区经济发展的重要助推力，在经济发展中充当消费者和生产者两种角色。而人力资源是一定区域内具有劳动能力的人口之和，其丰富度与数量和质量皆相关。数量体现一个区域中劳动力资源的丰度，质量则体现一个地区的劳动力素质高低，两者都影响着一个区域的人力资源水平。同样，从事海洋经济社会活动离不开劳动力资源的支持，且与一般劳动力相比，通常要求涉海的工作人员要有更高的素质和技术水平。为满足海洋产业部门的特殊劳动力需求，我国海洋产业的就业人力资源培养也上升到一个重要层面。从数量上，虽然环渤海地区的各省市已经有了一定的涉海人力资源储备，但仍存在巨大的人才缺口，能够解决大量的就业问题；从质量上，环渤海地区的专业人力资源相对稀缺，高技术岗位存在供不应求，海洋产业的素质普遍偏低，对海洋经济的长期健康发展不利。比如，河北省的涉海从业人员整体素质在整个环渤海地区中偏低，因此河北的海洋经济也相对更落后。

（三）环渤海地区海洋发展政策分析

主要从“十三五”中的海洋经济政策的核心目标和建议措施出发，分析环渤海三省一市的海洋经济政策环境的基本情况。京津冀地区以保护和促进公益，以公共问题为主导的区域间多层次治理的发展机制，进一步深化政府和各公共生产部门的合作机制。辽宁省的海洋经济建设目标是打造“海上辽宁”，在建设途径上，首当其冲的是优化地区内的海洋经济产业布局，进而推进形成海陆统筹发展的经济布局，让沿海经济的腾飞带动整个省域发展。在推进政策实施时，要依据当前区域的海洋经济产业布局优化方向，以及海洋资源的开发规划。充分发挥沿海经济对全省的辐射和带动作用，要不断完善海洋经济的发展格局，依托于陆域，扩大海域发展空间。海洋资源的开发是重点关注对象，要引导形成陆海联动发展的格局，其目的是实现沿海的六个市协同发展，同时形成带有本省特征的产业体系，把沿海区域建设成为整个区域一体化的外向型经济区。在整个发展引导过程中，要以国家和地方计划为本，将整个沿海区域划分为辽东半岛海洋经济区、辽河三角洲海洋经济区和辽西海洋经济区，每个经济区都依托本区域的资源禀赋进行发展，共建海陆联动的沿海经济带。

河北省的海洋经济策略目标，就是要建设具有区域特色的海洋经济带，需要对产业结构进行进一步的优化，使得地区海洋经济的劳动力吸纳力进一步扩张，创造和提供更多的海洋产业就业机会，对地区内其他产业的就业压力状况有所缓解。将建设重点放在临港产业带和曹妃甸港区，推动海洋支柱产业的进一步提升和稳固，同时支持和保护新兴产业的建设。综合当前河北省海洋资源的发展状况，主导产业的地位需要进一步加强，继续发展海洋化工和临港工业等重工业，利用好自身的港口资源，引导和发展港口贸易，以期看到整个地区海洋经济的崛起。从沿海各市分工来看，秦皇岛继续以滨海旅游和加工业为主导，唐山地区则将临港重化工作为发展重点，沧州继续加强沿海化工产业建设。

天津海洋经济发展应该从实际出发，将天津的发展优势与海洋产业的实际发展状况结合，构建愈加完善的海洋产业链。从国家发展战略角度，天津的滨海新区建设已经上升到国家战略维度，天津务必要抓住机遇，借政策优势顺势而为，努力将天津建设为海洋科技研发、孵化的战略基地和国家级的石油化工基地，跻身海洋化工产业重要基地和海水淡化与综合利用的示范城市。在建设滨海新区的过程中，开发利用海洋资源和土地的建设行业作为一个整体来考虑，海洋经济的发展应该结合沿海地区的当前布局调整和优化方向，最终实现地区的海洋经济与其他处于经济优势的产业形成互动发展的局面。

山东省于海洋经济发展中具有各方面的天然优势，所以要借力发挥，把全省的经济重心向海洋经济倾斜，对当前的产业结构继续优化，加快新旧动能的转换。海洋经济的发展直接关系到全省经济的发展，以山东省的发展战略为依托，多维度地探索新的发展空间，同时优化和扩大省内的海产内需，致力于蓝色半岛经济区和海洋文化强省的建设。对省内的所有海洋产业进行科学布局，以进一步提高全省的海洋综合竞争力。利用本地区的资源上风地位，培养一个由海洋农牧渔业、海上船舶运输、海洋高新技术、石油化工和海区旅游服务等多元化的产业体系。

此外，继续加大科研创新的资金投入，鼓励制度创新，对于国内外的海洋产业和技术抱积极学习和引进的态度，最终实现地区的海洋经济高质量发展。同时，在全省规划了黄河三角洲高效生态经济区、阳光海岸带黄金旅游区、健沿莱州湾、沿胶州湾、沿荣成湾综合经济区、临港经济区等多个海洋特色经济区。此外，山东省还采取了一系列政策保护来保障海洋经济的发展：为追求更合理的海洋资源开发、利用，严格实施地区海洋功能区划，防止海洋生态受到污染和破坏，寻求未来可持续发展；基础设施的支撑力更进一步加强，加快建设临港工业和沿海港口城，同时水利、能源和海洋交通和通讯等配备产业的建设加强，进而整个海洋发展的基础支撑力得到稳固；在省内进一步拓宽海洋产业发展的融资渠道，积极实施“科技兴海”，同时做好相关公共措施的保障工作。

第二节　河北省海洋经济高质量发展评价指标选择与体系构建

国务院在2018年的政府工作报告中首次提出“高质量发展”的新表述，表明中国经济已由既往的高速增长转为高质量发展阶段。关于高质量增长，主要有五点：第一，以人为本的发展；第二，坚持创新驱动，推动高质量的发展；第三，需要依托于更高水平的经济结构；第四，提升经济效益；第五，绿色发展。

海洋经济囊括了海洋资源的开发、利用和海洋保护等多重经济行为和活动。发展是从简单到复杂、从低级向高级演进，发展过程主要分为三个阶段：初级萌芽、积累发展和发生质变。在这个过程中不断进行质量提升。海洋经济发展质量，就是人类在海洋资源的开发、利用和保护过程中获得的效益提升，与人类的生存效用有直接关系。但是近些年，伴随着经济增长，浮现出资源枯竭、结构布局不合理和海洋技术力量不足等一系列问题，海洋经济发展速度和发展质量也出现了冲突。

一、指标体系构建与分析评价

既往有很多关于海洋发展的研究，但主要关注点是评测综合实力和可持续发展探究。覃雄合以代谢循环能力为着手点，在环渤海地区部分沿海城市的海洋经济可持续发展研究中，分析了动态演变中的可持续发展；郭丽芳根据沿海经济优化的指导方针，运用产业和区域经济的相关理论，在进行海洋经济升级评价中划分出4个准则，即经济规模、产业结构、经济溢出和生态效益，并选取了12个二级指标进行评析；程娜则以海洋经济的效率为出发点，以相关的政策和法规为依托，进行市场调节，依据产业的实际状况建立监督和激励机制，以构建海洋可持续发展的长效机制。此外，关于如何实现更高质量的海洋经济，该方面的研究探索还不够。

构建一个地区的海洋经济发展评估指标体系，可以从多个维度对海洋经济的发展演进进行观测和预估，以更科学的方式进行地区海洋发展质量评估，可以更加全面地展现建设海洋强省目标的成果推进，有助于促进全省经济的转型升级，有利于对比研究自身和跨区域的海洋经济发展质量，以提供一个地区海洋经济优化提升的指标依据。本文立足当前的海洋经济发展和政策导向，借鉴国内外学者关于这方面的研究成果，建立河北省的海洋经济发展质量评价指标体系。

（一）指标选取原则

（1）导向性。将五大新发展理念——创新、协调、绿色、开放、共享，贯彻到海洋经济发展质量的各个方面，引导河北探索新型海洋经济发展。

（2）科学性。在对海洋积极发展概念和发展本质的理解上要实事求是，以科学思维来概括海洋经济发展的多方面维度。同时选取指标时，要考虑其代表性和层次性，整个体系要内容全面和具有连续性，结构合理。

（3）系统性。在评价指标构建时，需要完整地审视整个发展体系，兼顾整体系统和子系统，基础指标之间能够形成一个逻辑体系。且它们之间相互补充，可以协调一致，能直观全面地展现整个地区的海洋经济发展质量。

（4）稳定性。海燕经济的发展演进中可能会受到多种因素的影响，为保证评价系统的稳定性和评价结果的准确性、合理性，需要避开短期内有较大波幅或受外界因素干扰较大的指标。

（5）可操作性。发展质量评估指标体系的各项指标，是用来进行主客观判断和定性、定量分析的，指标所需的数据要易于理解，具有可测算性和可靠性。

（二）指标体系架构

根据上述标准，客观考虑对海洋经济发展具有影响性的因素，最后确定评估指标体系主要选取经济活力、科技支撑、开放水平、社会民生和生态环境五个方面，具体见表10-8。

（1）经济活力。它是衡量一个地区经济发展状态和开发潜力的重要指标。该项一级指标下，从规模、结构和效益三个角度设计了6个二级指标。海洋生产总值占地区生产总值比重（B_1），主要反映海洋经济产值在整个地区经济中的比重；海洋服务业占海洋生产总值比重（B_2）和海洋战略性新兴产业增加值占海洋生产总值比重（B_3），这两个指标主要用于体现海洋产业规模的合理程度和海洋产业在地区经济总量中的贡献，同时体现海洋经济的资源配置效率；涉海企业主营业务收入利润率（B_4）和单位海域面积产出率（B_5），主要反映海洋经济效益； 用海洋从业人员的人均海洋生产总值表示海洋全员劳动生产率（B_6），以反映了海洋从业人员的劳动效率。

（2）科技支撑。在海洋经济质量的提升中，技术创新是一注强心剂。该项一级指标下，设定海洋科研人员占涉海从业人员比例（B_7）、海洋领域R&D投入强度（B_8）、国家级孵化器数量（B_9）、海洋领域发明专利授权量（B_{10}）、海洋科技成果技术交易额（B_{11}）、海洋高新技术企业数量（B_{12}）6个二级指标，测度地区的海洋科技发展状况。

（3）开放水平。实现高质的海洋经济发展，激发海洋产业活力，需要高水平的开放程度。在该项一级指标下选取港口货物吞吐量（B_{13}）、海洋经济引进国内外资金总额（B_{14}）、外贸进出口总额（B_{15}）和入境旅游消费总额（B_{16}）4个二级指标。

（4）社会民生。经济发展的最终目标是为了改善民生，该指标通过人们在海洋经济中获得的收入、文化和教育等多方面的效益。在该项一级指标下，选取3个二级指标：海洋文化产业增加值占海洋生产总值比重（B_{17}）、涉海就业人员平均工资（B_{18}）和现代渔业产量占海洋水产品总量比重（B_{19}）。

（5）生态环境。进行海洋生态环境保护，是寻求海洋经济的可持续发展，提升发展质量的必要条件。在生态环境的一级指标下选取近岸海域水质优良率（B_{20}）、海洋保护区占管辖海域面积比重（B_{21}）、城市污水处理率（B_{22}）3个二级指标。

表10-8　河北省海洋经济发展质量评价指标体系

一级指标	二级指标	单位
经济活力（A_1）	海洋生产总值占地区生产总值比重（B_1）	%
	海洋服务业占海洋生产总值比重（B_2）	%
	海洋战略性新兴产业增加值占海洋生产总值比重（B_3）	%
	涉海企业主营业务收入利润率（B_4）	%
	单位海域面积产出率（B_5）	亿元/平方千米
	海洋全员劳动生产率（B_6）	万元/人
科技支撑（A_2）	海洋科研人员占涉海从业人员比例（B_7）	%
	海洋领域R&D投入强度（B_8）	%
	国家级孵化器数量（B_9）	家
	海洋领域发明专利授权量（B_{10}）	件
	海洋科技成果技术交易额（B_{11}）	亿元
	海洋高新技术企业数量（B_{12}）	家
开放水平（A_3）	港口货物吞吐量（B_{13}）	万吨
	海洋经济引进国内外资金总额（B_{14}）	亿美元
	外贸进出口总额（B_{15}）	亿美元
	入境旅游消费总额（B_{16}）	亿元
社会民生（A_4）	海洋文化产业增加值占海洋生产总值比重（B_{17}）	%
	涉海就业人员平均工资（B_{18}）	万元
	现代渔业产量占海洋水产品总量比重（B_{19}）	%
生态环境（A_5）	近岸海域水质优良率（B_{20}）	%
	海洋保护区占管辖海域面积比重（B_{21}）	%
	城市污水处理率（B_{22}）	%

二、评价方法

1.方法选取

经济质量的评估结果与使用的研究方法有强烈的相关关系，模糊综合分析法、层次分析法、指标分析法和灰色关联度分析法等都是目前最常用的评价方法。其中，指标分析法更具主观性和随意性，指标间若按照平均分配则无法凸显各因素间的主次；模糊综合评价法在定级的方式上不够细致，难以直观地进行排序、分级；灰色关联度分析和层次分析法在分析时，需要大量的指标且存在较强的主观性。而熵值法既不存在主观赋值权重的弊端，又能客观地反映指标之间的差异和各指标的变化情况，使得整个研究结果兼具一定的可信度和说服力。综合考量下，本文的分析采用熵值法。熵的概念提出，最早可以溯源到物理、化学等学科中，之后也在经管学科中得到广泛应用。首先对原始数据进行一个无量纲处理，计算得到每个指标的权重，再根据样本数据和赋予的权重计算得到一个综合得分，最后进行综合发展质量的评析。得到的熵值越小，表明数据的离散程度越大，所展现出的信息量越广。

2.计算过程

（1）数据的无量纲化处理

该评价体系共涵盖22项指标，对7个年度的数据进行分析。用m来表示年份，n表示指标，初始矩阵A即为$\mathrm{X}=\left\{X_{ij}\right\}_{m\times n}$，其中$i=\left\{0\le i\le 7\right\}$，$j=\left\{0\le i\le 22\right\}$，$X_{ij}$表示第$i$个年中第$j$项指标的测量值。由于每个$X_{ij}$有不同的测量单位和数量级，所以需要进行标准化，得到标准化后的矩阵A'，再然后进行下一步的计算。采用公式(10.1)对正向指标进行无量纲处理，采用公式(10.2)对负向指标进行无量纲处理。

$$X_{ij}^{'}=\frac{x_{ij}-\min(x_{1j},x_{2j},x_{3j},\cdots,x_{nj})}{\max(x_{1j},x_{2j},x_{3j},\cdots,x_{nj})-\min(x_{1j},x_{2j},x_{3j},\cdots,x_{nj})} \qquad (10.1)$$

$$X_{ij}^{'}=\frac{\max(x_{1j},x_{2j},x_{3j},\cdots,x_{nj})}{\max(x_{1j},x_{2j},x_{3j},\cdots,x_{nj})-\min(x_{1j},x_{2j},x_{3j},\cdots,x_{nj})} \qquad (10.2)$$

（2）计算第i个年份中第j项指标的贡献度

数据处理后，对第 j 项指标在第 i 年的贡献度进行计算，即第 i 个年度中第 j 项指标的比值 P_{ij}，得到一个无量纲矩阵 B，计算方法如式（10.3）。

$$P_{ij}=\frac{X_{ij}^{'}}{\sum_{i=1}^{m}X_{ij}} \tag{10.3}$$

（3）计算第j项指标的熵值

熵值数 $e_j(0\le e_j\le 1)$，它可以反映出第j项指标的信息量。

$$e_j=\frac{1}{\ln m}\sum_{i=1}^{m}P_{ij}\ln P_{ij} \tag{10.4}$$

（4）计算信息熵的冗余度

冗余度 d_j，主要用于反映不同年度中第j项指标所得数据之间的差异性。

$$d_j=1-e_j \tag{10.5}$$

（5）计算第j项指标的权重

$$W_j=\frac{d_j}{\sum_{j=1}^{m}d_j} \tag{10.6}$$

（6）计算出综合得分

将每年不同指标的无量纲化值进行加权计算并求和，得到综合得分 Fi。最后，将不同年份的各指标的综合得分进行排序和分析。综合得分越高，表明当年海洋经济发展质量越好。反之，情况较差。

$$F_i=\sum_{j=1}^{n}W_jX_{ij}^{'} \tag{10.7}$$

三、评价结果及分析

1.指标权重得分与评价

通过熵值法计算出的各指标权重（表10-9）。

表10-9 河北省2011—2017年海洋经济发展指标权重赋值

一级指标	权重	二级指标	权重
经济活力（A1）	0.266 3	海洋生产总值占地区生产总值比重（B_1）	0.044 8
		海洋服务业占海洋生产总值比重（B_2）	0.054 9
		海洋战略性新兴产业增加值占海洋生产总值比重	0.039 2
		涉海企业主营业务收入利润率（B_4）	0.047 9
		单位海域面积产出率（B_5）	0.042 4
		海洋全员劳动生产率（B_6）	0.037 2
科技支撑（A2）	0.277 8	海洋科研人员占涉海从业人员比例（B_7）	0.045 6
		海洋领域R&D投入强度（B_8）	0.044 7
		国家级孵化器数量（B_9）	0.040 2
		海洋领域发明专利授权量（B_{10}）	0.055 6
		海洋科技成果技术交易额（B_{11}）	0.050 4
		海洋高新技术企业数量（B_{12}）	0.041 5
开放水平（A3）	0.155 8	港口货物吞吐量（B_{13}）	0.042 8
		海洋经济引进国内外资金总额（B_{14}）	0.037 2
		外贸进出口总额（B_{15}）	0.035 4
		入境旅游消费总额（B_{16}）	0.040 4
社会民生（A4）	0.140 5	海洋文化产业增加值占海洋生产总值比重（B_{17}）	0.057 2
		涉海就业人员平均工资（B_{18}）	0.042 5
		现代渔业产量占海洋水产品总量比重（B_{19}）	0.040 9
生态环境（A5）	0.159 6	近岸海域水质优良率（B_{20}）	0.052 3
		海洋保护区占管辖海域面积比重（B_{21}）	0.070 4
		城市污水处理率（B_{22}）	0.036 8

从河北省的各指标权重（表10-10）可以看出：在5个一级指标中，排名第一、第二的是科技支撑权重与经济活力权重，分别为0. 277 8、0. 266 3，其次是生态环境、开放水平和社会民生，说明前两者在海洋经济发展质量中影响较大。在二级指标中,影响作用较大的4个指标分别为：海洋保护区占管辖海域面积比重、海洋文化产业增加值占海洋生产总值比重、海洋领域发明专利授权量和海洋生产总值占地区生产总值比重。其次是：近岸海域水质优良率、海洋科技成果技术交易额、涉海企业主营业务收入利润率。

2.年度综合得分及评价

通过熵值法计算得出的各年度河北省海洋经济发展综合得分（表10-11）。

表10-10　河北省2011—2017年海洋经济发展综合得分情况

年份	经济活力	科技支撑	开放水平	社会民生	生态环境	综合得分
2011	0.202 9	0.194 5	0.113 1	0.107 5	0.122	0.739 9
2012	0.207 2	0.199 8	0.124 3	0.106 9	0.115 6	0.753 8
2013	0.227 2	0.208 4	0.134 1	0.112 3	0.116 9	0.798 8
2014	0.223 6	0.220 7	0.138 6	0.118 7	0.146 7	0.848 4
2015	0.229	0.238 7	0.137 9	0.125 7	0.152 6	0.883 9
2016	0.242	0.255 6	0.141 4	0.125 3	0.159 6	0.923 8
2017	0.239 4	0.275 9	0.151 4	0.140 5	0.156 3	0.963 5

从表10-10可以看出，从2011年到2017年，河北省海洋经济的发展质量处于稳步提升的状态，2011年的综合得分为0.739 9，而2017年达到了0.963 5。其中，经济活力与科技支撑在海洋经济发展质量中的影响力最高，且远远高于开放水平、民生水平和生态环境水平。保持良好的经济活力是续稳定发展的基本保证，2011年至2014年，经济活力的贡献比重在5项指标中均居首位，并在2016年达到了最大值0.242 0，2017年略微有下降。同时，科技支撑作用力也增速较快，2011年仅为0.194 5，2017年已经达到了0.275 9，且自2015年以来海洋科技支撑力的贡献率在各项指标中跻身首位。在研发中的投入和专利的授权方面具有良好的增速，为未来保持海洋经济增长活力提供了技术支撑和保障。此外，这6年间，沿海地区对外开放程度越来越高，人民生活和生态环境也都稳步提升。

第三节　河北省海洋经济高质量发展的总体思路

找出发展中存在的问题和分析原因是开发质量评价分析的主要目的，以便为海洋经济和海洋产业的后续发展提供对策。依据前面的综合评价结果，我们认为，海洋经济在河北省发展战略中的地位还需要进一步加强。在进行发展战略的制定时，应该立足于全省的整体经济状况和海洋产业的特殊状况，制定出切实有效的长期和短期策略。为此，我们提出以下总体发展构想。

一、打造海陆一体化发展格局

海洋产业主要利用和开发海洋资源，然后在陆地上将其转化为最终产品或半成品，所以海洋经济的发展与陆上的后续加工等产业的发展关系密切。依据投入产出分析，海洋经济的发展对于陆上的相关产业发展具有带动作用，进而推动陆上经济的发展。因此，发展海洋产业必须走陆海联动发展的道路，将海洋资源优势产生的经济优势进一步转化和提升。关于陆海一体开拓的策略实施，可以进行沿海的海洋开发基地建设，对从海洋获得的各种资源进行多层次、多品类的加工，努力将高科技附加到海产品种。同时，对海洋的开放性进行扩大和利用，建立开发区、保税区和海洋服务器等多种临海经济技术开发区，支持发展外向型经济。此外，河北省应该充分利用滨海的位置优势，以市场发展为引导，将海和陆的优势充分利用，拓展国际范围市场，积极参与国际市场竞争。将本地区的资源、产业结构和区位等多方面的力量充分地发挥出来，优先培养和发展地区内已具备一定规模和竞争力的产业，之后沿着产业链条进行延伸发展，进而构建完整的优势产业群，以实现海陆联动发展。除了优化已经形成的产业结构，还要精准地增大投入资金，注资于港口资源的建设，将临港的产业结构与规模进一步优化和扩大，以提升海洋总产值。总之，海洋经济的发展需要依托于陆地，同时提升自身的技术和产业吸纳能力；陆地空间不只是海洋产业的产品市场也是要素市场，需要两地联动；除了立足于本地区沿海，也要放眼于国内其他地区和海外，多吸纳和学习，互动发展。

二、主导产业带动整体海洋经济

发展经济学的观点认为，单个产业内部的发展不应该也不可能实现同步发展，它们之间应该是非同步地协调发展。参考区域经济发展现实，一个国家或地区的经济腾飞往往是由其强悍的主导产业带动的，而主导产业的持续壮大也离不开关联产业的助力。主导产业的经济地位比较独特，除了在效率和经济效益方面处于领先地位，对其关联产业的带动作用一般比较强，能够带动其他产业的迅速发展。海洋交通运输和仓储业作为河北省海洋经济产业的主导产业，应在政府的大力支持下进一步发展，既可以直接提高产值，而且也可以带动海洋产业体系中的其他产业。

三、实现规模化经济

在整个环渤海地区中，河北省的海洋经济竞争力属于偏弱的地位，而竞争力提升的根本还是要走规模经济的道路。政府在市场干预的时候，要以当地的经济运行规律为依据，支持一些尚不具备规模水平的中小企业合并，进行企业间的资本、技术联合。但是，该政策的进行，需要本着各企业自发且自愿的原则进行，合并也不是盲目进行，需要遵循行业动态发展规律。要坚持市场主导和政府指导结合，发挥好市场调节在海洋资源配置利用中的作用。同时，壮大资本和劳动等生产要素市场，完善海洋产业的市场运作机制，为河北海洋产业的发展创造了良好的政策环境和制度环境。

四、加大科技研发投入，提升海洋科技

现代海洋产业越来越偏向于高技术产业，属于技术密集型产业。从海洋产业每年的增加值来看，河北省远远落后于山东、广东等海洋产业大省，科技创新和进步是改变这一现象的必经之路；河北省若是想把本地区的海洋经济规模提升到一个新的等级，就必须依靠科技创新，要大力加强本省的海洋科技。河北省要想摆脱海洋技术落后的局面，要拓宽产业融资渠道，在科研上多注入资金，积极培养海洋科技人才，改善科研环境，以增强海洋科研水平，改变河北海洋产业科研实力比环渤海地区其他省市薄弱的现状。要以市场为导向，开发新型的海产品，以提高市场竞争力。同时，建立更加完备的研发成果保护机制，加速科研成果在产业化中产生经济效益。

五、坚持可持续发展战略

除了探索合理的海洋资源利用与开发方式，也要做好海洋生态保护和资源管理，完善海洋综合管理机制。《中国海洋21世纪议程》中提出，要对海洋资

源的开发与海洋环境保护的实施进行统筹规划，对海洋的开发、修复进行统筹安排。海洋产业的健康发展是建立在环境友好、资源可持续和产业优良的基础上，需要海洋相关的各项事业都能共同协调发展。同时，务必要处理好当前利益和长远利益的关系，做好合理的安排和长足的规划，这样才能实现海洋环境和生态的良性循环发展。完善和采取切实有效的海洋保护措施，进行海洋综合发展管理，做好海洋自然灾害和其他意外防护措施，贯彻海洋资源保护政策，环境与资源相辅相成，产业结构持续性优化，摸索出一条可持续性发展之路。

第十一章　河北省海洋经济高质量发展的影响因素

第一节　河北省海洋经济高质量发展的影响因素

海洋经济取得高质量的发展，是海洋经济由量的增长到质的变化的一个突破，这主要得益于河北省海洋经济综合实力的不断提高、海洋产业结构的不断优化，以及海洋社会福利分配得到明显改善的结果。在这种质的突破过程中，发展动力、驱动要素和资源要素均发生了变化，主要表现在由规模扩张向产业结构升级转变，由传统海洋要素向创新要素驱动转变，资源要素由海域向海陆一体化转换，旧动能逐渐被新动能取代，真正实现海洋经济质的飞跃。

自改革开放以来的40多年里，中国的海洋经济快速增长，主要表现在沿海地区将海洋经济开发作为该地区经济增长的突破点。但是，由于之前的开发只注重量的提高，导致海洋经济开发管理环节发展薄弱，海洋资源的利用和开发不合理，导致环境和资源的破坏以及浪费，不仅限制了这些地区海洋经济活动的开展，同时对海洋环境也产生了巨大的压力，限制了地区整体经济的增长。2011年，国务院相继在山东、浙江和广东批准了海洋经济发展规划，作为发展海洋经济的综合试验田，三个试点地区发展规划由国家统一规划。“十二五”规划纲要也论述部署海洋经济的发展，这也预示着国家对海洋经济越来越重视，中国正逐渐迈入海洋经济大发展的战略时代。一方面，海洋环境所面临的压力越来越大；另一方面，海洋经济产业又需要快速的增长。在这种背景下，如何解决海洋经济的可持续发展，则是国内沿海地区在未来发展海洋经济产业中急需解决的难题，如何部署这种发展，首先要明确影响海洋经济发展的因素，具体分析如下。

1.区域人口数量

影响河北省海洋经济高质量发展的基本因素是区域人口数量。首先，发展海洋经济的主体是人，人既是海洋产品的供给者，即海洋产品的生产者，也是海洋产品的需求者；即海洋产品的消费者。因此，人在海洋经济开发过程中具有双重属性。当人们对海洋资源进行开发，并生产出新的消费品时，则会产生生产性消费。换句话说，生产性消费是对海洋产品生产加工的过程。海洋产业中生成的产成品，一部分会被人们进行消费，这部分是供人类使用的物质产品，比如人们食用的海产品以及供社会生产的矿产资源，这部分对经济的增长是有益处的；另一部分则是海洋产品生产过程中产生的废弃物，这会对环境等造成污染，影响海洋经济的高质量发展。因此，对于生产多少海洋产品，满足人们物质生活需要，达到供给与需求的均衡点，并能够不对海洋环境造成不良影响，这些在某种程度上与生活在沿海地区的人口数量是相关的。

专家指出，目前和未来一段时间内，人口将继续流向沿海地区的城市。到2020年末，中国人口将会超过14. 2亿，其中有一半以上的人口会生活在沿海地区的城市。并且，随着社会的进步与发展，人们的生活水平不断提高，同时，人口数量的不断增长，对物质资源需求量也逐渐增大。随着土地资源的开发利用，土地资源越来越少，越来越稀缺。人们不得不开始将资源开发投向海洋中去以寻求替代资源，因此，海洋逐渐成为人们扩充资源的新途径。

2.海洋资源的合理开发

影响河北省海洋经济高质量发展最直接因素是海洋资源的合理开发。海洋已被公认为是巨大的资源宝库，各国正在尽力开发和利用这个宝库。海洋资源开发已成为海洋经济发展的主要途径。但是，如果对海洋资源进行无节制和不科学的开采不仅会减少海洋资源发展寿命，对经济的发展也将产生不利影响。

我们将海洋资源分为两类：一类是可再生资源，一类是不可再生资源。就不可再生资源而言，通常是因为海洋物质资源的有限性造成的，由于其不可再生性，所以我们日常开采使用过程中，应适当控制开发利用程度，尽量寻找新的可替代资源。而对于海洋中的可再生资源，我们也不能无限制地利用，即便可再生，也需要一定的时间。因此，对于可再生资源，我们应该把持在一定的限度内。所以说，对于海洋物质资源的利用，应该保持一个高效率的配置利用，以便增强海洋经济开发的可持续性。就最主要的海洋资源渔业来说，该产业既是开发海洋经济的基础产业，也是海洋经济的第一产业。因此渔业是海洋经济中其他产业的基础，保护海洋环境和资源，保持海洋生态环境平衡持久，很大的方面取决于渔业产业是否健康发展。因此，可以说渔业资源的合理开发利用对海洋经济发展的可持续性具有非常重要的影响。

在评估海洋渔业经济的高质量发展指标时，我们主要考察两个逆指标：一个是人均海盐产量，另一个是人均海洋捕捞产量。渔业资源的自然增长率和捕捞量的变化会影响海洋资源的存量。因此，不能过量捕捞渔业资源，必须将捕捞量控制在自然增长率以下，否则将会破坏海洋资源的平衡。

数理经济学家霍特林（Hotelling）认为不可再生资源的消耗必须遵循一定的过程，该过程包括资源开采价格的增长率必须等于贴现率。这就是我们所说的霍特林定律。对于不可再生资源，消费必须遵循霍特林定律确定的最佳途径进行消耗。我们过去开发和利用海洋经济而采取随意的粗放的方式，其后果是由于对海洋资源的过度开采和巨大的浪费，使今天的海洋物质资源日益短缺，可再生链条直接破裂。在一定程度上不利于海洋经济秩序的维护。今后在开发海洋物质资源时，要考虑到当代人的需求和后世的需求，合理开发利用海洋资源，在人类生存发展与海洋生态之间建立健康、平衡、和谐的共处关系，以促进海洋经济发展的高质量发展。

3.海洋经济科技创新动能不足

影响海洋经济高质量发展的瓶颈是海洋经济科技创新动能不足，具体表现为海洋经济的科技创新水平相对滞后，且科技含量低。河北省海洋经济的科技创新动能在整体上表现不足，高新科技自主创新能力差，创新机制不健全，科技成果不能有效向市场转移。主要有以下几种情况：首先，海洋产品的产业化水平低，且没有形成有效的科技知识供给。从事海洋科学技术的企业大多缺乏高素质和创新型的中高层科技人才，海洋创新能力较差，研究成果少，科技投入和产出所占比例很低。例如，传统渔业资源的生产手段落后，自动化机械化规模较小，经济效益低。同样，海盐生产技术落后，主要是通过增加盐田面积来增加产量的传统方法。其次，没有形成有效的传播和转化海洋科学技术成果的机制。许多科学研究成果已被搁置。海洋科学技术创新与海洋工业化步伐不协调，还没有形成社会化的科学技术服务体系，阻碍了海洋科学技术成果尽快转化为生产力。再次，新兴海洋资源的开发利用技术国际竞争力不足，远低于发达国家水平。目前，国际上比较先进的深海资源开发技术、海洋卫星遥感技术等正逐步投入使用，而我国对这些技术掌握程度不够，缺乏竞争力。使海洋科技创新水平与世界发达国家相比还存在较大的差距。

4.海洋资源过度开发，生态污染较为严重

目前河北省海洋经济在快速发展是以破坏和牺牲海洋资源平衡为代价的，这种破坏对海洋生态产生了严重的不良影响。主要表现在：（1）海洋渔业资源过度捕捞，损害了渔业资源的再生能力，打破了渔业资源生长周期，造成渔业资源和海洋资源枯竭；在一定程度上会破坏海洋生物的多样性，导致物种之间的结构失衡。（2）海洋沿海地区开发在管理方面存在混乱的现象。非法开垦海域建设沿海项目，改变水流方向，阻止鱼类迁移，导致原始生态系统遭到破坏；不加选择地开采沿海的沙子和砾石，导致海蚀和抵御风暴潮的能力下降。海上石油开采和开垦等人类活动已严重破坏了中国的沿海湿地。（3）沿海地区由于地表水相对缺乏且被污染，加大了对地下水的开采，导致地面沉降，海水入侵，进一步使得地下水的水质恶化，土地资源退化。

5.海洋环境污染加剧

海洋环境污染加剧导致河北省海洋经济的高质量发展缺乏基本保障。随着海洋经济的飞速发展和海洋资源利用水平的不断提高，大量生活污水和工业污水的排放超标，在一定程度上加剧了海洋环境污染。由于沿海和河口地区污染的加剧和赤潮的频繁发生，渔业资源严重减少，给日益枯竭的近海渔业资源带来了巨大压力，使许多沿海水域没有鱼可捕。对中国近海环境的常规监测表明，近年来，近海水域的污染日益严重，环境质量总体水平不断下降。海水养殖业一般处于粗养状态，主要是通过扩大养殖面积以增加总产量的，采用高密度的水产养殖。大量的滩涂，浅海和港口已被开采，导致水产养殖水域污染和海洋环境恶化。三是船舶运输过程中排放的生活污水和废弃油料，海上石油开采和海上灾害造成的漏油，给海洋造成了污染。由于海洋环境污染监测手段和污染对策技术无法跟上海洋开发利用的需求，致使海洋环境污染不能及时得到反馈与解决，海洋经济可持续发展能力不足。

6.海洋经济发展的基础配套服务设施落后

由于资金投入不到位，致使河北省大部分沿海地区的码头和渔港存在诸如航道狭窄、停泊位低以及水池浅等问题。土地供水、供油、仓储和加工等配套基础设施相对落后。甚至在一些岛屿中，还存在交通不便、淡水资源短缺和航行困难、电力短缺和通信故障等问题。海洋灾难的预警和应急措施并不完善，无法迅速组织人员撤离，无法确定紧急避难所和设施，无法快速建立应急救援队，面对破坏性的海洋灾难，没有有效的解决方法。资金严重短缺和基础设施落后是影响海洋经济可持续发展的另一个重要因素。

第二节　河北省海洋经济高质量发展的SWOT分析

党在十八大提出我国要建设“海洋强国”重大部署，意味着未来我们将加大对海洋的开发和利用，发展海洋经济，这也是实现中华民族的伟大复兴和“中国梦”的关键一环。就河北省而言，河北省拥有487千米的海岸线，在河北发展海洋经济是建设海洋强省的重要举措。

一、优势

1.地理位置优越，交通条件便利

河北省东部与渤海相邻，西部隔太行山与山西省相望，西北部与内蒙古相接，南临山东和河南，东北部又与辽宁省相毗邻，是连接东北、西北和华北的重要交通通道。河北省内环北京和天津两个城市，可利用北京和天津的经济科技优势，惠及河北省自身发展。同时京津冀也共同构成了环渤海经济圈的核心区域，且河北沿海处于环渤海区域的核心地带，发展海洋经济的地理位置极为优越。同时，河北省具有极为便利的交通条件。首先是便利的铁路运输条件，京津冀“一小时交通圈”也逐渐形成，京广、京九、京沪、京哈等铁路贯穿河北，与多地相连，贯穿全国。其次，石家庄、秦皇岛、唐山等地拥有国内多条飞机航线。沿海地区的四大海港，搭起了联接内陆地区、沿海地区与国外的桥梁。占据优势的地理位置，为河北省海洋经济发展提供了良好的发展环境。

2.特色资源优势明显

尽管河北不是海洋大省，但海盐、海港、原油、沿海地区度假旅游等海洋资源相对较多。河北沿海地区滩涂地总面积约9.4万公顷，能为海水养殖、海洋捕捞、航运业和沿海地区工程项目以及海滨旅游等提供强有力的支撑。河北拥有4个大型综合性港口，2018年年底，河北省港口货物吞吐量共完成11.56亿吨，增速居全国第二位。秦皇岛港是中国北方最大的港口，也是中国最大的能源出口港；黄骅港正逐渐发展国际航运，建设现代化综合服务港，是“一带一路”的重要枢纽；京唐港则是以承运工业原料为主的港口，主要以运送煤炭、铁矿石、装饰建材等为主；曹妃甸港是渤海湾内唯一的纯天然深水港口。河北境内还拥有全国最大海盐产区——长芦盐场。河北省境内还拥有丰富的油气资源，已探明石油储量大约10亿吨，天然气储量134亿立方米，油气储量在环渤海地区一直处在第一位。河北沿海地区旅游资源类型包含全面，十分丰富，具有较强的国内和国际的游客吸引力。这些特色海洋资源区位分布合理、组合条件优越，开发前景广阔，方便游客最大程度地享受更多旅游资源。

3.各级政府重视海洋经济的发展

1995年，河北省政府明确提出“两环开放带动”发展战略，以推动海洋经济的发展。2006年，曹妃甸的深水大港开始建设，被列入国家“十一五”最大工程之一。2007年，河北省首次提出建设沿海经济社会发展强省的战略目标，秦、唐、沧三市先后提出建设沿海强市。2012年，河北新政策出台，加速沿海经济发展趋势，推动制造业向沿海地区迁移的战略。2012年，国务院办公厅批复了《河北省海洋功能区划（2011—2020年）》，河北省首个综合保税区曹妃甸综合保税因获国家批复。2013年国务院正式批准设立唐山曹妃甸国家级经济技术开发区。2014年7月，京冀正式签署《共同打造曹妃甸协同发展示范区框架协议》等。从中可以看到，从中央政府到地方政府对河北省沿海地区发展日渐高度重视，这为河北省海洋经济加速发展奠定了良好的气氛和支撑。

4.发展速度不断加快

2013年年底，河北省海洋生产总值达1741.8亿元，与2010年相比，增长了51%，增长速度高于全国其他地区海洋生产总值增长的平均水平。并且，海洋生产总值在GDP中的比重也逐渐提高，2013年所占比重达到了6. 2%。海洋支柱产业，如海洋运输、沿海旅游、海洋工程与建筑、海洋渔业等发展迅速，海洋产业发展体系不断完善。海洋经济产业结构也在不断调整，产业结构趋渐合理，形成了具有河北特色的区域海洋经济布局。港口建设取得突破性进展，截至2018年年底，河北省港口货物吞吐量共完成11. 56亿吨，增速居全国第二位。疏港交通体系已逐步形成，大秦铁路正在逐步扩能，迁曹铁路已建成通车，高速公路建设不断加大，并陆续投入使用，全省四大港口的集疏运能力大幅度提高。

二、劣势

1.整体发展水平不高

河北省海洋经济发展起步较晚，由于基础设施建设不完备等原因，河北省海洋经济总体发展程度还远落后于沿海发达地区。2018年，河北省海洋生产总值为2548亿元，在全国海洋经济整体中占比仅为3. 1%，远低于广东、山东、天津等省市。与全国相比，河北省海洋产业结构不合理，第三产业比重较低，从主要海洋工业各部分来看，除海盐、石油和天然气以及港口货物吞吐量等具有一定的优势外，其他海洋工业的排名则相对靠后。

2.资源状况先天不足

目前，河北省的油气资源储量在环渤海地区处于第一位，海盐资源在全国处于第二位，港口资源及滨海旅游与其他地区相比，除质量占据一定优势以外，其他海洋资源状况先天优势则较差。主要是因为河北省在沿海地区中海岸线相对较短，全国占比仅为2. 71%，管辖海域面积很小，全国占比仅为0. 25%；人均水资源占有量不足全国的1/8，每人仅为240. 6立方米；滨海湿地资源相对较少，仅占全国的4. 31%，这些资源在沿海省市中均处在第九位，位列十一个沿海省市的倒数第三位。海洋整体资源总量整体较少，且河北省海岸线系数仅有0. 0026千米/平方千米，排在全国的末尾，这在一定程度上制约着河北省海洋经济的发展。

3.海洋资源开发利用不合理

主要表现在以下几方面，首先，海洋资源开发不足。直至2010年年末，河北省海域的利用率仅为23%，沿岸的海滩利用率更是还不到40%，海滩资源有待进一步开发；其次，海洋资源开发利用方式较为粗放，资源利用率低且生产效率不高。例如，2013年，河北省光海盐生产的面积就达到近60万公顷，尽管生产面积较大，但是海洋生产的利用率很低，生产能力较差，并且，海洋渔业的捕捞主要还停留在近海附近，远海捕捞技术不足，发展缓慢。再次，部分资源开发过度。近海渔业资源捕捞过度，破坏渔业资源生产繁殖周期，个别常见的鱼类资源已经无法见到，海洋生态平衡遭到破坏。

4.海洋专业人才严重短缺

2013年，河北省所拥有的海洋科研机构仅仅5个，从业人员更是仅为555人，海洋科研人员远低于北京、天津等地区，其中以北京科研人员最多，为13976人，天津为2646人。与北京和天津相比，河北省海洋专业人才较少不仅表现在人数上，学历上与北京和天津地区相比，河北的差距也十分明显，其中，河北海洋专业人才具有博士学位的43人，具有硕士学位的128人，两项指标在全国分列倒数第二位和第三位。从未来的人才培养上，河北省高校开设海洋专业的较少，本硕学位点数加在一起仅为16个，海洋专业的博士点更是一个也没有，而与河北相邻的山东省，本硕博专业点加在一起为86个，其中博士点就有19个，博士点的数量已经高于河北省本硕博专业点的总量，由此可见，海洋专业人才的后备储量不足，海洋科技人才的短缺，也是限制河北省海洋经济发展的一大劣势，对河北省科技兴海战略的实施会产生消极影响。

5.海洋环境复杂多变

渤海湾总面积较小，仅为7. 8万平方千米，且是一个半封闭式的内海，海面互换时间长，海水自净能力十分有限。虽然近些年加强管理，海洋资源的品质明显改善，但局势依然不容乐观。依据《2014年河北省海洋环境状况公报》可知，2014年河北整体海水质量表现一般，仅北戴河这一旅游胜地附近水域生态环境维持不错。江河入海地区的水体污染依然严重，一些地区的污水处理不规范超标准，严重危害海水质量和海洋生态体系。滦河口—北戴河典型生态系统依然处于亚健康状态。海洋灾害方面，2014年河北省共发现油污上岸事件3次，发生赤潮6次。海洋环境令人担忧，河北海洋经济发展的可持续发展观面临严峻的考验。

三、机遇

1.建设海洋强国战略的提出

2012年党的十八大提出了“建设海洋强国”的重大部署，2013年习近平总书记在主持中央政治局第八次集体学习时，就“建设海洋强国”作了重要讲话，从海洋经济、海洋生态、海洋科技、海洋权益等四大方面，对中华民族“经略海洋”作出了高屋建瓴的战略思考和路径清晰的战略谋划。海洋强国战略的实施，为河北省海洋经济健康快速发展指明了方向。

2.河北沿海上升为国家战略

沿海地区是海陆交接地带，是海洋资源开发、海洋经济发展的重要基地。2011年11月，国务院正式批准了《河北沿海地区发展规划》，标志着河北沿海发展正式上升为国家战略。此后，河北省出台了一系列加快沿海地区开发建设的优惠政策，从建设用地、财税政策，工商门槛和审批程序等方面向沿海地区实施政策倾斜，加快推进工业向沿海转移。河北沿海上升为国家战略，对于河北省更好地开发海洋资源，发展海洋高新技术产业，优化海洋产业与布局，壮大河北海洋经济都有重要意义。

3.“一带一路”倡议规划出台

2013年，习近平总书记提出共建“一带一路”倡议，2015年3月，国家发改委、外交部和商务部联合发布了《推动共建丝绸之路经济带和21世纪海上丝绸之路的愿景与行动》，宣告“一带一路”进入了全面推进阶段。虽然河北并没有被纳入“一带一路”规划的重点区域，但是，河北省地处环渤海区域，是“一带”和“一路”在渤海湾衔接的节点地区。天津港是新亚欧大陆桥最短的东端起点，也是连接东北亚与中西亚的纽带，而河北省的秦皇岛、唐山、黄骅三大港口与天津港则近在咫尺。因此，河北省沿海港口可以借助天津北方国际航运中心的优势，主动融入“一带一路”倡议，更大范围地参与环渤海港口群分工协作，联合打造“一带一路”海上支点，进而带动河北省海洋经济快速发展。

4.京津冀协同发展战略的实施

2014年2月，京津冀协同发展上升为国家战略。京津冀协同发展，首先要在交通、生态、产业三个重点领域率先实现突破。国家明确提出要疏解北京非首都功能，北京产业转移势在必行，河北沿海以毗邻京津的优越区位、深水大港、充裕土地的优势条件成为承接产业转移的首选之地；京津冀协同发展，交通体系日趋完善，将使河北沿海与内陆腹地的联系更加便利，有利于港航运输业的发展和拓展港口腹地；京津冀三地生态环境共享共建，联防联控，有利于区域海陆环境的改善。京津冀协同发展，三地的资金、技术、产业等生产要素互通有无，优势互补，必将为河北省海洋经济发展提供强有力的支撑。

四、挑战

河北省海洋经济的发展，受到其他沿海省份，尤其是环渤海沿海省市的严峻挑战。在建设“海洋强国”宏观战略背景下，各沿海省市都愈加重视海洋资源开发，大力发展海洋经济，而且每个沿海省市都有国家发展战略的支持，而河北省则是最后一个获批国家发展战略的沿海省份。从环渤海来看，河北省海洋经济与其他省市差距还很大，河北省海洋生产总值大约只有山东的1/6，辽宁的1/4，天津的1/3。而这些省份的资源享赋、科技实力也都优于河北省。在“一带一路”倡议的最终规划图中，辽宁省是被圈定的18个重点省份之一，天津市和和山东的青岛、烟台则都在沿海港口城市大串联之列，而唯有河北省完全没有被提及。这也就意味着在“一带一路”倡议的实施中，这些地区比河北更具发展优势。因此，河北省在现有落后的海洋经济发展基础之上，在相对不利的发展形势之下，要想后起直追，缩小差距，需要付出更多的努力。

第三节　河北省海洋经济高质量发展的问题分析

海洋经济的发展是沿海地区经济社会发展的强大支撑点。近些年，河北沿海地区发展已变成国家战略，打造沿海地区率先发展新优势，为沿海地区经济社会发展带来新的机遇和活力。然而由于河北省海洋经济发展相对滞后，引领和带动区域经济发展的能力不足，使得河北省沿海地区经济社会发展水平在全国来讲仍然处于后进地区。鉴于此，综合利用海洋资源、培育壮大海洋产业、延伸海洋产业链是河北省打造沿海经济增长极，促进区域经济发展的重要任务。在河北省有限的海域空间、资源和要素禀赋下，如果仍沿用传统的发展模式，则河北省很难实现海洋经济的高质量发展。因此，必须开拓新的发展路径，在创新发展模式中完成优化升级，以保障沿海地区海洋经济的高质量发展。

一、海洋资源综合开发利用程度低

长期以来，中国发展海洋经济意识相对薄弱，重视陆地经济轻视海洋发展。许多人还未认识到我国的海洋国土面积巨大，海洋资源十分丰富。目前，海洋经济在我国的国民经济中发挥重要作用，其所涉及部门、行业众多，综合管理关系还没有完全理顺。从区域角度分析来看，环渤海地区的经济合作与部门间的协调发展程度较低，区域间临港与海洋产业发展时常发生恶性竞争，产品同质化问题严重，缺乏竞争力，区域间并未形成有效的联动机制。河北省海洋资源相对丰富，主要包括海洋生物、矿产、油气和滨海旅游等自然资源，资源储藏丰富，且类型多样，具有较大的开发价值。但河北省由于受到自身经济发展重点与自身科技发展水平不高的限制，在海洋资源开发的综合程度方面较低，开发利用领域小、范围窄。目前，河北省初具规模的的海洋产业还很少，仅限在一些如海洋渔业、滨海旅游、海洋交通运输等传统海洋产业，像海水淡化、海洋工程建筑、海洋信息产业等还处在起步发展阶段，而海洋油气、海洋矿物、海洋空间新型利用等产业还尚未开发，处于空白阶段。因此，加快海洋资源的综合开发利用有重要意义。

二、海洋经济发展结构层级较低

河北省海洋资源的开发处于较低的层级。具体表现在：海洋生物资源仍停留在以海洋捕捞和海水养殖为主的开发利用模式，对于生产出来的海产品，仍处在最简单的海产品储藏、运输和供应阶段，尚未形成深度加工海产品的产业。海洋化学资源仍以开发原盐和“两碱”为主，生产类型较为单一，综合利用水平较低。海洋能源资源的利用率也处在初级阶段，发展领域窄、规模小，对潮汐能和波浪能的利用还处在空白阶段。海洋资源的开发综合利用效益较低，远低于环渤海地区其他省市。河北省的海洋经济主要以传统产业为基础，主要包括制盐业、渔业和航运，开发利用方式较为粗放，对固有的资源依赖性较强，未形成较长的生产链条，技术水平较低。近些年来，河北省对海洋资源虽然加大了开发利用，但也给海洋资源环境带来了较大的压力。尤其是与其他地区相比，河北省的深海采矿、海洋生物医药等领域均未起步。就港口发展而言，河北省四大港口均以输出能源为主，港口的功能单一。虽然近些年来，河北省对港口进行相应的专业化水平建设，但对海洋经济增长的带动性仍处于较低水平。随着国家大力发展第三产业，河北省旅游业和物流运输虽然得到了快速发展，但还尚未形成一个规模化发展模式。整体上，河北省海洋资源在宏观上缺乏全盘把控，依然受到海洋产业发展的结构性矛盾的阻碍。

三、海洋经济开放合作水平低

受思想、制度、机制和经济流通方式等因素的影响，河北省经济发展方式一直以内陆经济为主。因此，在沿海地区发展外向经济的综合基础较差，主要表现在沿海地区的基础设施的配套较差，港区的承载能力不足，产业项目的承接运载能力还不能达到发达地区的水平，尤其是进出口贸易规模以及利用外资情况更是远低于其他发达沿海地区。近些年来，发达沿海地区正在不断加快开放合作平台建设，与此相比，河北省在该领域还处于起步阶段，无论是平台的种类还是平台的数量都远不及发达沿海地区，河北省的平台建设大部分都是对内经济的发展，对外开放程度仍处于低水平。近些年来，河北省发展沿海海洋经济受到国家政策的支持，但由于起步晚，对外开放合作水平仍处于较低水平。

四、海洋经济建设的支撑条件弱

海洋经济若想取得高质量的发展，必须有与之相匹配的交通设施、综合服务能力以及工程技术能力为依托。目前，河北省发展海洋经济在这三方面的支撑条件明显不足，难以支撑河北省海洋经济高质量发展，主要表现在以下三个方面：首先，交通设施比较陈旧，腹地和港口之间的交通设施不健全，发展相对落后，陆域的运输能力较低，不及港口吞吐能力的一半，且现有的货运铁路仍以运输煤炭为主，未形成多功能承运体系。其次，海洋工程技术供求矛盾十分明显，现有的研发机构不足以支撑河北省海洋经济的高质量发展，表现在海洋专业人才结构单一，研究方向主要集中在海产品养殖上，且缺少专业的研发机构，技术水平较为落后，研发资金投入不足。最后，可供使用的配套实施不完善，文娱、休闲、商务等活动场所较少，沿海地区的区域综合服务能力不足以全面体现出该地区经济的发展，服务能力有待进一步提高，从侧面也降低了河北省沿海地区的吸引力，不利于该地区引进高精尖人才。

五、海洋经济统筹发展水平较低

统筹全局的发展观是河北省海洋经济取得较快的发展关键。目前，河北省海洋经济统筹发展能力水平不高，主要表现在以下三方面：首先，沿海地区与内陆地区之间发展不协调，沿海地区的港口建设起步晚、配套设施差，且可利用的海洋资源相对单一，这在一定程度上造成城市与产业在发展规模和政府的支持力度方面都会受到影响，导致陆域发展水平高于海域地区发展水平。其次，港口城市的产业发展不协调，目前，除秦皇岛港利用水平较高以外，唐山港和黄骅港等发展方式较为单一，主要仍以运输为主，功能单一，配套基础设施较为落后，与发达地区的差距较大，港口的承载吸纳能力较低，综合服务能力不达标。最后，经济和社会发展不协调，沿海地区发展起步晚，无论是发展水平和发展规模都远不及内陆地区的发展，社会服务规模较小、质量较低和设施不完善，直接影响沿海地区海洋经济的高质量发展。

六、海洋经济管理服务障碍多

从海洋经济管理方面来看，海洋管理职能部门分散，联动性差，未形成有效的合作方式，导致海洋经济发展措施落实速度慢，易产生经济发展盲点。河北省主要有秦皇岛、唐山、沧州三个沿海城市，且一半以上的涉海企业都分布在这三个地区，由于各地区海陆分离状态持续时间较长，致使海域与陆域之间合作较少，导致海陆企业不能形成一体化的格局，海洋经济与陆域经济各自按照各自的方式发展，不能形成利益联动，致使沿海经济对陆域经济的带动作用始终处在低水平，难以发挥海洋经济对全省经济跨越式发展的积极促进作用。众所周知，海洋经济发展具有高风险性，投入资金大、生产周期长且必须拥有先进的技术支持，这与陆域产业经济的发展有很大不同。纵观河北省海洋经济的发展，大部分建设海洋基础设施的资金都来自于政府出资，这些资金并不能完全满足海洋经济的高质量发展，这在一定程度上也限制了海洋经济的高质量发展。从沿海地区海洋经济开发角度看，河北省曹妃甸区、渤海新区和北戴河新区等区域在纵向上往往涉及省、市、县和区等多个层次，而横向上也包含着多个行政区，容易导致各地区盲目竞争，致使海洋生产要素流动不畅，在一定程度上，也会影响河北省海洋经济的整体发展。

七、海洋资源总量小，海洋生产总值较低

河北省的海岸线占全国的2.7%。2018年，河北省海洋生产仅占我国海洋总产量的3.1%。海洋生产总值2548亿元，占河北省生产总值的7.1%，在全国仍处在一个很低的水平。就环渤海地区的省市而言，河北省的海岸线、浅海和滩涂面积低于山东和辽宁两省，远高于天津，但是就海洋产业出口产品而言，河北省海洋原油和天然气的出口创汇能力却远低于天津。且河北省港口运输主要以煤炭、钢材和矿砂为主，产品结构单一，货源结构趋同，区域间存在较强的竞争性，港口功能单一，与环渤海经济圈的其他地区的港口相比，竞争力明显不足。最重要的是，河北省海洋经济的发展始终没有形成一定的规模效应，产业的集聚效应较差。港口地区的核心城市规模较小，城镇地区与区域间经济

发展十分不协调，从而影响海洋经济的发展。

八、海洋科研机构少、科技支撑力较弱

河北省海洋经济科研机构、科技专业人才以及海洋经济科技创新能力仍处在较低水平，在11个沿海省市中始终处于末尾。具体分析表现在，首先，海洋科技人才始终是发展海洋经济必不可少的资本，河北海洋科技人才短缺，尤其是缺少能发展海洋科技的领军人物，这样就很难搭建一个科研攻关团队以及综合研发团队；其次，海洋科技服务领域存在较大局限，主要表现在标志着海洋科技整体实力和水平的港口、桥梁、通信、海底探测等海洋工程技术仍是河北省的薄弱环节，综合服务能力较差，这在一定程度上也限制了河北省海洋经济的发展；最后，海洋科学技术研究团队处在初步发展阶段，对于国家重大海洋攻坚项目很难去承接，这在一定程度上也会影响国家对河北省海洋经济的研发经费支持。各行各业的发展，人才始终是第一位的，而河北省对海洋专业人才培养不足，高校缺乏培养海洋专业人才的专业，这就使得海洋科技水平和科技贡献率都较低，河北省的海洋科技创新和成果转化能力较差，很难顺应河北省不断前进的海洋经济发展。

九、海洋环境问题日渐突出

随着工业废水和固体废物在沿海地区和沿海城市的排放和倾倒，资源和环境问题日益突出。海洋渔业资源和沿海湿地的退化非常严重。2016年，河北省近岸海域冬季和夏季水质劣于2015年同期，春季水质优于2015年同期，秋季水质与去年同期基本持平，排污超标率比上年有所增加。排海污染物总体数量虽已得到一定程度的控制，但局部海域总量依然很高。在开发和利用海洋资源发展海洋经济的同时，河北沿海地区资源环境破坏问题日渐突出，海洋资源退化严重，排入海洋的污染物数量虽已得到控制，但总量依然偏高，足以对海洋生态环境构成威胁。整体上抵御自然灾害能力偏低，海水入侵、海岸侵蚀、风暴潮、赤潮等灾害时有发生。

第四节 河北省海洋经济发展的重要着力点

通过上述分析，我们要找出河北省今后持续发展海洋经济的重要着力点，以便推动河北省海洋经济的高质量发展，从而促进河北省整体经济水平的全面提高。

一、优先选择主导产业的原则

1.以市场需求为导向

产业结构调整对河北省海洋经济发展有着重要作用，河北省在确立海洋经济的未来发展方向及重点时，首要任务就是要考虑需求这一因素，分析产品的市场需求状况。如果没有足够的市场需求，即使已经处于领先地位的产业也将很快衰落。以市场需求为导向的原则是要求在进行主导产业选择时，应积极探索发展既能满足市场需求又可以结合自身优势协同发展的产业。

2.以科技创新为支撑

海洋经济发展要获得高质量发展，就要以自主创新为支撑点，河北海洋经济的发展要以高新技术为关键，提升资源分配效率，增加教育投入，加速培养和引进科技创新优秀人才，提升人才队伍建设水平。加强科技成果转化能力，推动海洋经济发展尽早从粗放式向集约化发展转变，将海洋经济的增长由单纯量的增长提高转向质的提升和变化，提高海洋产业生产效率，进而推动海洋经济发展由量变到质变。河北省应积极利用科学技术成果来优化海洋产业结构，重点着力于资源丰富有发展潜力，科技含量高的第二、三产业的发展上，尤其是要加快培育海洋新兴产业，提高海洋新兴产业在国内的竞争力。

3.可持续发展

资源的可持续性和良好的环境对一个产业的发展至关重要，海洋经济的发展必须遵循可持续发展的原则。要合理地开发和利用海洋资源，积极地保护海洋环境，同时重视保护与开发的作用，并且要努力寻求新方法发展清洁生产和循环经济，这样才能为海洋经济的发展提供可持续利用的资源和可以持续依赖的生态环境，实现海洋经济的可持续发展。努力做到海洋经济发展速度、发展规模与资源环境承载力三者适应发展，对已污染的区域要着重加快治理，重视加强海洋生态环境建设。

4.政府宏观调控为引导

政府部门的宏观经济政策在产业发展中起着不容忽视的作用。政府应提升对渔业资源开发和海洋企业发展的宏观政策调控，防止出现盲目生产、市场竞争混乱和重复研究的现象。在提升产业布局合理性和优化产业结构过程中，务必要坚持市场的基础调节作用，提高政府部门的监管效率，按照经济效益、社会效益、环境效益相统一的标准。

二、加快培育海洋新兴产业是重要着力点

河北海洋经济发展正处在一个新的起点上，既要面对加速发展的重任，又要面对产业结构调整的巨大压力，偏重的产业结构与资源环境的矛盾日益突出，以大气污染防治为核心任务，就要解决产能过剩这一硬任务，这些都是巨大的困难和压力，因此，提高经济发展的质量和核心竞争力迫在眉睫。大力发展海洋经济，提高海洋经济在整体经济中的比重，对调整经济结构，进一步优化结构有着重要作用，它不仅可以促进沿海地区的经济发展，同时可以进一步完善区域经济的布局。加快发展科技含量高、发展潜力大、资源消耗少且污染较小的海洋产业，是河北省海洋经济发展的必由之路。建立河北省海洋新兴产业培育发展模式，不仅符合河北省现阶段转变方式、调整结构的客观现实，也反映了国际海洋产业的发展方向和趋势。选择这一发展方式的主要原因可归结为以下几点：

第一是由海洋新兴产业的特征决定。海洋新兴产业具有产业结构高度化、产业支撑科技化的特征，可以看出，海洋新兴产业具有明显不同于传统产业的优势，在高新技术的支持下，以较少的资源投入和环境影响可以实现海洋经济的持续健康发展。任何企业或地区都在追求高回报率，海洋新兴产业可以满足这一需求。

第二是由河北省的地理位置决定。河北省内环首都北京市和北方经济重镇天津市，因其独特的位置决定了河北的发展不可能离开北京和天津的需求。做

为离北京最近的省份，河北省很多消费品的客户都在北京市场，海洋产品也不例外，做为首都北京是国家政治和经济金融中心，对高品质、高科技产品的需求要远超其他省区，再加上北京淡水资源缺乏，同样需要河北省提供，这就大大增加了对海洋新兴产业的需求。除此之外，北京市和天津市的高新技术创新能力居全国之首，河北省显然能够运用这种地理区位上的优势，快速提升海洋产业的技术自主创新能力。

第三是由河北省海洋经济发展的现状决定。河北省海洋生态环境相对脆弱，这是影响河北海洋经济可持续发展的重要原因。同时，河北省海洋科技水平与国内发达沿海地区相比处于一个较低水平，尚未形成一个高质量发展的大型企业群体，海洋产学研还未能有效结合在一起，这是限制河北省海洋经济发展的又一短板。

第四是由外部竞争压力决定。作为一个沿海省份，河北省海洋资源丰富，但海洋经济规模仍然偏小且发展水平相对落后。当前，包括辽宁、山东等河北省周围的沿海省份正在加大对海洋资源的开发力度，加速海洋经济的发展，试图从深度开发海洋中寻找经济的新发展机遇，河北所面临的海洋经济的竞争越来越大，重点发展海洋新兴产业则可以使河北省有能力面对竞争，实现自身经济又好又快的发展。

第五是由国家政策的支持决定。近年来，国家对海洋新兴产业发展的支持力度持续加大，且国家对河北省的经济发展也越来越重视，并将河北省沿海经济的发展上升到国家战略布局的层次。在这种背景下，河北省大力发展海洋新兴产业符合国家政策，拥有良好的发展前景，借此机遇，河北省海洋经济定能得到良好的发展。

第十二章　河北省海洋经济高质量发展的策略研究

第一节 世界海洋经济发展特点分析

地球上一共有四大洋，这四大洋面积的总和已经超过了地球表面积的70%。仅太平洋的面积就占到了地球表面积的35%，而大西洋、印度洋和北冰洋，分别占到了地球表面积的18%、14.9%和2.9%。由此可见，海洋对于人类的影响是巨大的。然而还有一组数据更能说明这个问题。在目前地球上所存在的200多个国家和地区中，有近80%的国家沿海，大约75%的大城市存在于临近海岸线200千米的地区，将近2/3的人口生活在临海地区。认识海洋、开发海洋、利用海洋人类对于是必须进行的任务。就目前来说，世界海洋经济的发展趋势有以下几点。

一、海洋资源的重要性日渐凸显

随着人类对地球能源资源的不断开采，自20世纪60年代以来，陆地资源日渐枯竭。全球面临着人口、粮食、环境、资源和能源五大危机。在这种情况下，人类为了生存和发展，将目光投向了占地球面积3/4的海洋。海洋中蕴藏了丰富的海洋资源，充分利用这些资源会使人类暂时摆脱目前的危机与困境。为此，人类深化对海洋的认识，不断发展科技，一些海洋强国尤其重视海洋科技的发展。在人类取得了一些成就后，海洋所蕴藏的丰富资源更吸引着人类继续探求，人类也越来越离不开海洋。

第一，海洋是生命的摇篮。目前已知，世界海洋中有近10万种海洋植物和16万种海洋动物，地球上80%的物种都生活在海洋。丰富的海洋生物资源足以说明海洋是孕育生命的摇篮。海洋可以为人类提供最基本的生存需要，目前全球海洋提供可食用的鱼类、贝类、虾类、藻类等海产品近6亿吨，并为人类创造出将近全球50%的生产力。但是由于目前科学技术的限制，全球的捕捞量不到海洋中全部产品的15%。此外，海洋中的细菌和病毒等构成了海洋的初级生产力，总和可达6000亿吨，这是医药和工业的重要原料。

第二，海洋是人类能源的宝库。海洋中蕴藏着丰富的资源，这些资源遍布大洋、海岸带、海水表面和海底世界。海洋科技促使人类对海洋资源的挖掘与海洋资源的利用不断深入。目前已经探明全球海底可开采的石油量为1350亿吨，海洋天然气储量约140亿立方米；此外，海底存在20多种固体矿产以及1～3亿吨的锰结核资源量。日本对于海洋资源十分依赖，从海底开采出来的煤矿资源占其使用量的1/3左右。另外，海洋的沉积物中存在着价值高、含量高、种类多的矿物，比如，黄金含量是陆地的170多倍，银含量是陆地的7000多倍。目前，许多珍贵的矿产资源均来自于海底矿砂，比如95%的钻石和75%的锡石是从海底矿砂中提取出来的。而且根据目前的技术，已经在海底探明在几千米的洋底有3万亿吨的金属结核。海水的淡化和海水溶解物的利用也是各国利用海洋化学资源利用的重点。目前全球海水淡化为全世界一亿多人的用水问题。人类在自然界发现中的元素有80种来自于海洋，而目前自然界一共发现了92种。此外，目前已经探明海水中存在铀的总量为陆地的4200倍以上。海洋中除矿产和化学资源，还有绿色能源，例如海洋潮汐能、盐差能等。这些能源是取之不尽、用之不竭的，与陆地上化学能源十分不同。据科学家估计，以现有技术可以利用海洋能的总量已经超过了1500亿千瓦，这个总量十分可观，是地球发电总量的10倍以上。其中，海洋潮汐能就约有20多亿千瓦，每年可发电12400万亿千瓦时。目前一些海洋强国，包括加拿大、法国、俄国和中国都建有潮汐发电站，随着发电站的建设，到2030年全球的潮汐发电站发电量将达600亿千瓦时；而世界海洋中的波浪也可被利用发电，每年发电量可达9万亿千瓦时，可供开发利用的占全部海洋能量的94%，为20～30亿千瓦之间。

第三，海洋是全球贸易的通道。各国的经济贸易往来日益密切，利用海洋进行货物运输是最主要的方式之一。目前世界上主要大洋航线所承担的运输总量为全球的75%左右。其中，资源物资位居首位，原油的货运量为最高，铁矿石次之。加上谷物及成品油，海运的总量则占据全部货运量的一半以上。因此，海上运输带来的经济价值促使一些国家发展海洋经济。

第四，海洋是人类生存的第二空间。除了交通运输外，海洋还为人类提供了广阔而珍贵的空间资源。一方面，人类利用海面和洋面之间的空间建设了海上机场甚至城市等。另一方面，人类利用海洋水层空间资源建设了水层观光游轮、人工渔场等。日本在海洋空间的利用方面领先全球。比如在1975年，日本就建造了引发世界关注的一座海上机场，取名为长崎海上机场。之后，中国也突破了技术限制填海建造了珠海机场。另外，人类还建成了海底隧道和管道，实现了海底观光和海底居住。而在海地空间铺设电缆的历史已经有100多年。早在1988年，连接北美洲、横跨大西洋的世界上第一条海底光缆就正式投入使用。日本建成了世界上最长的海底隧道——青函海底隧道，全长54千米；美国有5条海底隧道已经动工修建，荷兰也有3条正在修建。

二、海洋经济的地位逐步攀升

1970年以来，随着科技力量的迅速发展，海洋对人类社会的影响逐步扩大的同时，世界海洋经济实现了迅猛的突破，在国民经济发展中占领了一席之地。联合国海洋事务报告中提到："在全球23万亿美元的国内生产总值中，海洋产业约占1万亿美元；海洋和沿海生态系统提供的生态服务价值达21万亿美元，而陆地生态系统提供的价值为12万亿美元。"根据欧洲委员会（The Council of Europe）的估算，海洋和沿海生态服务每年可以创造出超过180亿欧元的经济价值，而沿海产业和服务业还可以创造出1100亿～1900亿欧元的增值，仅这一项就占据了欧盟GNP的3%～5%。据统计，欧洲海洋相关产业已占欧盟GNP的40%以上，显然已经成为沿海各国（地区）国民经济中必不可少的部分，其在经济发展中所占地位以及对国民经济的贡献日益彰显。

追溯回1960年，60年代末是世界海洋经济刚刚发展起步的时候，这个时期的经济总产值只有130亿美元。然而70年代初期就增长了8.5倍，增至1100美元，这时海洋经济已经开始在世界各国经济中崭露头角。令人惊叹的是，在此之后仅仅十年，海洋经济就高达3400亿美元，较十年前增长了两倍多。虽然80年代与90年代的增幅保持在95%左右，但仍在世界经济总产值中占有重要比重。1992年到2001年间，海洋经济总值由6700亿美元增长至13000亿美元，在世界国民生产总值中的比重也由1992年的5%增长至2005年的10%，其增长速度远远高于同期GDP的增长速度。

三、海洋环境的保护意识逐渐增强

人类社会发展初期，海洋主要起到生物资源捕捞、远洋通航贸易的作用，但科学技术的不断进步注定会引导人类进行更深入的开发利用。而这也正是导致海洋生态平衡破坏，海洋资源暴露于危险境地的原因。值得庆幸的是，世界上多数国家已经认识到保护海洋的重要性，并采取了一系列措施及时止损，海洋环境的保护也就此成为各国发展的战略重点。值得注意的是，有关海洋环境保护的立法建议曾在20世纪初被提起过，但直到60年代末才第一次在美国的《斯特拉特顿报告》中被重视起来。该报告于1969年发布，并提出了海洋的保护和开发问题，这是海洋环境问题首次在重要报告中被提及。之后的《21世纪海洋蓝图》和《美国国海洋行动计划》直接将海洋资源管理和生态系统问题放在海洋科学发展研究的优先地位，提出“海洋政策的制定应确保海洋的可持续利用，确保不损害子孙后代的利益”的观念。1975年，澳大利亚颁发了《大堡礁海洋公园法》，并在后期出台了《2000年海洋营救计划》，以确保落实海洋保护。21世纪初，加拿大政府实施“海洋行动计划”，对海洋综合管理等问题进行规划，并将“保护好海洋的环境、最大程度地发挥海洋经济的潜力、确保海洋的可持续开发”作为重要目标之一。这些在人类社会发展过程中积累出来的经验教训足可证明，无节制的资源开采只会透支人类文明。只有保护海洋环境，维护海洋生态平衡才能达到人类与地球环境的平衡发展，这俨然已经成为国际社会需要共同面对的重大课题之一。

四、海洋科技竞争日趋激烈

进入21世纪后，新兴海洋产业以科学技术为核心，逐步取代了传统海洋产业在经济发展中的主导地位，以海洋油气业、生物工程业、临港工业、现代物流业和海洋服务业等为代表的海洋产业链成为促进海洋经济发展的重要角色。当前海洋经济依赖于海洋科技，在为世界海洋科技发展带来机遇的同时，也使海洋科技发展面临严峻的挑战。凭借着自身的优势，海洋国家优先发展海洋科技以求在海洋竞争中获得优势地位，提高其综合国力，这也就促使其加速制定发展战略。早在1986年，美国就制定了“全球海洋科学规划”，进入21世纪后，美国又在海洋领域加速发展，先后于2004年和2007年发布了《美国海洋行动计划》和《绘制美国未来十年海洋科学发展路线——海洋科学研究优先领域和实施战略》报告，这成为美国海洋科技发展的基石，明确了未来十年优先研究海洋预测、对基于生态系统的管理提供科学支持和海洋观测能力三大方面。客观来说，美国在发展海洋产业方面是有绝对的领先优势的。2000年，英国自然科学研究委员会（NERC）和海洋科学技术委员会（USBT）对海洋资源可持续利用和海洋环境预报制定了科学计划，提出五到十年海洋科技发展战略。此时，海洋经济在国际社会上已成百花齐放之态。2008年日本出台了《海洋基本计划草案》，为日本的海洋政策提供总体指导思路。同年12月17日，俄罗斯的《北极开发新战略》发布，使北极成为其战略资源基地。对于海域辽阔的俄罗斯来说，发展海洋经济对巩固海洋军事力量、提高国际声望有着非同寻常的意义。而与边疆辽阔的俄罗斯不同，日本作为一个位处太平洋边界，国土和资源相当匮乏的岛国，而海洋科技水平却与之形成鲜明反差，高居世界前列，其海洋开发技术和海洋科研设施研发功不可没。日本不仅拥有着在世界范围内首屈一指的海洋开发技术和超高水平的海洋科研设施和设备，更是有着令其他发达国家拍手称奇的调查船、深海潜水器和观测仪等先进科技设备，其中“地球号”立管钻探船技术，连美国都感叹自己远远不及日本。纵观海洋科学技术发展的历史以及各国拟定的发展规划，可以发现，在海洋科技竞争日益激烈的今天，宏观和微观层面的探索已经远远不能满足人们的需求，人类社会正在向更深层次的海洋研究发起进攻：深海远洋研究不断前进；海洋监测探测向立体化、实时化、的方向发展。自此，海洋科技产生的效益逐渐实体化，并引领海洋产业向高科技化方向发展。

五、海洋法律法规体系日趋完善

20世纪中叶，人类开始对海洋进行深度开发，海洋经济在国际中崭露头角。联合国为指导并限制各国海洋开发行为，制定了多项国际公约和国际规则，召开了三次联合国海洋法会议以确保公约落实。1958年2月24日第一次会议在日内瓦召开，会议最终通过了有利于少数海洋国家的公约，分别是以国际法委员会1956年提出的报告书为基础的《领海及毗连区公约》、定义了大陆架法律概念的《大陆架公约》、以编纂有关公海国际法规定为宗旨的《公海公约》以及《公海渔业和生物资源保护公约》。第二次会议同样在日内瓦于1960年3月17日举行，专门讨论各国领海宽度和渔区范围问题，由于各方对第一次海洋法会议中的遗留问题的意见不统一，最终还是没有达成协议。第三次会议于1973年在纽约召开，并在经过十年后，于1982年4月30日通过了《联合国海洋法公约》。此公约于1994年11月16日正式生效，至签字截止日，在公约上签字的国家达159个，而国际上的海权纷争也自此而始。公约中的部分模糊条款让各国争夺海权有迹可循的同时，也加速了海洋法律体系的建设。进入21世纪，海洋国家都极其重视本国的海洋发展计划的制定，加大海洋管理力度，海洋法律体系迎来了空前的发展。1999年韩国制订了《海洋韩国21》的国家海洋战略，力争国际海洋第五大强国地位。同一时期美国通过了《21世纪海洋蓝图》和《美国国海洋行动计划》。2004年，加拿大制定了《加拿大海洋行动计划》，对加拿大的海洋主权和安全、海洋综合管理、海洋科学和技术等问题进行了具体规划。2005年日本出台了《海洋与日本：21世纪海洋政策建议》，将其作为海洋政策文件。

此外，一部分国际组织也纷纷出台相关的海洋发展规划及法律法规，用来指导各海洋国家的海洋经济发展。国际海事组织在各国已有的法律法规基础上制定了一系列相关各类补充文件（如《国际防止船舶污染公约》等），进一步防止船舶对海洋造成的污染。

第二节　国外海洋经济发展启示

一、完善以“和平崛起”为根本目标的海洋发展战略

孙中山先生曾指出：“自世界大势变迁，国力之盛衰强弱，常在海而不在陆，其海上权力优胜者，其国力常占优胜。”而海洋战略正是发展海洋、实施保护海洋、发展海洋经济的举措。1949年以来，中国海洋经济的发展虽有曲折，但终在几代领导人的带领下，一路披荆斩棘，乘风破浪，高歌猛进！1994到2003年间相继颁布了《中国21世纪议程》《中国海洋21世纪议程》和第一个宏观指导性文件《全国海洋经济发展规划纲要》，提出了海洋开发可持续的思想，将“海洋资源的可持续利用与保护”列为行动方针。在此之后，中国的海洋事业发展势如破竹，“十一五规划”铺垫了中国海洋事业发展的伟大蓝图；《国家中长期科技发展规划纲要》将海洋科技列为中国科技发展的战略重点之一。中国身为在国际社会中备受关注的发展中国家，所做的每一个决定都必须格外认真，只有符合中国特色的发展战略，才能为中国赢来更多的机会，才能在国际竞争日益激烈的今天脱颖而出，才能将大国建设为强国。因此，结合国内外发展现状，以“和平崛起”为根本目标，把“可持续发展”放在首位，完善现有规划，并根据中国国情制定出海洋经济发展战略是我国发展海洋经济的首要任务。

二、构建以“可持续发展”为根本理念的海洋经济战略支撑体系

各国发展海洋经济的落足点几乎都是海洋资源的开发和利用，并获得经济收益。而由资源开发所导致的各种问题也对资源的开发和利用效率有着决定性的影响。如今，海洋生态环境问题是对海洋资源开发与利用的海洋科技发展强有力的制约，并在很大程度上影响着在经济全球化趋势下的海洋国际合作和经济制度。大部分海洋强国都将海洋经济发展的重点规划为五个方面：资源开发与管理、环境保护、科技研究、国际合作、发展政策及法律法规，这为中国的发展提供了很多有效经验，使我们明白构建可持续发展体系是优先于制定发展战略和政策思路的重要举措。在传统经济研究方法中，资源、环境、市场条件

等是外生变量，借由海洋经济与陆域经济的相似性和差异性，应将“海洋—经济—社会”系统发展过程中的这些因素内部化，统一在一个系统框架里面，才能把可持续发展的思想结合到海洋经济发展中去。因此，在海洋经济的发展中，核心应该是海洋资源的开发与利用，战略支撑是海洋环境、海洋科技、国际合作和经济制度，四大战略与中心形成一种相互支撑、协同发展的战略布局，使海洋经济以一种可持续发展的形式进行。此战略体系的优势有两个：第一，协调推动海洋、社会和经济的自身发展，并相互作用，促进其功能发展；第二，使得社会、经济和海洋相互支持，促进整个系统的平衡发展。

第三节　河北省海洋经济发展的战略机遇解析

党的十九大明确“坚持陆海统筹，加快建设海洋强国”的战略部署。建设海洋强国要求壮大海洋经济，优化海洋产业结构，实施科技兴海战略，加强海洋资源环境保护，维护海洋权益，海洋经济发展模式需要大转型，配置海洋资源的目标要清晰，能力要提升，海洋生态环境需要大改善。

蓝色经济是可持续发展的海洋经济，目前全球蓝色经济产值约1.3万亿欧元，预计到2030年产值将接近3万亿欧元，增长超过一倍。欧盟是蓝色经济的提出者和引领者，2012年欧盟将海洋运输、蓝色能源、水产养殖、海洋和滨海旅游、海洋矿藏资源开发和蓝色生物技术确定为发展蓝色经济的主要领域，2014年又提出整合海洋数据、绘制欧洲海底地图、增强国际合作、促进科技成果转化、开展技能培训、提高从业人员技术水平等多方面构想。欧盟的发展经验为河北海洋经济发展提供了有益借鉴。

2013年我国提出了“一带一路”倡议，这一举措对于中国主动参与世界治理，打造新一轮开放创新发展的新格局，为开放合作区、沿海城市港口发展搭建了广阔平台，有利于丰富沿海经济带对外开放内涵。落实“丝绸之路经济带”和“21世纪海上丝绸之路”的发展战略，使得沿线省市地区的产业结构、地区空间结构都发生了一定的变化。区域经济的发展战略也开始积极融入和策应“一带一路”建设，进行相应的调整和布局。相比国内其他沿海地区，河北省沿海经济发展滞后，对全省经济的贡献和支撑引领效应还不够明显，在发展速度和发展质量等方面还有待于进一步的提高。河北应发挥港口和产业园区优势，利用连通蒙、俄乃至欧洲的国际运输大通道，集聚“一带一路”资源，加快与沿线国家开展海洋现代服务业、临港产业和海洋新兴产业等海洋产业的深度合作，构建开放型经济新体制，努力建成“一带一路”建设的关键节点和开放窗口。2011年10月，国务院批复《河北沿海地区发展规划》，河北沿海地区发展被正式提升至国家战略层面，为充分开发河北沿海地区优势，加快沿海地区开发建设提供了政策指向。面对新形势、新机遇，如何有效破解河北沿海经济的发展短板与制约，充分利用河北比较优势与政策“红利”，深度融入和主动服务“一带一路”建设，对于推动河北经济转型和实现跨域式发展具有重要的现实意义。

“一带一路”倡议是在全球经济缓慢复苏的背景下提出的全方位、全面性和立体化的重大举措。“一带一路”建设的推进实施为沿线国家和地区创造了难得的历史机遇。从国内情况来看，积极融入“一带一路”建设对于河北省打造全方位开放格局和促进沿海经济振兴都具有非常重要的现实意义。

（1）“一带一路”建设的深入推进能够显著带动河北沿海地区港口建设，强化区域互联互通

沿海港口是实施“一带一路”的重要平台，也是打造沿海经济隆起带的重要基础。随着“一带一路”建设的深入推进，河北省沿海地区港口建设迎来了崭新的历史起点。“一带一路”实施的关键是通过完善的基础设施建设，打通亚非欧沿线国家和地区的交通与贸易通道，进一步辐射周边区域经济，实现各个国家和地区之间的互联互通与共建共享。围绕对接“一带一路”加快推进河北省沿海地区港口基础设施建设，能够进一步带动河北临港产业的规模化布局与结构优化，不断拓展河北沿海经济发展的新空间。除此以外，加快建设和完善河北沿海地区基础设施也是推进实施河北沿海开发战略的重要举措，有助于提升河北沿海地区在引领河北经济发展中的重要地位，强化沿海经济辐射内陆腹地的积极作用。

（2）“一带一路”建设促进提升海洋科技水平，推动海洋科技创新与合作共享

中国经济全面步入新常态，科技创新逐渐成为引领国内经济持续发展的核

心动力。河北省沿海经济的发展有赖于科技水平与科技创新。从河北省海洋科技发展情况来看，虽然近些年在一些重大海洋科技攻关项目上取得了一定的成就，但仍滞后于其他发达国家和地区，尚未形成海洋科技核心竞争力，对海洋经济和沿海内陆经济的科技支撑效应不明显。“一带一路”倡议打破了沿线国家和地区的技术贸易壁垒，能够有效推动先进海洋科技成果在国家和地区之间的合理流动，同时带动海洋资源的合作开发与共享共用。河北沿海经济发展应以“一带一路”技术领域的合作对接为契机，着力开展海洋经济以及沿海产业发展共性问题、关键性技术难题的联合攻关和协力研究，加速推动先进科技成果向现实生产力转化，不断提升沿海地区海洋综合服务保障能力。

（3）“一带一路”建设加速沿海地区高端生产要素集聚，实现沿海地区区域经济一体化

随着“海上丝绸之路”的不断发展，金融、信息、高科技人才等高端生产要素迅速向沿海地区集聚，并在沿海对外开放和经济发展中迅速发挥积极作用，开始创造区域经济的协同效益，为沿海经济的稳定发展提供了重要的人力基础和物质条件。在此背景下，河北省沿海地区依托“一带一路”所带来的资本、科技和高端人才集聚与流动往来，再结合地区自身所具备的产业基础优势和土地资源优势，有利于加快发展适合临港布局的钢铁、化工等大进大出型产业，为传统产业创新发展注入新的活力，并有效转移和化解传统产业产能过剩危机。同时，河北省沿海地区作为“海上丝绸之路”的重要部分，在“一带一路”的政策红利引领下迎来了经济增长方式转变和发展开放型经济的机遇。

第四节　河北省海洋经济转型与高质量发展的制度创新逻辑

在经济发展中，高质量发展是质性要求，它是为了满足人民的生活需求而存在的。“它是一种能够更好地满足人类不断增长的真实需求的经济发展模式、结构和动力状态”，从经济学角度出发，金碚先生（2018）如是说。被定义为一种新兴经济形态的海洋经济，同样也有着其自身发展所需要的内在要求。众

所周知，海洋覆盖了全球大约70%的面积，对地球生态系统有着非同寻常的意义，同时也深刻影响着人类社会的发展（Halpern等，2012；Frid和Paramor,2012）。海洋不仅承载着物种的起源，更连接着人类的文明，从食品、能源、国际贸易，再到如今的经济全球化，无一不依托于海洋的辽阔海域和丰富资源。海洋经济也在人类对海洋的开发利用中应运而生，而这也是人类社会活动的必然结果。现如今，海洋经济俨然已经成为沿海国家发展经济新的突破口，为当前世界范围内推动就业、消减贫困、促进人类福社和社会公平作出了突出贡献。如今人类对海洋资源的需求不断增加，海洋开发的力度不断加大，低碳高效、大规模发展是海洋经济面临的一种状况，也是海洋经济发展内在的要求，是人与海洋的健康相互作用的结果。由此可见，海洋经济的效益与高质量、生态和可持续发展以及人类对海洋资源的需求都是海洋经济高质量发展必不可少的条件。

资本、技术、制度内要素的结构变化和质量改善是近期海洋经济发展的基础，但各要素的作用与贡献都是不一样的，这是由海洋开发需要高技术含量、高资本投入、公共物品特性决定的。海洋经济和陆地经济在形态上也有很多差异，海洋经济以资源开发、利用与保护为主，是一种资源型经济形态，它需要陆地经济在资金和技术层面给予一定的帮助和扶持。而海洋开发的风险就在于，相比陆地经济，它需要更多的资金和更先进的技术，但却没有稳定的收益，预期收益不明确对于任何一种经济形式来说都是高风险因素。其次，海洋资源的公共属性也为人类活动带来了很多限制，使得海洋经济的发展进一步受限。就现阶段的认知程度而言，人类对海洋的了解并不是十分全面，海洋在人类面前就如同宇宙一般，其复杂程度和不确定性是难以估量的。技术复杂性程度高，风险大，预期收益不明确这些特性使得海洋开发的成本过高，提高了发展海洋经济的门槛，增加了资本投入的风险，同时这也刺激了人类社会制定更完善的制度来保障海洋开发活动以及海洋经济的持续增长。

良好的制度可以促进技术、人力和资本的融合，刺激新鲜血液的产生，进一步推动技术进步与发展，加快资本的累积，降低风险与不确定性，这使得制度创新在海洋经济发展过程占有重要地位。它能够为经济发展提供更广阔的空间，为技术发展创造更多的机遇，这是一个能够推动海洋经济快速增长的正反馈机制，是经济发展过程中的良性循环，亦是海洋经济所依赖的根本。讲到这里我们不难发现，制度创新之于海洋经济就像水之于植物，它构成了海洋经济的框架，也是海洋经济发展的依托。由此可见，制度创新对海洋经济发展来说是多么的重要，是影响着海洋经济绩效的关键因素。制度环境和制度安排是海洋资源的制度属性所带来的框架，它们决定了海洋产业中涉及的资本、技术和人力的数量和质量，同时也可以促进各要素的融合，形成新的产业形态，促使对制度创新的需求增大，一个良性的创新过程就此形成，并推动海洋经济向高质量的方向发展。

海洋经济高质量发展需要什么样的制度？这显然是我们目前面临的一个复杂且繁琐的问题。要想知道其制度供给内容是什么，首先，我们有必要明确什么样的制度要求可以满足海洋经济高质量发展，这会成为制度创新的基础，起点和动力。以诺斯为代表的新制度经济学家早已从对制度创新为什么会发生的问题给出了答案，他们将其理解为相对要素价格的变化。这种解释是对制度创新本质的理解，即资源开发过程中相对要素价格的变化会使制度进入一个创新的过程，而这将直接导致制度创新。

制度创新的出现只是为了解决制度创新的充分条件，但对内容来说，它需要解决的是在某种程度上问题的不确定性、复杂性与风险性的问题，这些问题一直存在于海洋开发利用过程中。长久以来，人们不断地研究探讨海洋经济中的制度问题，并对此进行了不间断的创新探索。尽管如此，目前的研究依然不能够为人们带来完美的制度方案，无法构建出完整的制度体系，而将精力过度集中单个体制度研究就是导致这一现象的重要原因。目前研究大都集中于海洋资源产权制度、资源分配制度等，对资源开发与利用的不确定性、复杂性与投资风险性制度都没有完备的考察，对新兴产业所需制度创新需求的了解也相对片面。这使得制度无法支撑经济发展，发展动力也会出现明显不足的状况。虽然现有技术尚不足以支撑我们完成如此庞大的系统考察与数据分析，但这将是全面发展海洋经济的必经之路。

实际上，海洋经济高质量发展需要全面的体制创新。只有建立起完善的体系，技术、资本和劳动力等因素才能充分结合，实现最大产出。面对这个问题，首先我们要着手于制度创新需求。从海洋资源和环境的特征以及经济发展规律的角度来看，它至少包括三个要求：一是海洋资源开发与利用中的不确定性；

二是海洋经济发展的创新与培育条件，海洋经济的发展，包括参与者对海洋经济发展主体的积极性、权利保护与利益分配、不同层次和不同领域（例如资本市场和劳动力市场）的制度创新；三是海洋经济发展与生态环境之间的关系，主要体现在保护海洋自然生态环境、限制人类行为、恢复生态环境等方面。也就是说，我们所面临的问题不是制定出一种单一的制度，而是创造出一个相对完整的多层次多维度复杂适应性体系，这样才能在最大程度上发挥制度创新的作用，对海洋经济产生质变的影响。根据卢现祥（1996）对制度创新的分类（产权制度创新、组织制度创新、管理制度创新和约束制度创新），结合中国国情，笔者认为，制度创新体系中的制度可以分为以下三个方面。

（一）基础性制度

基础性制度有两大方面：一是产权制度，二是利用制度。其中，产权制度是制度创新的主要内容之一，一套符合海洋资源开发、保护与利用规律、能够调动参与者积极性的制度是应对海洋经济发展各种问题的强有力的武器。因为长久以来“重陆轻海”的观念，海洋产权制度的发展遭受了严重的阻碍和滞后，建立之初就已相对较晚，这就造成了以市场为基础的海洋资源分配过程缓慢，经济要素的配置也在很大程度上受到了影响。目前国家已将海洋资源纳入自然资源体系，统一管理，实施多种方案对其进行补救和发展，但仍有一点需要注意：海洋资源具有公共物品属性，其复杂性和不确定性也远远高于其他类别自然资源，这就需要政府在制度创新时对此额外注意，设计不同于现存制度的基础性制度。

（二）要素培育制度

要素培育制度能够对海洋经济发展的质量和速度带来深刻影响，是一种核心制度，主要由资本制度、人力资本制度和科技制度组成。资本制度是指投入并支撑海洋经济发展的制度，包括金融支持海洋经济发展的制度、融资制度、保险制度等；人力资本制度是指在海洋经济发展过程中人力资本的形成、培育与激励的制度，包括人才培养与培育制度、人才引进与使用制度、人才激励制度等；科技创新制度包括科技体制机制、科研主体培育制度及产学研合作制度等。这三项制度相辅相成，唯有平衡发展才能完整体现出要素培育制度对海洋经济发展的最大影响力。

（三）约束性制度

约束性制度是海洋经济高质量可持续发展的重要保障。海洋经济高质量发展是建立在健康的海洋生态环境基础上的低碳、绿色和可持续发展的过程。良好的海洋生态环境可以为经济和社会发展提供许多直接或间接的好处，是海洋经济发展的重要部分。因此，将海洋生态环境保护纳入考量是实现高质量发展的必经之路，为此我们要摒弃原有的发展思路，努力落实海洋经济与生态文明的协调发展。习近平总书记指出：“只有实行最严格的制度、最严密的法治，才能为生态文明建设提供可靠保障。”所以一个完整的约束体系是迫切需要建立的，它需要包括海洋环境税、海洋金融生态补偿、海洋环境、海洋资源、环境交易制度等部分，并能起到引导企业与居民增强保护海洋意识的作用，从而使海洋经济取得稳中有序的发展，提升海洋经济的发展质量。

到目前为止，我们已经了解了该制度体系的构成以及它在海洋经济发展中所起到的作用，然而这也仅仅是在制度需求层面理解制度创新和其他问题的重要性和内容，在供给层面我们还没有足够深入的了解。只有找到体制创新的具体责任方，我们才能了解制度的创建和运行方式，才能达到制度的平衡并进入动态、螺旋式上升的过程。

人类行为造成了海洋的开发利用，那么由此引发的经济活动与环境保护的制度安排理应由人类完成。制度创新的主体包括个人、自愿者团体和政府机构三种合作形式，而制度创新的逻辑过程是“第一行动集团”和“第二行动集团”共同推动的结果。首先由“第一行动集团”发起的，承担这一活动职责的集团可以分为政府、团体和个人，三个层次可以自由组合，其中政府的制度创新是最有优势的，因此，政府是制度创新的主要供给者。政府的制度创新包括两种方式：“自上而下”的强制性创新和“自下而上”的诱致性制度创新，目前强制性创新是主要的方式。例如改革开放以来的实践，实质上是中央政府主导的、以供给型制度创新为主要模式的制度变迁过程（吕晓刚，2003）。

中国海洋经济发展历程同样是具有中国特色的制度创新过程。但是，目前对于政府如何最大限度地发挥其在海洋开发、利用和保护方面的作用尚无明确的认识。这主要有两个方面的原因：一是对海洋的认知不足。与陆地资源开发相比，海洋经济的综合性，复杂性，不确定性，生态的不对称性等特点，是政府在规划海洋经济发展过程中的重大阻碍。二是政府对于自身的功能与作用认知不足。制度的确立以及政府与市场的立场与界限如何定义，都尚不明确，还处于探索阶段。海洋与渔业管理机构的频繁调整、政策的不连续性、职责界限不清晰、过分干预“私人产品”的生产交换等现象足以说明目前政府并没有完整的策略应对制度创新中出现的问题（陈明宝，韩立民，2010）。由此引发的政府干预过多、效率过低等问题导致制度供给缺乏，不利于海洋综合性管理。

那么，塑造中国国情下海洋经济高质量发展的制度创新主体，使海洋经济高质量发展的成果惠及所有参与主体，构建“有为政府”与“有效市场”相结合的制度供给主体，发挥政府与市场在海洋资源配置中的作用，就成为了我们必须面对和解决的问题。海洋资源开发、利用与保护在理论上属于国家行为，但实际上经常会因为多重委托代理而使部分企业承担，再加上海洋经济所具有的复杂性及不确定性，如此高风险的经济开发形式就注定只能为国有大中型企业所有。这就需要政府既兼顾公平效率又考虑企业的利益，两种情况的相互影响可能会导致制度创新偏离原定轨道，严重阻碍海洋经济的发展。所以，笔者认为创建兼具效率与公平的体系是非常有必要的。通过体系的建立与创新贯彻落实可持续发展规划，使得海洋资源可以被合理开发有效利用，使得生态环境可以得到保护，最终实现海洋经济蓝色增长和绿色发展，促进海洋社会—生态系统健康发展。

第五节　河北省海洋经济转型与高质量发展的对策

改革开放40年推动我国沿海地区朝着工业化时代迅速迈进。河北省沿海经济发展已经进入一个全新的发展阶段。面临“一带一路”所带来的历史机遇和沿海经济振兴的现实需求，全面把握沿海经济发展规律，借力“一带一路”聚焦河北沿海经济转型升级是引领和支撑全省开放发展，打造河北全面开放新格局的核心问题，也是培育河北经济增长新动力，推动河北跻身沿海强省的实践使然。

一、立足体制机制改革创新，不断强化开放型经济制度支撑

从本质上来说，经济转型是一个制度创新的过程。优良开放的体制机制是提升区域经济运行质量与发展层次的关键前提。“一带一路”倡议明确了发展外向型经济的基本思路，为区域经济转型升级和沿海地区经济发展谋定了重要的战略指向。河北省沿海经济应以主动服务和融入“一带一路”建设，加快实现经济外向化、开放式发展为目标，坚持以制度创新为核心，立足体制机制改革，不断完善开放型经济发展环境，强化政策保障与制度支撑。一是积极对接“一带一路”沿线国家和地区的开放政策，加强地区间的经济政策协调和发展战略协同；二是坚决打破和消除地区间的利益藩篱和政策壁垒，逐步放宽地区间投融资限制，简化境外投资管理程序；三是改革推进政府职能深刻转变，基于行政管理层面打破体制机制障碍，重塑创新服务体系，形成有利于融入“一带一路”建设，有利于沿海经济发展的良性运行机制。

二、基于资源型产业结构优化调整，加快推动转型产业链接与极化集聚

随着国内经济全面步入新常态，沿海地区经济发展面临产业替代、产业转型升级与协调发展等一系列现实问题。社会经济的持续健康发展客观上要求沿海经济区建设必须努力提升产业结构层次，走高端、高效和高辐射发展之路。河北省沿海地区地理位置与区位优势明显，资源条件和产业基础较好，尤其在钢铁、装备等典型重工业领域积累了较为雄厚的产业基础。具有传统优势的资源型产业契合了当前国家所处的重化工工业发展阶段，仍然具有较强的发展潜力。“一带一路”的推进进一步拓展了河北沿海地区传统资源型产业的上升空间和沿海经济发展的外向度。河北沿海经济转型应在充分发挥传统资源型产业优势的同时加快传统产业结构优化调整，推动转型产业链接与优化升级，充分利用临港区位优势加速产业极化集聚和轴向扩散，以沿海生产力布局优化带动资源型城市转型和城市能级提升。

三、积极对接“一带一路”陆路通道，加快建设完善海陆交通体系

陆海连通联动与统筹发展是海洋强国发展的基本范式和必经阶段。通过陆海通道的建设和逐步完善，最终实现沿海港口与内陆腹地经济的协同与资源共享共建，形成陆海统筹联动的开放新格局。随着“一带一路”建设的推进，河北沿海地区在“一带一路”跨境新通道建设中的节点地位日益凸显，加快推动河北沿海地区经济转型发展，必须深度融入和参与“一带一路”陆海通道建设，逐步完善海陆交通运输网络和大交通体系。一方面，不断加强北方地区与俄罗斯、蒙古等国家的陆路通道对接，依托唐山港、秦皇岛港、黄骅港三大港口对接北向陆运通道；另一方面，以港口建设为中心，积极开拓近海和远洋航线，持续提升现代化港口综合服务水平和国际航运服务能力。

四、依托园区项目建设推动产业集群发展，优化沿海产业创新能力布局

传统发展模式下，沿海经济发展主要表现为以存量扩张为特征的粗放式发展。传统产业虽然具有较高的产业集聚度，但投资收益率较低，且生态破坏与环境污染问题日益严峻。河北沿海经济建设应坚持以科技创新引领产业转型升级，依托园区项目建设，以高科技园区和特色园区为载体推动产业集群发展。同时，通过不断提升沿海地区产业创新基础能力和创新平台建设，有效整合沿海区域创新资源，促进实现沿海地区创新资源的高效配置与优化布局，积极推动沿海地区科技创新项目的市场化、产业化，强化科技创新驱动和引领效应，为沿海地区经济转型升级和持续发展营造良好的环境。

五、建立国家海洋基金，建立海洋经济智慧数据库

政府可针对海洋各项目予以资金支持，并以政策引导吸引社会资金的注入。建立海洋基金，对全部资金进行规划并统一分配，合理运用金融杠杆，使得资金能够在海洋经济的发展中发挥更高的效率。与世界其他海洋国家合作，

建立海洋投资资金，共同支持海上丝绸之路的发展，打造海洋经济合作圈，促使海上“一带一路”的国家实现深度合作，最终实现共赢。打造海洋经济智慧数据库，有效改善资源配置不合理、利用率低等问题。借鉴其他国家的经验，对于我国海洋各产业进行宏观调控。

六、深化海洋产业结构改革，促进海洋产业升级

目前我国的海洋产业仍存在效率低、资源浪费等问题。有关部门应该对地方的远洋渔业进行整改，淘汰部分不合规的海水养殖业。针对初级海产品，地方政府应该从资金、技术、管理等方面给予养殖人员一定的支持，促使其对海产品进行深加工，延长产业链，给予海产品更高的附加值。大力促进滨海旅游业发展，推进文化旅游的融合。对于海洋新能源、海洋高端装备制造业、海洋金融业等新兴并且极具发展前途的产业，地方政府应重视并发展壮大，特别是要重视科学技术在海洋经济中所起的作用，延长海洋价值链并占据优势地位，从而提高海洋经济在全球海洋经济中的竞争力，使我国成为世界海洋强国。

（一）推动传统优势海洋产业改造升级

1.海洋渔业

强化海水苗种产业优势。支持海水增养殖优质品种培育，建设海洋生物种质资源库、海水养殖优良种质研发中心、中试基地和良种基地。运用海洋生物技术改善苗种人工繁育技术，创新和推广育苗设备和模式，在原有工厂化育苗基础上，实行智能化和标准化生产管理，全面提升苗种质量，打造环渤海地区最大的海水苗种生产基地。依托国家级种质资源场和水产苗种协会，进一步加强与苗种生产先进地区对接，提高苗种生产能力，在沿海养殖地区加快建设优良苗种生产基地。扩大对虾、扇贝、刺参、牙鲆、海蜇、三疣梭子蟹等品种的生产规模，优化苗种品种结构，形成多元化苗种繁育体系。

创新发展现代水产养殖业。依托高标准池塘、工厂化养殖基地，发展高效集约的标准化池塘养殖、高效循环的设施化养殖等生态健康养殖模式，创建一批水产健康养殖示范场。优化海水养殖品种结构，稳定中国对虾、南美白对虾、日本对虾、刺参、扇贝、河鲀、牙鲆、舌鳎等名优品种生产，加快

石斑鱼、斑石鲷、梭子蟹等优质特色品种开发养殖，打造对虾、河鲀、海参、扇贝养殖基地。

努力做大水产品加工流通业。鼓励发展水产品精深加工业，致力于水产品保鲜、保活，促进精加工产品的开发，再结合低值鱼类的综合利用，提高水产品附加值。培育海洋食品加工企业集群，建设高标准加工基地。依托中心渔港，加快建设临港海产品交易中心，创新海洋渔业产业链组织方式，发展冷链物流，完善水产品储藏保鲜、检验检测和物流配送体系，构建海产品大出大进、远购远销的大流通格局，搭建环渤海区域交易平台，拓展海产品电商业务，打造面向京津、辐射东北三省的海产品集散中心。

建设现代渔港经济区。加快推进渔港建设和升级改造，完善渔港基础配套设施，提高渔港综合服务能力。以中心渔港为依托，推动渔业产业升级，延伸海洋渔业产业链，创新发展海洋渔业新业态，建设国家级海洋渔业科技成果转化中心、水产品加工物流园区、远洋渔业基地、休闲渔业基地、海上垂钓中心、渔家体验中心等设施和平台。以中心渔港为基础，重点打造集水产增养殖、水产品交易、水产品加工及流通、休闲渔业、旅游观光、远洋渔业等为特色的渔港经济区。

积极建设海洋牧场。科学规划布局海洋牧场，制定海洋牧场建设规范和地方标准，推进国家级海洋牧场示范区建设，支持各地区创建国家级海洋牧场示范区。探索建设贝藻礁生态系统，开展人工鱼礁构件的材质选择、礁体设计、礁群布局、鱼礁投放技术等研究，实施多类海洋生物的增殖放流、底播增养。建设海洋牧场观测网，实现海洋牧场可视、可测、可控。以海洋牧场为综合载体，促进海洋渔业与互联网、旅游、休闲、文化等产业深度融合。

发展壮大远洋渔业。建设和完善中心渔港，打造远洋渔业基地。开拓远洋捕捞市场，推动与海外国家和地区签订渔业捕捞许可协议。引进国内外远洋渔业企业和大型水产品精深加工企业设立总部或加工基地，形成远洋渔业总部经济和精深加工集聚区。培育扶持龙头企业，鼓励部分有实力的企业向冷藏运输、加工开发、运输配送、市场营销等全产业链延伸。推动现代远洋渔业船队建设，鼓励新建、租赁远洋渔船。积极推动远洋渔船标准化更新改造，提升远洋渔船装备水平和信息化水平，增强远洋作业保障能力。

2.海洋盐业

培育世界最大的海盐生产基地。依托南堡盐场和大清河盐场，利用先进技术和装备进行工厂化制盐，加快推进盐田技改项目，提高自动化作业水平。加快制盐工艺攻关，推进结晶池塑苫升级改造，鼓励现有结晶池改造升级为大浮卷结晶池，支持塑膜苫盖设施由现有结晶区向保卤区扩展，提高结晶池单产，稳定滩晒原盐产能。

转型升级传统海洋盐业发展模式。推动海盐加工向精细化、高端化发展，鼓励海盐加工企业积极开发针对不同行业、不同消费群体、不同用途的食用调味盐和日用生活盐。推广渔盐一体化开发模式，促进传统海洋盐业技术升级，降低生产成本。延伸海洋盐业产业链，引导海洋盐业与海水淡化相结合，扩大海水淡化浓海水利用比例，提升制盐效率；加强饱和卤水工厂化制盐和制盐废液的综合利用，打造循环经济产业基地。

3.滨海旅游

开展海洋全域旅游创建工作。抓住全域旅游发展机遇，更大范围地整合资源，实现联动发展。发挥海岛、温泉、沙滩、生态及文化等资源优势，发展滨海岛游、湿地生态游、海洋文化旅游等，培育海岛主题公园浴场、休闲渔业游艇、低空飞行、旅游设备等项目，建立多元化、多层次的滨海旅游产品供应体系。同步推进智慧生态宜居的滨海旅游新城建设，开发游客中心、酒店、餐饮等旅游配套服务功能，努力打造国际一流滨海休闲度假全域旅游目的地。

全面实施“ 旅游+” 战略。大力推进旅游与渔业、康养、文化等多业态融合发展。推进“旅游+休闲渔业”，大力开发海洋牧场、海上游乐平台、出海海钓、渔家乐、渔人码头等休闲渔业旅游产品；推进“旅游+养生养老”，加大健康养生养老旅游新产品的培育和开发力度，大力发展康复疗养、养生保健、健康管理、养生养老度假等产业；推进“旅游+海洋文化”，结合历史人文古迹等文化资源，打造特色海洋文化旅游产品，全面提升旅游品质和吸引力。

发展高端海岛休闲度假。依托唐山国际旅游海岛资源优势与海岛文化内涵，重点发展生态休闲度假游、休闲农渔业、历史文化游、佛文化主题游及低空旅游等五大特色旅游系列产品，创新开发唐山湾海鲜国际美食节、唐山湾国际水上运动大赛、海底采摘大赛、佛教祈福大典等多元主题活动，打造国际性节庆赛事品牌。推进海岛重点旅游项目提质升级，扩大旅游岛品牌影响力。加快开发海岛旅游配套服务项目，高标准建设完善公共服务配套设施，提升海岛旅游服务质量。

优化发展滨海湿地生态游。依托唐山、沧州的湿地资源，培育开发生态旅游、文化休闲度假、体验旅游、商务旅游和康养旅游等五大重点旅游业态产品，打造滨海湿地渔乐节和滨海湿地户外运动节等特色节庆活动。在湿地保护的基础上，提升、整合、规范各旅游项目，建设集湿地体验、鸟类保护、休闲渔业、运动休闲、温泉养生、医疗健康、商务会展、科普教育、文化创意等为一体的滨海湿地休闲旅游度假区，与周边滨海旅游产品形成差异化错位发展，塑造独特旅游吸引力。

强化滨海旅游区域协作。加强与环渤海城市旅游协作，瞄准京津冀旅游大市场，对外加强联合推介，强化环渤海整体滨海形象，联合开展招商引资、旅游节庆宣传，共同开拓国内外市场。对内加强客源地和目的地互动，互设滨海旅游接待与集散中心，定期互办滨海旅游交易市场和推介会等，共同打造主题鲜明、功能互补的滨海旅游品牌。

（二）创新发展海洋新兴产业

1.海水淡化

打造海水淡化产业基地。开展海水淡化产业示范工程，培育海水淡化工程设计、成套设备推广应用、海水淡化技术服务等科技型企业，打造集技术研发、装备制造、综合服务于一体的海水淡化产业基地。支持海水淡化水进入市政供水系统，开展一对一工业企业供应，完善城市供水管网系统，扩大海水淡化利用规模。延伸海水淡化产业链，依托曹妃甸大型海水淡化产业基地、华润电力、三友集团、南堡盐场和大清河盐场，建设集电力生产、建材生产、海水淡化、浓盐水综合利用和盐化工等一体化发展的循环产业基地。

加快海水淡化技术创新。积极开发海水反渗透膜、纳滤膜、超（微）滤膜等各类膜材料、膜组件和膜组器，重点发展海水淡化用高压泵、能量回收等膜法淡化关键装备系列产品以及蒸发器、蒸汽喷射泵等热法淡化关键装备系列产品制造，推动海水淡化装备生产，增强海水淡化技术及装备自主研发制造能力。利用北控阿科凌海水淡化先进技术，提升海水淡化大型设备的系统集成能力。

在曹妃甸建设反渗透膜及膜应用工程技术研究中心、海水淡化工程技术研究中心，加快海水淡化技术成果共享与转化。

2.海洋科技金融服务

积极发展海洋金融服务业。培育和引入涉海金融服务主体，鼓励传统金融机构开发涉海金融产品。创新发展涉海金融服务业态，探索设立海洋产业发展基金和海洋高技术产业化风险投资基金，支持开发涉海金融服务产品，创新发展以海域使用权、船舶、涉海专利技术权等为抵押的信贷产品，建立海洋企业信贷评价体系。加快建设融资租赁平台，发展壮大船舶、专用设备、集装箱等租赁业务。巩固提升航运保险、渔业保险等传统保险业务，鼓励保险机构探索开发服务海洋新兴产业的新险种，探索建立海洋高新技术产业贷款风险补偿机制，实现科技、金融与海洋产业有效对接。

培育拓展海洋科技服务业。支持发展海洋研发、创新创业、技术转移等专业科技服务。引进和培育一批高水平海洋科研机构和海洋科技服务企业，鼓励与京津共建公共研发服务平台，聚焦重点领域重点项目开展核心技术攻关。搭建海洋科技企业创新创业服务平台，加快建设孵化器、加速器、创业苗圃等创新载体。建立海洋科技成果转化交易平台，对接海洋科技企业、高等院校和科研院所，加快海洋高新技术成果转化，推动海洋科技成果应用。探索发展海洋会展业，定期举办海洋科技专业展览和博览会，为海洋科技提供交流、推广和交易平台。

3.海洋生物技术

培育海洋生物制品产业基地。支持海洋保健品开发和海洋生物制品精深加工，延伸海产品精深加工产业链条。依托北戴河生命健康产业创新示范区、北京·沧州渤海新区生物医药产业园、沧州华晨药业海洋生物科技产业园、唐山乐亭县城区工业聚集区生物医药园和唐山海港经济开发区生物制药园区，引进和培育一批高成长性的海洋生物龙头企业和项目，打造海洋生物技术产业集聚区。

加快海洋生物技术开发与产业化。支持企业引进国内外海洋生物技术先进研发成果，鼓励企业与科研院所共建海洋生物技术研发平台，重点开展海产品加工废弃物高值利用、海洋生物功能产品分离提取、盐生植物和藻类高效利用等技术攻关，加快研制安全有效、具有自主知识产权的海洋保健品和海洋生物制品，加速海洋生物技术成果转化，推动海洋生物关键技术产业化。

七、加快陆海统筹进程，推进海陆产业协调发展

推动陆海统筹空间体系的完善。协调陆海域开发，加强海岸与海岛的开发建设，形成保护海洋新格局。对于海洋经济，应该促进其与陆域经济的融合与共同发展。发挥海洋产业和临海产业的带头作用，促进海洋产业和陆域产业的共同发展。在科技创新方面，有计划地向海洋科技倾斜，使得科技要素成为引领海洋经济增长的中坚力量。统筹规划海洋经济各产业的共同发展，打通陆海产业齐头并进的通道，构建和完善海洋产业的产业链。对于政府部门，应该对陆海产业的发展给予一定的重视与支持，完善陆海产业管理体系，明确各部门的职责，提高海陆产业的管理效率，加快立法建设，为陆海产业的协调发展提供完善的法律保障。

1.精品钢铁

有序推进钢铁产能向临港集聚。充分发挥临港优势，依托现有钢铁企业承接产能转移。打造曹妃甸、乐亭、丰南三个沿海临港精品钢铁基地。首钢京唐公司近期建成1500万吨规模，根据曹妃甸区产业布局，结合部分县区钢铁企业整合搬迁需求，适度承接产能转移。河钢集团唐山中厚板公司目前已在京唐港形成300万吨规模，近期重点推动实施宣钢搬迁、唐钢搬迁。

大力发展高端钢铁产品。大力发展高端精品钢材，加快开发能源用钢、海洋工程用钢、汽车板材、家电板材、铁路用钢等高端产品，着力打造钢铁深加工产业链，重点发展成套设备、金属制品、金属家具、包装制品和汽车零配件等耗钢产业。

促进钢铁产业绿色化发展。以低碳、清洁、绿色发展的理念，深入开展钢铁行业环保治理专项行动，按照严于国家特别排放限值的标准实施治理，提升钢铁行业节能环保水平，实现环保、设备、产品、技术、效益的多赢。按照纵横钢铁创造的国内一流超低排放标准，对钢铁企业环保设施进行升级改造。依托河钢乐亭临港基地国家产业转型升级示范点，整合利用区域内丰富的可再生

资源，打造国家级钢铁产业循环经济示范区。

2.现代化工

打造现代临港石化产业基地。以原油加工和轻烃加工为主线，以清洁能源、有机原料和合成材料为主体，以化工新材料和精细化工为特色，重点发展乙烯、丙烯、芳烃、碳四、碳五产品链条，着力打造多产业集群循环发展的大型现代临港石化产业基地，环渤海区域原油、天然气储运中心，中国北方地区化学品贸易集散中心。重点建设曹妃甸千万吨级炼油项目，发展原油（凝析油）加工和轻烃综合利用，推动石化下游产业项目集聚。发展石化深加工产业链，利用乙烯、丙烯、芳烃等资源生产下游产品，重点引进大宗合成材料和有机化工原料项目；利用碳四、碳五资源进行深加工，重点引进工程塑料、合成橡胶、特种纤维等化工新材料项目以及各类精细化工项目，打造世界级高端助剂产品生产基地。

打造海洋化工循环产业体系。以唐山南堡经济开发区海洋化工产业基地为龙头，进一步完善“盐—碱—氯气—四氯化钛—海绵钛”“盐—烧碱—粘胶短纤维”“氢氧化钾—三氯氢硅—四氯化硅—气相二氧化硅”“氯气—有机硅—有机硅下游产品”为主的海洋化工产业链，逐步延伸“氯气—有机硅单体—有机硅中间体”等产业链，打造以盐碱为龙头，以有机硅、海绵钛、三氯氢硅和化学纤维为主要产品，以两碱一化为基础的海洋化工循环产业体系。加快建设大型海洋化工基地，以三友集团为龙头，吸引上下游相关企业配套，重点推进浓盐水综合利用、海水提钾、制盐、溴素、钾肥、镁盐等项目，形成以原盐、纯碱、化纤、氯碱、有机硅“五大产业”为主导的化工园区。依托南堡开发区，打造中国最大的硅材料产业基地和世界级纤维素纤维生产研发基地。

延伸煤化工产业链条。着力延伸煤焦油深加工、粗苯精制、甲醇系列产品等三大煤化工产业链条，推进煤化工产业向园区集中，提高产业集中度。以中润、中浩为龙头，充分发挥资源、市场、区位等优势，大力推进化工行业上下游协同发展，推动曹妃甸清洁能源基地项目建设，加速煤化工下游产业链延伸，重点引进焦油深加工、煤制醇醚及烯烃芳烃、新型防水建材、PVC 复合材料、煤化工产业创新研发等项目，打造新型煤化工循环产业链。

3.装备制造

推动装备制造高端化、智能化和绿色化发展，构建涵盖设计、研发、制造、服务的装备制造产业链，打造具有全国影响力的临港新型装备制造基地。

打造临港装备制造产业集群。依托港口和精品钢铁基地优势，以大型装备、共性基础装备为核心，延伸产业链条，加快港口机械、船舶修造、建材机械、大型环保设备等项目建设，着力推进装备制造产业集聚，打造北方沿海地区大型临港新型装备制造基地。强化产业跨区域对接合作，承接北京高端制造业产业转移和国家重大生产力布局，发展节能环保、航空航天等领域重点产品，做强京津高端装备共性支撑功能，重点推进高端装备制造基地等项目建设。

培育海洋工程装备制造业。引进培育一批海洋工程装备制造企业，鼓励现有临港装备制造企业逐渐向海工领域拓展，重点发展港口起重装卸、海洋化工、海上风电、海水淡化、循环冷却及海水脱硫等海洋工程装备，积极发展海洋工程实验（试验）服务、工程设计服务、安装调试服务、技术交易、知识产权和科技成果转化等知识密集型服务业。积极发展钻井平台、浮式生产储卸油装置、水下生产系统、钻具制造、钻采设备电控自动化等关键设备和系统。

八、加快实施科技兴海战略，提高海洋科技创新质量

把握产业革命发展趋势，部署海洋产业创新链，把技术创新和产业发展结合起来。加强顶层设计，重视海洋科技创新，打造推动海洋科技发展创新的长效机制，制定政策为海洋科技发展提供政策保障；通过专项的资金投入，促进海洋科技基金的优化配置，提高海洋科技基金投入产出效益；强化企业作为市场主体的作用，完善海洋技术创新体系；简化审批流程，加快创新技术向创新成果转化的流程，提高海洋科技在海洋经济中的贡献率；吸引人才，重视创新条件建设，尤其是科研院所以及高等院校，激发高层次人才的创新能力和智慧，重视知识产权保护和运用。

（一）强化海洋自主创新能力

支持涉海企业加强创新。加快海洋相关企业研发中心建设和升级，鼓励临港钢铁企业建立企业研发中心和科技孵化中心。支持企业与高校、科研院

所联合设立涉海研发机构或技术转移机构，共同开展研究开发、成果应用与推广、标准研究与制定等。支持有实力的企业并购海外高水平研发机构和优质企业，加快形成海洋产业细分领域领军企业。实施创新企业扶持计划，支持具有独创技术的科技中小企业，培育形成一批具有全球影响力的海洋产业创新型骨干企业。

引进海洋科研机构和先进技术。积极联合国内在海洋领域具有较强科研能力的科研机构和企业，争取设立一批国家重点实验室、工程中心、工程实验室和企业技术中心。支持海洋领域高校、科研院所及龙头企业在河北建设海洋科研机构，开展海洋产业领域前瞻性研究，探索和突破关键核心技术，提升海洋科技创新水平。

搭建海洋创新合作平台。聚集海洋科技优势，建设世界一流的海洋类重大科技创新平台，建设海洋大数据与超算系统、海洋高端仪器研发海上测试场等一批国际一流的工程开发平台，支撑水下智能装备、海洋生物技术等战略性新兴产业发展。建立一批以龙头企业为主导、产学研合作、相关社会组织参与的海洋技术创新战略联盟，推动跨领域跨行业协同创新，加强行业共性关键技术研发和推广应用。

（二）强化海洋成果转化能力

健全海洋科技成果转化体系。落实和完善海洋科技成果转化的财政、税收等扶持政策，为搭建海洋科技成果转化平台提供有力支撑。推进海洋科技推广服务体系建设，鼓励社会团体、科研院所、高校、企业和中介组织参与海洋科技创新成果推广应用。探索海洋科技成果交易机制，构建海洋产业技术交易市场。设立海洋科技成果转化专项基金，引导信贷资金、创业投资资金以及各类社会资金加大投入，支持海洋领域重点产业科技成果转移转化。探索设立成果转化、产业化评估体系和激励机制，为成果转化和产业化提供保障。

加强海洋科技成果转化平台建设。依托高校、科研院所、行业骨干企业等，打造面向全国的海洋科技成果中试平台和转化平台。积极对接国内外高水平海洋科技成果，重点支持海水淡化及综合利用、海洋工程装备制造、海洋生物技术等领域前沿科技成果在唐山转化，打造集海洋高技术产品检测、技术咨询、技术专利转移等为一体的海洋科技成果转化服务平台，为海洋科技成果转化提供保障。

（三）实施“智慧海洋”工程

搭建海洋信息平台。规范标准的制定完善、各种业务系统应用，实现智慧海洋建设的集约式发展，建设一体化智能化海洋信息平台。推动互联网、物联网及云计算等新一代信息技术在海洋领域的深度应用，探索建立便捷高效的海洋信息化服务体系，实现海洋信息资源数字化、网络化、智能化和可视化。

发展海洋信息服务业。积极培育海洋信息服务企业，重点发展海洋智能观测，提高海洋动态监视监测、海洋预报减灾信息服务保障、海洋生态环境监督及海洋经济监督管理能力。加快海洋信息通信网建设，发展海上通信、海上定位、海洋资料及情报管理等服务。加快海洋产业与互联网融合。重点推动智慧港口建设，筹建电子口岸运营实体，推动形成便捷高效、功能完善、数据标准统一的电子口岸系统，加快港口物流信息综合服务平台建设，逐步将河北各港口打造成国内先进的智慧港口。大力实施“互联网+现代渔业”信息化工程，加快推进互联网技术与水产品捕捞业、养殖业、加工业、物流业和现代服务业的深度融合。开发渔船动态社会化管理系统和渔船救助信息系统数据中心，强化海洋与渔业监测机构建设。

（四）壮大海洋科技人才队伍

大力引进海洋科技高端人才。依托海洋科技平台资源，面向海内外积极引进一批海水淡化与综合利用、海洋工程装备、海洋生物技术、海洋科技金融服务等方面涉海高层次人才，开展关键技术研发与攻关。依托海洋科技产业园区和重点项目，引进一批海洋领域高技能人才和紧缺型人才，支持开展海洋产业技术创新、成果产业化和技能攻关等创新创业活动。加强与国内外海洋科研院所人才交流与合作，形成多元化引才引智机制，打造海洋科技高端人才高地。

加快培养本土海洋科技人才。鼓励国内外海洋科研院所在河北设立研发分支机构，支持和协助省内有条件的高校开设海洋学科专业，鼓励海洋科技企业加强员工技能教育培训。对主持重大科研项目、承担重点工程、推动先进技术成果转化的优秀本土海洋科技人才进行扶持。

优化完善海洋科技人才发展环境。制定出台海洋科技人才专项扶持政策，简化人才引进流程与手续，吸引海洋科技高端人才落户河北。优化人才引进、人才培养与跟踪支持的联动机制和服务体系，为海洋科技高端人才提供户籍办理、住房保障、社会保障、医疗保健及子女教育等方面全方位的便捷服务，改善海洋科技人才创新创业和工作生活环境。

九、加大对外开放水平，海洋经济向“走出去”转变

海洋经济有一个明显的特征，那就是外向型，这个特征也决定了政府实施了相关的海洋经济政策，比如“一带一路”和“21世纪海上丝绸之路”，这两个倡议对于海洋经济的统筹规划及发展起到了不可忽视的作用，它不仅会提高我国沿海地区的对外开放水平，也在一定程度上推进了对内开放程度，促使外资规模扩大，内资门槛降低，从而合理配置资本资源。目前，政府应该把握一带一路所带来的机遇，引资和引智同时进行。首先，要改变以往投资活动政策的“套路”，将人民币用于海外证券投资以及个人投资，这种创新政策将推动跨境投资、融资活动的开展。鼓励市场主体发行债券，这些债券将促进自贸区内基础设施和重大项目的建设。其次，要积极进行发展和改革一系列的相关部门，比如商务、外管、证监等要求这些部门协调配合，共同为企业并购等相关经济活动开辟绿色通道。在这个过程，政府相关部门要遵循“积极铺路，重点搭桥”的理念，寻求地方突破点和匹配点。

（一）深化“一带一路”合作

畅通“一带一路”国际通道，依托便捷的铁路运输网络和完善的水铁联运体系，充分释放“大港口、大航运”的成本优势，积极融入国家“一带一路”建设，加密开辟国际远洋航线，将河北沿海港口打造成为“一带一路”沿线国家重要出海口。大力发展海陆联运，建设“东出西联、疏内通外”的国际综合物流通道。集聚“一带一路”高端资源，主动融入“一带一路”建设大局，积极参与全球经济合作，集聚全球海洋经济高端要素资源。

（二）推动东北亚海洋合作

打造东北亚海洋产业合作示范区。依托现有海洋产业发展基础，加快对接东北亚地区优势海洋产业，加大招商引资、招大引强力度。加强与东北亚地区国际知名海洋院所及研发机构合作，大力引进日韩等国家和地区的高端研发机

构和创新孵化器，吸引海内外海洋高端人才。加快建设面向东北亚的现代物流中心，推动唐山港开辟联通东北亚国家的外贸集装箱班轮航线和国际航班，将唐山打造成东北亚地区海洋产业合作的平台与桥梁。

打造东北亚海洋国际交流前沿平台。积极搭建东北亚文化交流平台，加快培育引进一批东北亚地区海洋领域高水平学术会议、重大国家级外事活动、国际学术合作活动、国际经济合作论坛，以及国内外知名特色展会、品牌赛事。深化与东北亚地区友好城市的交流合作，建立健全政府层面互访、部门对口洽谈、企业深度对接、民间友好交流的城市间各个层面合作机制，每年组织开展一批务实有效的对外交流活动，拓展合作的深度和广度，强化对接交流与共赢合作。

（三）强化环渤海海洋合作

开展海洋产业协同创新，积极对接融入环渤海区域合作，充分利用国家促进环渤海区域发展的各项优惠条件与政策措施，创新区域合作模式，实现技术、人才等要素自由流动，吸引资源要素聚集。与环渤海省（区、市）开展海洋经济合作，共建海洋经济示范区、海洋科技合作区等。与环渤海省（区、市）高等学校和科研院所积极开展合作，重点围绕我市海洋领域共性关键技术课题，着力开展产业协同创新。促进海洋产业优势互补，围绕生产、配套和服务三大环节拓展海洋产业链，加强区域间产业衔接，形成合理的产业链分工体系。

（四）深化京津冀海洋合作

打造京津产业转移示范区。发挥河北毗邻京津的地缘优势，抓住京津冀协同发展机遇，以链式集聚、规模发展为导向，将承接京津产业转移与产业转型升级有机结合。以京冀曹妃甸协同发展示范区等平台为核心，以临港产业园为载体，重点围绕港口物流、海洋化工、海洋工程装备制造等主导产业，全力承接京津产业和项目转移，加快产业聚集，打造京津产业转移示范区。

打造京津科技成果转化高地。对接京津丰厚的科技创新资源，建设一批产业园区和科技成果转化基地，共建一批产业技术创新联盟，打造临港承接京津海洋产业及科技成果转化平台，吸引京津等地海洋科研成果来河北转化，在智能装备、精细化工等领域实现技术突破，形成一批具有国际国内领先水平的科技成果，打造京津科技成果转化高地。

探索京津冀海洋合作机制。积极探索京津冀在海洋领域协调和对接方式，推动建立京津冀在海洋经济、海洋环境保护、海洋科技创新等领域的合作机制。加强沿海地区与天津自贸试验区和中关村国家自主创新示范区的对接协调。

十、发展蓝色海洋经济，治理海洋环境污染

打造海洋治理示范区可以显著提升海洋综合治理水平。首先，政府应寻找一个权威、专业评价海洋经济的第三方权威机构，在对海洋经济水平和治理能力进行全方位的客观评估，掌握目前海洋的基本状况，对于存在问题的地方掌握其发生的原因以及如何治理，防止再次出现类似的问题。其次建立一个长效、及时的海洋综合能力治理评估机制，对于海洋发生的任何问题都可以及时处理，从而监督海洋治理实施的结果。在这一过程中要引导、鼓励媒体、企业以及公众的参与，对于他们的意见和建议应该及时考虑并科学采纳，让绿色发展理念深入人心，让海洋生态文明建设稳步推进。第三，建立海洋保护区，对保护区内的海洋生物进行综合普查，在“三生空间”的指导下，明确海洋生态红线，采取一系列有针对性的拯救工程，比如救护、繁育等。第四，完善监测海洋环境系统，全方位覆盖海洋的重点领域以及敏感领域，立体监测。第五，重视绿色考核所占比重，建立起“滩长制”“湾长制”等责任模式。第六，监管协同促进各部门信息共享和交流。构造服务平台，促进海洋经济发展，提高海洋经济的基础服务能力。及时、准确的掌握海洋经济动态，统计相关内容，完善、准确编写《中国海洋经济发展年度报告》，对政府决策加以支持，对资源流动加以监管，督促各方进行深度合作和互动。

（一）优化海洋资源开发秩序

加强海岸带管理。加强海岸线保护与节约利用管理，落实自然岸线保有率管控目标，合理配置海岸线资源，优化海岸线开发利用结构和空间布局。实行岸线分区分级保护，建立自然岸线空间信息库，划定自然岸线保护地带，对具有重要生态价值的自然岸线实施重点保护。统筹安排各行业海岸线利用需求，合理布局生产、生活和生态岸线空间，集约节约利用海岸线，提高海岸线空间资源的利用效率。

严格项目用海管理。落实海洋生态红线制度，严格开展用海项目环境管理，强化涉海项目的环保监管，引导涉海项目科学选址、规范运营。优先满足国家重点基础设施、产业政策鼓励发展类、民生领域和投资强度大的高技术项目的围填海需求，提高填海造地利用率。严格控制围填海工程，严格控制海岸带新建项目，禁止新上危害生态环境、影响资源保护的项目，逐步关闭或迁出现有的损害海洋环境的项目。

（二）保护修复海洋生态系统

建设海洋保护区。加大海洋生态系统保护力度，强化海洋生态红线区管控。提升海岛、湿地、水产种质、生态资源等的管理和保护水平。进一步完善保护区基础设施建设，完善管理机构和管护制度，提升保护区的管理设施与技术装备水平。加强保护区海域与陆域环境监管，制定保护区管理、生态监测与评估计划。

修复海洋生态系统。推进海岸线、海岛、湿地整治修复。开展海岸线保护与修复，对部分受损人工岸段和侵蚀严重的砂质海岸进行修复，逐步恢复生态岸线功能。开展湿地保护与修复，采取退养还海还滩、清淤、恢复湿地植被等措施，恢复受损湿地生态功能和岸线自然属性，改善湿地生态环境。开展海岛保护与修复，对部分受损的岛体开展修复，逐步恢复岛体植被，强化海岛海洋自然保护区的管控能力。

（三）综合治理海洋环境污染

强化污染物排海总量控制。系统调查面源、点源、养殖等污染物排海量，摸清污染源分布、污染物种类和排放方式，建立海洋环境污染物优先控制名录，开展入海污染物总量控制试点。重点监测各入海河流，实施差别化的总量控制，根据各海域的生态基底、环境容量、环境敏感程度、环境承载力等生态条件及发展需求，建立基于不同功能区的陆源污染物排放总量，制定差别化的污染物排放总量环境管理目标。实施污染物允许排放总量优化分配，确定削减比例、削减总量等污染物总量控制目标任务，制定减排分解方案和专项规划。

执行污染源综合整治。建立陆海统筹污染防治体系，制定区域海洋环境质量控制指标和相关防治措施。积极开展入海河流污染综合治理，开展入海径流上游水环境综合治理，实施主要沿河重点工业污染源的整治，减少河流排海污染物总量，改善入海河口海域环境质量。建立港口船舶污染监控体系，降低海上溢油和危化品泄漏等事故风险，构建突发性海洋污染事故应急反应体系。加大工业污染防治力度，建立石化、钢铁等重点企业全过程工业污染排放监管体系。加强沿海城镇污水处理设施建设与改造，逐步推进农村污水处理。加强海水养殖污染防治，积极推广生态健康养殖技术。

（四）完善海洋环境监测体系

健全海洋环境监测网络。积极推进海洋生态环境监测能力建设工程，利用新一代遥测、遥感、视频、物联网、GIS/北斗定位系统技术，建设海洋环境监测站和海洋观测站。建立多种监测技术集成的动态在线监测网络，实现港口工业区、海洋保护区、滨海旅游度假区、入海排污口和主要河流入海口等重点海域海洋环境质量和海洋水文气象监视监测全覆盖，实时连续获取海洋环境监测数据，提升海洋环境监测预报预警和信息化保障能力。

强化环境监测数据整合。优化海洋生态环境监测网络结构，推动海洋环境监测成果在线集成和数据信息直接入网，完善海洋基础地理信息数据库。优化海洋生态环境监测布局，加快县级海域动态监管体系网络建设，逐步建立省、市、县（区）联动机制。加强海洋环境监测区域协作，实现区域间海洋环境监测数据资源共享，提高监测服务管理效能。

参 考 文 献

[1] 俞恬雨,陈琦.中国省际海洋经济增长质量的测度与评价——基于“五大发展理念”的实证分析[J].科技与经济,2020(1):91-95.

[2] 赵晖,张文亮,张靖苓,聂志巍.天津海洋经济高质量发展内涵与指标体系研究[J].中国国土资源经济,2020(6):1-15.

[3] 郑鹏,吕雨婷.绿色海洋GDP核算实例研究[J].海洋经济,2020,10(1):43-48.

[4] 刘建华.“蓝色经济”价值几何[J].小康,2020(3):32-34.

[5] 孙才志,曹强,邹玮.基于熵效率模型的环渤海地区海洋经济系统韧性研究[J].宁波大学学报(理工版),2020,33(1):10-18.

[6] 李志伟.“生态+”视域下海洋经济绿色发展的转型路径[J].经济与管理,2020,34(1):35-41.

[7] 杜军,寇佳丽,赵培阳.海洋环境规制、海洋科技创新与海洋经济绿色全要素生产率——基于DEA-Malmquist指数与PVAR模型分析[J].生态经济,2020,36(1):144-153,197.

[8] 夏德仁.以科技创新为引领加快推进辽宁海洋经济转型升级[J].中国政协,2019(24):30-31.

[9] 刘明,自然资源部海洋发展战略研究所. 广东海洋经济如何借势再跃升[N].中国海洋报,2019-12-30(2).

[10] 赵巍,汪彤欣,陆芸.江苏海洋经济高质量发展水平评价与提升路径[J].大陆桥视野,2019(12):52-56.

[11] 于海梅.连云港海洋经济高质发展的对策研究[J].大陆桥视野,2019(12):78-81.

[12] 霍永伟,罗建美,韩晓庆.海洋经济增长对海域使用影响关系实证研究[J].海洋通报,2019,38(6):620-631.

[13] 陈睿彤.海洋生态经济质量评估研究——以沿海11省市为例[J].国土与自然资源研究,2019(6):62-63.

[14] 鲁亚运,原峰,李杏筠.我国海洋经济高质量发展评价指标体系构建及应用研究——基于五大发展理念的视角[J].企业经济,2019,38(12):122-130.

[15] 赵昕,李慧.澳门海洋经济高质量发展的路径[J].科技导报,2019,37(23):39-45.

[16] 惠青,陈松.海上丝绸之路战略背景下海南省海洋经济可持续发展路径研究[J].现代商业,2019(31):42-43.

[17] 陈科.海洋经济视角下茂名湾区产业发展策略研究[J].经济研究导刊,2019(34):42-45.

[18] 夏飞,陈修谦,唐红祥.向海经济发展动力机制及其完善路径[J].中国软科学,2019(11):139-152.

[19] 宋剑,闫亚梅,席增雷. 基于灰色关联分析的区域海洋产业发展测度分析[J]. 唐山师范学院学报,2019(2): 96-101.

[20] 任芳言,徐承旭.2019中国海洋经济发展指数发布[J].水产科技情报,2019,46(6):307.

[21] 李强华.邓小平海权思想和实践及其对加快建设海洋强国的启示[J].鲁东大学学报(哲学社会科学版),2019,36(6):1-7.

[22] 徐胜,张双,唐佳婕,张宁,孙鹏静.绿色金融促进海洋经济绿色转型的驱动效应研究[J].中国海洋大学学报(社会科学版),2019(6):25-39.

[23] 杜军,寇佳丽,赵培阳.海洋产业结构升级、海洋科技创新与海洋经济增长——基于省际数据面板向量自回归（PVAR）模型的分析[J].科技管理研究,2019,39(21):137-146.

[24] 花俊潇,翟仁祥.中国海洋经济发展时空演化分异研究[J].淮海工学院学报(人文社会科学版),2019,17(10):88-91.

[25] 赵宇新.中国海洋发展基金会成功举办“蓝色经济企业家国际论坛”[J].中国社会组织,2019(20):38.

[26] 李坤厦.海洋经济，释放蓝色潜力[J].产城,2019(10):72-75.

[27] 刘诗瑶. 把“蓝色国土”守护好发展好[N].人民日报,2019-10-24(5).

[28] 福建省人民政府发展研究中心课题组,黄端,刘林思.用好用足用活多区叠加的先行先试政策进一步加快福建经济社会发展[J].发展研究,2019(10):19-29.

[29] 吴梵,高强,刘韬.海洋科技创新对海洋经济增长的门槛效应研究[J].科技管理研究,2019,39(20):113-120.

[30] 刘俐娜.海洋经济发展质量评价指标体系构建及实证分析[J].中共青岛市委党校.青岛行政学院学报,2019(5):49-54.

[31] 孙才志,王甲君.中国海洋经济政策对海洋经济发展的影响机理——基于PLS-SEM模型的实证分析[J].资源开发与市场,2019,35(10):1236-1243.

[32] 狄乾斌,周慧.中国沿海地区人口发展与海洋经济互动关系研究[J].海洋通报,2019,38(5):499-507.

[33] 郑鹏,孟晓雯,吕雨婷.海洋经济理论发展的灰色研究[J].海洋经济,2019,9(5):3-7.

[34] 朱新颜,刘健,刘伟.我国沿海城市海洋经济效率的测度及其影响因素分析——基于两阶段双重自助抽样DEA方法[J].海洋经济,2019,9(5):44-52.

[35] 狄乾斌,於哲,徐礼祥.高质量增长背景下海洋经济发展的时空协调模式研究——基于环渤海地区地级市的实证[J].地理科学,2019,39(10): 1621-1630.

[36] 寇佳丽,杜军.中国海洋产业结构与海洋经济增长的关系[J].华北水利水电大学学报(社会科学版),2019,35(5):40-45.

[37] 高瑞国,李梦海,李香颖.关于推动东营市海洋经济高质量发展的调查[J].山东经济战略研究,2019(10):15-18.

[38] 苟露峰,杨思维.海洋科技进步、产业结构调整与海洋经济增长[J].海洋环境科学,2019,38(5):690-695.

[39] 杨明.全球海洋中心城市评选指标、评选排名与四大海洋中心城市发展概述[J].新经济,2019(10):30-34.

[40] 宁波海事法院助力海洋经济高质量发展[J].宁波经济(财经视点),2019(10):38-39.

[41] 王方方,谢健.南海区海洋经济与环境可持续发展比较研究——基于2006—

2015年面板数据实证分析[J].海洋开发与管理,2019,36(9):75-83.
[42] 徐艺丹,孔昊,侯昱廷.新时代厦门海洋经济发展地方立法初探[J].海洋开发与管理,2019,36(9):96-100.
[43] 刘日昊. 水利遗产保护与开发研究[D].南昌:江西财经大学,2018.
[44] 胡佳澜. 海洋经济地图集编制设计研究[D].北京:中国地质大学(北京),2019.
[45] 乙安顺. 浙江省海洋人才的现状、问题及对策的分析[D].杭州:浙江海洋大学,2019.
[46] 董夏.中国区域海洋经济的时空差异演化研究[D].沈阳:辽宁师范大学,2013.
[47] 董夏,韩增林.中国区域海洋经济差异演化研究[J].资源开发与市场,2013(5).
[48] 朱静敏.中国沿海地区海洋经济效率时空演化及影响因素[D].沈阳:辽宁师范大学, 2019.
[49] 曹坤.中国海洋资源开发强度时空格局演化及影响因素分析[D].沈阳:辽宁师范大学,2019.
[50] 王甲君.中国海洋经济政策的演进及其对海洋经济发展的影响[D].沈阳:辽宁师范大学,2019.
[51] 陈烨.沿海三大经济区海洋产业与区域经济联动关系比较研究[D].青岛:中国海洋大学,2014.
[52] 程娜.可持续发展视阈下中国海洋经济发展研究[D].长春:吉林大学,2013.
[53] 高群.中国沿海11省市海洋经济发展质量综合评价研究[D].沈阳:辽宁师范大学,2016.
[54] 刘丹丹.环渤海地区海洋经济发展比较研究[D].沈阳:辽宁师范大学,2018.
[55] 张权.河北省海洋经济发展研究[D].天津:天津大学,2003.
[56] 王泽宇,曹坤,徐静,卢函.中国海洋资源开发强度时空格局演化及影响因素分析[J].资源开发与市场,2018(12).
[57] 冯猜猜,胡振宇.海洋金融助力深圳全球海洋中心城市建设研究[J].特区经济,2019(9):11-15.

[58] 张善坤.浙江省重大区域经济发展战略举措的谋划与实施纪事(下)[J].浙江经济,2019(18):13-17.

[59] 王殿华,赵园园.推进天津滨海新区海洋经济创新示范区发展建设战略研究[J].理论与现代化,2019(5):15-28.

[60] 黄永刚,高欣,张振华.基于聚类分析的中国海洋经济研究[J].时代金融,2019(26):118-119,142.

[61] 花俊潇,翟仁祥.中国海洋经济空间差异动力要素研究[J].淮海工学院学报(自然科学版),2019,28(3):88-92.

[62] 毛艳.广西海洋产业发展困境及竞争力提升路径研究[J].市场论坛,2019(9):25-29.

[63] 周恩宁,秦琳贵.北海区海洋经济创新发展示范城市建设研究——以天津市滨海新区、山东省青岛市和烟台市为例[J].沈阳农业大学学报(社会科学版),2019,21(5):549-554.

[64] 孔涵.以海洋强省战略助推山东现代化强省建设[J].山东干部函授大学学报(理论学习),2019(9):29-32.

[65] 韩增林,李博,陈明宝,李大海."海洋经济高质量发展"笔谈[J].中国海洋大学学报(社会科学版),2019(5):13-21.

[66] 王建友.习近平建设海洋强国战略探析[J].辽宁师范大学学报(社会科学版),2019,42(5):103-112.

[67] 许建伟,刘琨.我国沿海节点城市与"一带一路"沿线海洋经济合作探析[J].中国市场,2019(26):8-9,16.

[68] 刘培德,沈梦娇,关洪军,赵爱武,滕飞.基于COPRAS方法的威海市海洋经济影响因素分析[J].信息技术与信息化,2019(8):212-216.

[69] 张文亮.浅议海洋在新时代自然资源管理体制中的前景[J].国土资源情报,2019(8):8-14,7.

[70] 张玉强,莫姝婷.政策工具视角下我国海洋经济政策文本量化分析——以《全国海洋经济发展"十三五"规划》为例[J].浙江海洋大学学报(人文科学版),2019,36(4):1-8.

[71] 邱宇.努力实现江苏海洋经济高质量发展[J].唯实,2019(8):56-58.

[72] 曹文振,杨文萱.我国海洋强国战略体系构建研究[J].山东行政学院学报,2019(4):1-7.
[73] 王元月,高山峻.资源环境约束下中国海洋经济交叉效率分析——基于沿海11省市数据[J].中国渔业经济,2019,37(4):42-49.
[74] 柴媛,张伟,黄硕琳.海洋经济系统与海洋生态环境系统耦合度协调分析—以上海市为例分析[J].中国渔业经济,2019,37(4):50-56.
[75] 唐萍.分析发展海洋文化与培养国民海洋意识问题[J].环渤海经济瞭望,2019(8):118.
[76] 杜军,寇佳丽.基于VAR模型的海洋教育、科技成果应用与经济增长的动态关系研究[J].齐齐哈尔大学学报(哲学社会科学版),2019(8):95-100.
[77] 石依禾.基于“一带一路”倡议的广西向海经济高质量发展的对策研究[J].广西经济管理干部学院学报,2019,31(3):6-10+40.
[78] 丁黎黎,刘少博,三晨,杨颖.偏向性技术进步与海洋经济绿色全要素生产率研究[J].海洋经济,2019,9(4):12-19.
[79] 徐伟呈,安美玲,张雅洁.产业结构变迁对海洋经济发展的影响——基于沿海11省市的实证分析[J].海洋经济,2019,9(4):38-43.
[80] 蓝色经济下的金融梦——记中国海洋大学海洋经济金融支持与海洋灾害管理研究团队[J].海洋经济,2019,9(4):63-64.
[81] 乔翔.略论海洋经济研究中的市场与非市场视角[J].大连海事大学学报(社会科学版),2019,18(4):49-54.
[82] 李博,田闯,史钊源,韩增林.辽宁沿海地区海洋经济增长质量空间特征及影响要素[J].地理科学进展,2019,38(7):1080-1092.
[83] 赵晖,聂志巍,张靖苓,张文亮.天津海水利用发展研究——基于海洋经济高质量发展[J].中国国土资源经济,2019,32(9):52-57.
[84] 刘敏.环境经济社会学视野下的海岛旅游开发及其反思——青岛市L岛的实地研究[J].中国海洋大学学报(社会科学版),2019(04):16-22.
[85] 丁瑶瑶.海洋经济发展正向质量效益型转变[J].环境经济,2019(13):12-15+3.
[86] 宋福敏.生态优先，推动海洋经济走向深蓝[J].环境经济,2019(13):20-23.
[87] 徐礼祥.中国海洋经济创新发展的时空差异评价与分析[C]//中国地理学会

经济地理专业委员会.2019年中国地理学会经济地理专业委员会学术年会摘要集.中国地理学会经济地理专业委员会:中国地理学会,2019:51.

[88] 狄乾斌,高广悦. 新时代背景下海洋经济高质量发展评价与路径研究[C]//中国地理学会经济地理专业委员会.2019年中国地理学会经济地理专业委员会学术年会摘要集.中国地理学会经济地理专业委员会:中国地理学会,2019:53.

[89] 耿立佳,赵秀玲,邢洁,朱虹,王栋.海洋经济共享数据前期处理中的涉海单位底册初筛[J].海洋开发与管理,2019,36(6):63-66.

[90] 黄思怡,康霖.海南海洋经济发展情况及对策研究[J].新东方,2019(3):36-42.

[91] 韩增林,张耀光.世界海洋经济地理[M]北京：科学出版社,2016:8-40.

[92] 韦有周,杜晓凤,邹青萍.英国海洋经济及相关产业最新发展状况研究[J].海洋经济,2020(2):52-63.

[93] NOAA Office fou Coastal Management.Report on the U.S.Ocean and GreatLakes Economy[R]. Charleston, South Carolina,2018.

[94] 孙才志,汤艳婷,覃雄合,王嵩.基于泰尔指数分解的美国海洋经济发展时空分异研究[J].资源开发与市场,2020(2):143-148.

[95] 姚朋.加拿大海洋经济和“一带一路”视野下中加海洋经济合作发展前瞻[J].晋阳学刊,2020(2):95-103.

[96] 翟璐,文艳,倪国江.美国、加拿大海洋强国建设及对我国的启示.第九届海洋强国战略论坛论文集[C].北京:海洋出版社,2018.11.

[97] 游锡火.澳大利亚海洋产业发展战略及对中国的启示[J].环球瞭望,2020(4):80-83.

[98] 吴崇伯,姚云贵.日本海洋经济发展以及与中国的竞争合作[J].现代日本经济,2018(6):59-68.

[99] 李文荣,沈方.新形势下河北省海洋经济发展的SWOT分析与对策[J]. 海洋经济,2015(6):51-58.

[100] 李文荣.京津冀协同发展战略下河北省海洋经济发展对策[J].港口经济,2016(4):50-53.

后　记

习近平总书记指出："建设海洋强国是中国特色社会主义事业的重要组成部分。党的十八大作出了建设海洋强国的重大部署。实施这一重大部署，对推动经济持续健康发展，对维护国家主权、安全、发展利益，对实现全面建成小康社会目标、进而实现中华民族伟大复兴都具有重大而深远的意义。"海洋经济是我国国民经济的重要支撑，是对外开放的重要载体，是国家经济安全的重要保障，也是未来发展的战略空间。海洋经济的发展关系现代化建设和中华民族伟大复兴的历史进程。加快海洋经济高质量发展，对奋力开创新时代全面建设经济强省、美丽河北新局面具有重要意义。

本书为作者2019年承担的河北省社会科学基金项目（项目编号：HB19YJ002；项目名称：河北省海洋经济高质量发展研究）研究成果。书稿的写作终于进入尾声，当我们完成对这篇书稿的最后一遍校对时，所经历的一切艰难困苦都化为乌有，我们的内心充满了喜悦与感激。

感谢单位领导和同事们的帮助与合作，感谢家人们的支持与理解，感谢所有参考文献的作者们富有创造性的研究工作为我们提供的坚实基础。我们所取得的每一点进步，都凝聚着大家的付出。

对我们来说，本书的完成只是在该领域研究探索的阶段性成果。我们深知，受能力、水平的限制，本书难免存在一些不足、差错甚至谬误。在今后的研究中，我们将虚心求教，严谨治学，力求在深度、广度以及创新方面有更好的提升和突破。作为一个应用型的研究，我们将特别注意在实践中不断地检验、验证，再回归理论。希望我们的研究能够对河北省海洋经济高质量发展研究的理论和实践有所贡献，诚恳希望得到专家、同行们的批评指正。